国家出版基金项目
NATIONAL PUBLICATION FOUNDATION

"十三五"国家重点出版物出版规划项目
高分辨率对地观测前沿技术丛书
主编 王礼恒

高分辨率对地观测
体系与应用

白鹤峰 赵斐 乔凯 等编著

国防工业出版社
·北京·

内 容 简 介

  本书围绕高分辨率对地观测体系和应用,重点从体系顶层设计、天基系统、临近空间系统、航空系统、地面系统、体系综合应用等方面展开论述,着力展现高分专项的系统性和全面性。本书重点论述了高分辨率对地观测体系组成、主要特征和工作原理,按照天基、临近空间、航空、地面等4大系统分别阐述所涉及的核心关键技术,围绕高分辨率对地观测体系的应用需求,开展了应用支撑技术和体系综合技术研究,介绍了部分典型应用实例。

  本书可作为从事对地观测体系设计与应用、遥感科学技术工作者以及高等院校师生的参考书。

图书在版编目(CIP)数据

  高分辨率对地观测体系与应用/白鹤峰等编著. —
北京:国防工业出版社,2021.7
  (高分辨率对地观测前沿技术丛书)
  ISBN 978 - 7 - 118 - 12391 - 3

  Ⅰ.①高… Ⅱ.①白… Ⅲ.①高分辨率—测地卫星—研究 Ⅳ.①V474.2

  中国版本图书馆 CIP 数据核字(2021)第 150098 号

※

国防工业出版社出版发行

(北京市海淀区紫竹院南路23号 邮政编码100048)
北京龙世杰印刷有限公司印刷
新华书店经售
*
开本710×1000 1/16 印张21 字数340千字
2021年7月第1版第1次印刷 印数1—2000册 定价128.00元

(本书如有印装错误,我社负责调换)

国防书店:(010)88540777 书店传真:(010)88540776
发行业务:(010)88540717 发行传真:(010)88540762

丛书学术委员会

丛书编审委员会

编写委员会

序　言

　　高分辨率对地观测系统工程是《国家中长期科学和技术发展规划纲要（2006—2020 年）》部署的 16 个重大专项之一，它具有创新引领并形成工程能力的特征，2010 年 5 月开始实施。高分辨率对地观测系统工程实施十年来，成绩斐然，我国已形成全天时、全天候、全球覆盖的对地观测能力，对于引领空间信息与应用技术发展，提升自主创新能力，强化行业应用效能，服务国民经济建设和社会发展，保障国家安全具有重要战略意义。

　　在高分辨率对地观测系统工程全面建成之际，高分辨率对地观测工程管理办公室、中国科学院高分重大专项管理办公室和国防工业出版社联合组织了《高分辨率对地观测前沿技术》丛书的编著出版工作。丛书见证了我国高分辨率对地观测系统建设发展的光辉历程，极大丰富并促进了我国该领域知识的积累与传承，必将有力推动高分辨率对地观测技术的创新发展。

　　丛书具有 3 个特点。一是系统性。丛书整体架构分为系统平台、数据获取、信息处理、运行管控及专项技术 5 大部分，各分册既体现整体性又各有侧重，有助于从各专业方向上准确理解高分辨率对地观测领域相关的理论方法和工程技术，同时又相互衔接，形成完整体系，有助于提高读者对高分辨率对地观测系统的认识，拓展读者的学术视野。二是创新性。丛书涉及国内外高分辨率对地观测领域基础研究、关键技术攻关和工程研制的全新成果及宝贵经验，吸纳了近年来该领域数百项国内外专利、上千篇学术论文成果，对后续理论研究、科研攻关和技术创新具有指导意义。三是实践性。丛书是在已有专项建设实践成果基础上的创新总结，分册作者均有主持或参与高分专项及其他相关国家重大科技项目的经历，科研功底深厚，实践经验丰富。

　　丛书 5 大部分具体内容如下：**系统平台部分**主要介绍了快响卫星、分布式卫星编队与组网、敏捷卫星、高轨微波成像系统、平流层飞艇等新型对地观测平台和系统的工作原理与设计方法，同时从系统总体角度阐述和归纳了我国卫星遥感的现状及其在 6 大典型领域的应用模式和方法。**数据获取部分**主要介绍了新型的星载/机载合成孔径雷达、面阵/线阵测绘相机、低照度可见光相机、成像光谱仪、合成孔径激光成像雷达等载荷的技术体系及发展方向。**信息处理部分**主要介绍了光学、微波等多源遥感数据处理、信息提取等方面的新技术以及地理空间大数据处理、分析与应用的体系架构和应用案例。**运行管控部分**主要介绍了系统需求统筹分析、星地任务协同、接收测控等运控技术及卫星智能化任务规划,并对异构多星多任务综合规划等前沿技术进行了深入探讨和展望。**专项技术部分**主要介绍了平流层飞艇所涉及的能源、囊体结构及材料、推进系统以及位置姿态测量系统等技术,高分辨率光学遥感卫星微振动抑制技术、高分辨率 SAR 有源阵列天线等技术。

　　丛书的出版作为建党 100 周年的一项献礼工程,凝聚了每一位科研和管理工作者的辛勤付出和劳动,见证了十年来专项建设的每一次进展、技术上的每一次突破、应用上的每一次创新。丛书涉及 30 余个单位,100 多位参编人员,自始至终得到了军委机关、国家部委的关怀和支持。在这里,谨向所有关心和支持丛书出版的领导、专家、作者及相关单位表示衷心的感谢!

　　高分十年,逐梦十载,在全球变化监测、自然资源调查、生态环境保护、智慧城市建设、灾害应急响应、国防安全建设等方面硕果累累。我相信,随着高分辨率对地观测技术的不断进步,以及与其他学科的交叉融合发展,必将涌现出更广阔的应用前景。高分辨率对地观测系统工程将极大地改变人们的生活,为我们创造更加美好的未来!

王礼恒

2021 年 3 月

前　言

　　高分辨率对地观测系统重大专项(以下简称高分专项)是《国家中长期科学和技术发展规划纲要(2006—2020年)》中确定的16个重大专项之一,是国家根据当前迫切需求和长远战略发展部署的重大科技专项。高分专项重点是发展基于卫星、飞机和平流层飞艇的高分辨率先进观测系统,并结合其他中低分辨率观测手段,形成时空协调、全天候、全天时的对地观测系统,到2020年,建成由空、天、地三个层次观测平台组成的大气、陆地、海洋先进观测体系;建立稳定的运行系统,提高我国空间数据自给率,形成空间信息产业链路。

　　高分专项的工程目标是研制14颗高性能对地观测卫星、2艘实用型平流层飞艇平台、18类有人/无人机对地观测载荷,构建由天基、临近空间和航空观测平台、高效地面系统构成的一体化高分辨率对地观测体系。应用目标是通过数据中心、应用系统等建设,建成符合我国国情的管控、接收、传输、处理、分发、应用有机结合的科学流程,达到产品专业化、数据标准化、运行业务化的程度,具备服务各行业、各领域主业务的应用能力。科技目标是带动国家信息科学、电子科学、材料科学等的发展,形成齐备的高分科技工业能力,构建高水平、完整的产学研体系,培养创新型、高素质专门人才,造就领军人物和专家队伍。产业目标是提升航天产业能力,形成临近空间飞行器产业和完备的航空观测仪器,提供稳定、可靠、全球覆盖的高分辨率对地观测数据,使我国高分辨率数据自给率达到60%,推动高分信息产业链形成。

　　本书围绕高分辨率对地观测体系和应用,重点从体系顶层设计、天基系统、临近空间系统、航空系统、地面系统、体系综合应用等方面展开论述,着力展现高分专项的系统性和全面性。考虑到地面系统内容较多,从地面系统中拆分出应用支撑技术作为两章进行表述。全书共有8章,由白鹤峰、赵斐、乔凯策划和设计,第1章由黄石生、白鹤峰执笔,第2章由张蕾、乔凯、王冬红执笔,第3章由于春锐、乔凯执笔,第4章由张永贺、乔凯执笔,第5章由高鹏、赵斐执笔,第6章由孙汉昌、赵斐、杨阿华执笔，第 7 章由高鹏、白鹤峰执笔，第 8 章由谭娟、赵斐执笔。全书由白鹤峰统稿和定稿。各章节安排如下：

第 1 章主要进行体系综述，说明高分辨率对地观测体系的组成、主要特征、工作原理及应用方向，总结国内外发展现状与趋势。

第 2 章至第 5 章分别针对天基、临近空间、航空、地面等 4 大系统展开论述，并梳理了系统涉及的核心关键技术。

第 6 章为应用支撑技术，主要针对不同应用需求，围绕基础数据处理、专业信息处理和综合态势生成，开展基础支撑环境构建、数据建设和技术攻关等研究，为高分辨率对地观测体系的应用提供基础支撑。

第 7 章为体系综合技术，融合天基、临近空间、航空对地观测资源，开展联合任务规划、联合态势生成等技术研究，并开展一体化仿真推演评估。

第 8 章重点研究了高分辨率对地观测体系在国家行业和国防安全中的典型应用，打通高分辨率遥感数据应用链路。

本书的成稿得到了高分辨率对地观测专项办公室、北京跟踪与通信技术研究所、国防科技大学、中科院空天信息创新研究院、航天科技集团公司五院、八院、航天东方红卫星公司、哈尔滨工业大学、北京航空航天大学等单位的大力支持，董光亮研究员、樊士伟研究员、张寅生研究员、彭守诚研究员、文江平研究员等提供了有益的帮助。感谢国防工业出版社田秀岩编辑和出版团队的辛勤、高效工作。由于作者的能力和知识面有限，书中难免有疏漏、不当和错误之处，恳请读者批评指正。

编著者
2021 年 1 月

目　录

第1章
高分辨率对地观测体系综述

广义概念上,高分辨率对地观测体系是基于共用基础网络,对陆海空天等各类传感探测资源和信息系统进行要素集成,通过资源协同运用和信息融合处理,综合多源观测信息,形成高分辨率数据产品,为各类用户按需提供信息服务。基于聚焦高分专项、突出重点内容的考虑,本书高分辨率对地观测体系主要是利用天基、临近空间、航空等对地观测手段,获取高分辨率观测数据,基于一体化地面系统,完成天基、临近空间和航空观测系统的任务管控、数据接收、数据处理、信息共享等任务。

本章主要按照高分辨率对地观测体系组成、主要特征、工作原理及应用方向的流程进行体系综述,并总结国内外对地观测系统的发展现状与趋势。

▶▶▶ 1.1 体系组成

高分辨率对地观测体系由天基系统、临近空间系统、航空系统、地面系统和软环境组成,如图1-1所示。高分辨率对地观测体系将以天基系统为核心,临近空间领域填补空白,航空领域发挥已有优势,地面系统创新发展,并配套政策法规、标准规范等软环境支撑,实现全球和特定区域的高分辨率观测,支撑各类精准应用。天基系统、临近空间系统、航空系统主要是观测获取高分辨率数据,并将数据传至地面系统;地面系统主要完成任务规划、数据接收、数据处理与分发应用等任务;软环境将由丛书的专门分册论述,本书将不再展开。

1. 天基对地观测系统

天基系统是高分专项的核心组成部分,是全球高分辨率数据获取的有效手段。天基系统各型卫星运行于高、中、低不同轨道,配置光学、微波等不同类型

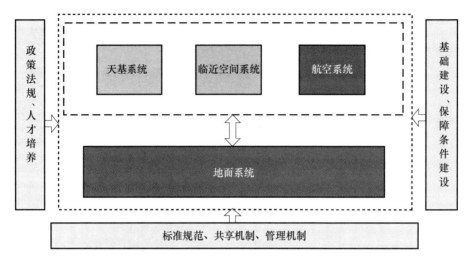

图 1-1　高分辨率对地观测体系组成图

载荷,获取全球广域覆盖的观测数据。天基系统的主要优势有:①不受领土、领空限制;②覆盖范围广;③可重复、连续观测。主要不足有:①按预定轨道运行,机动性能、时效性等受限;②观测距离远,可实现的分辨率、精度较航空、临近空间有一定差距。同时,天基系统可发展快速响应卫星,填补体系能力缝隙、增强应急支援能力。快速响应卫星主要包括小卫星、微小卫星和微纳卫星,在应急情况下可以快速发射,快速获取特定地区的观测信息。

　　高分专项中,天基系统重点是发展先进的对地观测卫星,突破大口径长焦距光学相机、大信号带宽合成孔径雷达(SAR)、高敏捷姿态机动与控制、高精度测绘、高码速率数据传输等关键技术,形成高空间分辨率、高时间分辨率、高光谱分辨率、高定位精度等能力。

2. 临近空间系统

　　临近空间系统是高分专项支持发展的一个新领域。根据《中国军事百科全书》定义,临近空间一般指距地面20～100km高度的空间范围,介于一般航空和航天高度范围的空天结合区域,具有独特的环境,应用前景广阔。临近空间按照高度可分为平流层(20～50km)、中间层(50～85km)和部分热层(85～100km)。

　　临近空间系统目前主要在平流层区域发展对地观测系统。平流层飞艇是部署在临近空间的主要探测平台,其利用20km高度附近风速较小等有利条件,携带任务载荷,依靠浮力升空和高度保持,通过太阳能再生能源供电,采用螺旋桨作为动力装置,在特定区域实现稳定驻留、可控飞行。平流层飞艇的特点包括：①飞行高度适中，兼顾覆盖范围与探测精度；②驻空时间长，易于实现高时间分辨率信息获取；③可大量快速部署，应急增强能力强。

高分专项中，临近空间系统重点是针对安全进入、长期驻空、可控飞行、安全返回等四大难题，以及材料、能源、推进等三大关键技术进行技术攻关，开展平流层飞艇的技术可行性探索验证试验。

3. 航空对地观测系统

航空系统利用有人机和无人机搭载多种观测载荷，获取高分辨率对地观测数据，具有高分辨率、低成本、实时性好、观测手段齐全等特点，是获取国内以及国土周边区域高分辨率对地观测数据的重要方式，也可为天基和临近空间对地观测载荷研发提供部分试验条件。航空系统通过对航高、光学载荷焦距等的调整，可灵活地获取不同尺度的对地观测数据，更换载荷后，可灵活适应不同的任务需求。

高分专项中，航空系统主要研制成像、测绘、气象等对地观测载荷，总体定位是获取高分辨对地观测数据、实现观测载荷的国产化、作为天基载荷的技术验证。

4. 地面系统

地面系统作为高分专项的"出发点"和"落脚点"，主要承担天基、临近空间、航空三类平台有效载荷的需求筹划、任务规划、数据接收、基础数据处理、专业信息处理、综合态势生成、资源共享与服务，以及定标质评、应用支撑、终端应用、数据交换等任务，是实现体系综合运用的中枢。

高分专项中，地面系统的总体定位是：①引领航天装备地面系统发展的示范系统，统一技术体制和标准规范，研发通用产品，优化保障模式，着力从技术和机制层面解决数据共享难题；②综合信息系统的组成系统，遵循综合信息系统的体系构架、技术体制和标准规范，按照基础层、功能层和应用层分别建设高分专项地面系统共性基础设施、专业处理与服务系统、综合应用系统，推动空天信息在全行业综合应用；③各领域融合发展的典型系统，统筹研发共性技术，实现资源互补调配使用和数据产品分级分类共享，为国防安全和国民经济建设提供有力支撑。

5. 软环境

高分专项软环境建设的目的，是着力创建国家重大科技专项软环境体系，确保专项工程有效实施和总体目标的顺畅实现，主要任务目标包括：①构建科学有效的工程总体管理与技术协调的体制机制；②制定保障有力的政策法规体系,为专项建设和运营提供良好的法制环境;③建立完善高分专项标准体系,规范高分系统的研制、建设、运行和产业化应用;④形成自主可控知识产权,为后续发强提供强劲动力;⑤培育和形成满足高分专项建设和运营的国际化、高水平的人才队伍;⑥构建为满足我国对地观测需求的国际合作与交流的基础。

高分专项中,软环境建设主要包括工程总体管理、系统总体仿真、专项管理支持、标准规范制定、知识产权政策法规构建、紧缺人才培养、国际合作交流等方面。

1.2 主要特征

作为国家中长期重大科技专项之一,高分专项肩负着填补领域空白、打破技术封锁、引领未来发展的任务,具有三大创新、四大引领、五大特点。

1. 三大创新

(1)体系创新。首次建立由天基、临近空间、航空系统观测层,以及数据中心、应用系统等部分构成,涵盖大气、陆地、海洋的高分对地观测体系,尤其是建立天空地一体化的多尺度数据源获取体系,对于实现我国高分对地观测体系完整性、前瞻性具有重要战略意义。

(2)技术创新。攻关研制天基先进的对地观测平台与载荷,填补国内平流层飞艇技术空白,掌握具有自主知识产权的航空先进对地观测载荷技术,突破先进的数据接收、处理、共享、应用服务技术。

(3)机制创新。创新数据和信息共享机制,制定配套政策法规,为不同用户之间实现数据共享提供保证;建立直接面向用户终端、支持多任务、多样化应急行动的应用服务机制,提高应用能力水平。

2. 四大引领

(1)引领体系建设。高分专项首次构建了天基、临近空间、航空三位一体、有机衔接、高度集成的国家对地观测体系,着力改变我国原有天基、航空对地观测系统分别设置、相互割裂、缺乏共享的格局,用技术发展带动机制创新,引领我国对地观测体系的建设和发展。

(2)引领科技进步。高分专项瞄准制约高分辨率观测技术发展的瓶颈,重点安排了在对地观测领域具有引领性和标志性的项目研制和技术攻关,带动我国机械、电子、材料、能源、通信、信息等基础技术的进步,推动我国科学技术水平实现跨越式发展。

（3）引领资源整合。高分专项地面系统建设注重结合实际、科学布局、统筹规划,避免"烟囱式"建设另起炉灶。高分专项规划建设的地面系统,与相关部门正在规划实施的卫星地面系统整合思路吻合,将为现有地面资源科学整合奠定技术基础。

（4）引领产业化发展。高分专项通过应用技术中心和应用示范系统的研制建设,结合软环境部分相应政策、标准等制定,统筹开展共性关键技术的协同攻关,从技术和管理方面解决产学研转化和服务推广的瓶颈问题,确保高分数据"好用"和"用好",推动空间信息产业发展,促进空间信息产业链的形成。

3. 五大特点

高分辨率对地观测体系具有高空间分辨率、高时间分辨率、高光谱分辨率、高辐射分辨率和高定位精度等特点。

1）高空间分辨率

空间分辨率,是指遥感图像上能够详细区分的最小单元尺寸,是表征成像系统分辨地面目标细节的能力指标。高分辨率对地观测体系的首要特点是高空间分辨率,利用部署在天基、临近空间、航空等不同平台的先进传感器,获取高分辨率的影像信息。

对于光学相机而言,空间分辨率与探测器像元尺寸、运行轨道高度成反比,与相机焦距成正比。实现高分辨率通常需要大口径光学反射镜、长焦距光学系统、高性能的探测器、较低的运行轨道。因此,大口径、长焦距的光学相机是实现高分辨率的关键,航空系统相比于天基系统更易于实现高空间分辨率。为获取高分辨率、高成像质量的光学影像,高分专项重点安排了大口径光学镜、高性能相机电子学、光学卫星成像质量提升等关键技术攻关。

对于合成孔径雷达（SAR）而言,分辨率通常按照距离向和方位向定义,距离向分辨率主要取决于系统发射信号的带宽,方位向分辨率主要取决于系统的多普勒带宽。SAR 系统通过发射线性调频信号,接收回波后经压缩处理获取高分辨率影像。影响 SAR 系统分辨率的主要因素包括发射信号带宽、多普勒信号带宽、地速、加权系数等。理论上讲,SAR 系统的空间分辨率与运行轨道高度无关。但是,根据雷达方程,获取相同分辨率的 SAR 影像,轨道高度越低,对发射信号的功率要求越小。

2）高时间分辨率

时间分辨率,是指对同一区域进行相邻两次观测的时间间隔。时间分辨率越高,重复观测的周期越短,信息获取越及时。不同的应用对时间分辨率的要求不一样,例如,区域态势监视、突发性灾害/污染源监测等要求重访观测周期以"小时"为单位;气候学、海洋学、地球动力学等科学研究对观测的时间间隔要求不高,通常以"月"或"年"等为单位。

高分辨率对地观测体系通过天临空协同、高低轨组网、大小卫星配置,提升对目标/区域的重访性能,实现对地观测的高时间分辨率。航空系统利用飞机平台的续航能力,可对特定区域进行短时连续观测。临近空间系统利用飞艇平台一定的驻空能力,可对特定区域进行持续监视。天基系统利用全球覆盖的优势,可对全球任一指定区域重复观测。

对于天基系统而言,时间分辨率与卫星轨道高度、倾角、可视范围以及卫星数量规模有关。地球静止轨道卫星可对某一特定区域持续观测。对于成像观测卫星,为了保证一定的空间分辨率,卫星一般选择运行在低地球轨道。低地球轨道卫星绕地球一周的时间约90min,受地球自转影响,相邻轨迹在赤道上的间隔约为2600km。针对全球任一指定目标,考虑光学卫星具备±60°侧摆成像能力,当卫星处于500km高度时,3颗卫星可在1天内对该目标重复观测;当卫星处于680km高度时,单星可在1天内对该目标重复观测;当卫星处于1100km高度时,单星可在1天内对该目标观测2次。

3)高光谱分辨率

光谱分辨率,是传感器接收、记录电磁辐射(反射或发射)最小波长范围的能力。光谱分辨率越高,传感器可区分地物属性的能力越高。高光谱是指传感器获取数据的光谱分辨率很高,通常优于波长的1/100。

高光谱遥感的特点包括:①高光谱分辨率与高空间分辨率难以同时实现,由于高光谱成像需要对谱段进行细分,在一定的光通量下,细分后谱段的能量很弱,对于实现高空间分辨率的难度很大;②红外高光谱谱段需要在低温环境下工作,对制冷机在轨长寿命工作提出较高要求;③高光谱遥感获取的是三维数据,对光谱数据的高保真压缩要求高,针对某些特殊应用,为降低数传压力,卫星可在星上进行高光谱数据处理,实现特征谱段在轨挑选或谱段合并后传输。

4)高辐射分辨率

辐射分辨率可适用于可见光、微波和红外成像手段。对于可见光遥感系统,辐射分辨率一般指传感器对光谱信号强弱的敏感程度,即探测器对两个不同辐射源的辐射量的分辨能力。对于红外遥感系统,辐射分辨率指红外探测器能探测到的最小温度差异,通常用噪声等效温差来描述。对于SAR系统,辐射分辨率是指SAR系统对相邻目标微波散射特性的分辨能力。

总体来说,辐射分辨率与系统的信噪比密切相关。特别地,通过提高 SAR 图像的等效视数可一定程度提高其辐射分辨率。

5）高定位精度

定位精度是指从遥感图像中获取目标地理空间位置的精度,包括绝对定位精度和相对定位精度。绝对定位精度是指遥感图像中指示的目标位置与目标实际地理位置的误差。相对定位精度是指图像中两个目标点的相对位置矢量与实际相对位置矢量之差。

航空系统摄影定位需要 POS(位置和姿态测量系统)提供高精度的位置、速度和姿态基准,以满足载荷定位定姿、运动补偿等要求。

光学卫星可通过单线阵、多线阵和面阵相机实现高精度定位。相对而言,面阵体制借鉴航空摄影测量原理,属于静态瞬时摄影,可降低卫星平台稳定度的要求,但大面阵探测器件制造难度大;线阵体制属于动态连续摄影,通过卫星飞行,推扫成像,各像素点的外方位元素变化较大,需精确测定。多线阵体制是卫星实现高精度定位的有效方式。卫星平台通过安装两台或三台具有一定夹角的相机实现不同角度成像,获取地面重叠影像,经地面数据处理获取目标位置信息,可降低卫星平台、载荷研制难度,实现高效率、高精度的测绘。随着卫星平台和载荷性能逐步提升,单线阵相机的定位精度获得了极大提高。

SAR 卫星通过干涉成像(InSAR)的方式进行高精度测绘,典型系统包括单平台双天线干涉 SAR 系统、重复轨道干涉 SAR 系统和分布式卫星干涉 SAR 系统。单平台双天线干涉 SAR 系统是指在同一平台上配置两副 SAR 天线,通过一发双收的形式单次航过获取 InSAR 影像。重复轨道干涉 SAR 系统是指利用单颗或多颗 SAR 卫星对地面同一地区进行重复轨道、自发自收式的干涉成像,获取 InSAR 影像。分布式卫星干涉 SAR 系统是指利用多颗满足一定编队构形的 SAR 卫星对地面同一地区进行单次航过、一发多收或自发自收式的干涉成像,获取 InSAR 影像。我国优选发展了分布式卫星干涉 SAR 系统。

1.3　工作原理

天基、临近空间、航空系统协同,实现目标的联合观测、环境的多尺度探测,地面系统进行天临空平台的任务协同规划、数据融合处理。就观测任务而言,天基系统重点是获取全球范围内的大时空、大尺度信息;临近空间发挥长时驻空优势,获取精细目标特征和环境要素,并实现重点区域的持续、高分辨率监视；航空系统重点实现应急情况下的快速应用。

高分辨率对地观测体系的工作原理如图 1-2 所示。高分辨率对地观测体系的典型工作流程如下：

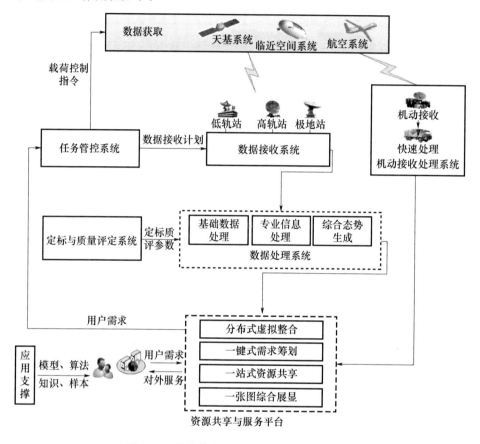

图 1-2　高分辨率对地观测体系工作原理图

（1）用户提出高分辨率观测任务需求。

（2）资源共享与服务平台进行需求筹划、检索资源，当存档的数据资源不能满足需求时，将用户需求发送任务管控系统。

（3）任务管控系统根据卫星、平流层飞艇、航空平台及载荷状态，制定对地观测任务，发送给相应的平台，根据地面站网资源及中继资源状态，制定地面接收计划，发送给数据接收系统。

（4）天基、临近空间系统和航空根据任务获取相应区域的高分辨率观测数据，通过星地或中继链路传至地面，应急情况可通过机动接收处理系统完成观测数据的接收、处理，快速应用。

（5）数据处理系统根据定标与质量评定系统提供的参数，对接收到的卫星、平流层飞艇、航空平台观测数据进行基础数据处理、专业信息处理和综合态势生成。

（6）定标与质量评定系统定期开展载荷的辐射与几何定标、产品质量评定等。

（7）资源共享与服务平台统一管理各级数据，向各用户节点分发共享；各用户单位获取数据后，可按需进行专业处理，生成高级数据产品。

资源共享与服务平台主要实现用户需求筹划、提交、跟踪与任务闭环管理，以及对各类资源的统一存储和有序共享。

任务管控系统主要根据用户需求，结合星地资源状态，进行星地资源的一体化任务规划，监视星地资源状态及运行态势，并对地面站资源进行运维管理。联合任务规划是该系统涉及的核心关键技术。联合任务规划主要是收集各级用户需求，基于天基、临近空间、航空对地观测系统的能力特点和资源状态，以及地面数据接收站网、处理系统的资源状态，进行综合规划，生成天临空地不同系统的任务指令，实现天临空地协同观测、融合应用，保障用户需求。随着技术的发展，天基系统将逐步具备星上自主任务能力。

定标与质量评定系统主要是对天基、临近空间和航空系统载荷数据进行几何、辐射等定标处理，并对成像分辨率、动态传函、目标定位精度等质量进行评定，支撑观测系统的改进研制和观测数据的定量应用。

数据处理系统主要是对观测数据进行基础数据处理、专业信息处理和综合态势生成，围绕这三类任务，建设"六库一场一平台"，为高分辨率对地观测数据处理与应用提供基础支撑。"六库一场一平台"具体为全球地理空间基础信息保障库、目标/地物特性库、目标/地物知识库、应用软件插件库、基础模型算法库、试验样本数据库等六个基础数据库，一个应用试验场，一个测试评估平台。联合态势生成是该系统涉及的核心关键技术之一。联合态势生成主要是接收各系统对地观测数据，进行跨系统、多载荷、多手段的信息处理、情报分析和态势融合。联合态势生成的主要技术包括目标提取、数据融合、关联分析、智能认知。随着大数据、人工智能的技术发展，联合态势生成技术将越来越贴近实用。

1.4　应用方向

利用高分辨率对地观测体系的大气环境探测、海洋环境探测以及陆地测绘/成像观测载荷,建立大气观测、海洋观测和陆地观测系统,服务于国家行业应用和国防安全应用。其中,大气环境探测载荷可获取可见光/红外云图、多通道合成图,反演获取云覆盖、云顶温度/高度、云分类等定量产品,监测强对流云团、台风、大气气溶胶、二氧化硫、二氧化氮、二氧化碳、甲烷等大气环境要素。海洋环境探测载荷可获取海面高度、海水温度,探测海洋中尺度现象,反演获取海面风场、洋流、海洋内波、中尺度涡、水下温盐场等海洋环境信息。陆地观测载荷主要获取全球高空间分辨率、高辐射分辨率、高光谱分辨率影像数据。

交通运输行业具有"点多、线长、面宽"等特点,主要依靠微波、线圈、视频等地面监控手段监管,难以实现行业内的大数据资源共享,迫切需要大范围、多视角、高精度、高时效的高分辨率对地观测数据做支撑,实现微观业务数据和宏观遥感数据的整合。高分辨率对地观测数据资源在交通设施的勘察设计、建设监管的各个环节都得到了广泛应用,并不断拓展至交通灾害监测与应急救援、交通设施调查等领域,形成了常态化的行业服务机制。

在防灾减灾方面,高分辨率对地观测数据主要应用于灾害风险监测与损失评估。在以往灾害风险监测业务中,主要使用 MODIS、HJ – 1、ZY – 3 等卫星数据,分辨率基本满足业务要求,但在时效性、复杂气候条件适应性等方面仍存在不足。高分系列卫星空间分辨率和光谱范围大幅提高,可有效提高灾害风险监测的准确性、时效性以及灾害损失评估的精度,为地震、洪涝、森林草原火灾等自然灾害风险监测和损失评估提供数据支撑。

在公安领域,可以利用高分辨率对地观测数据对重点区域、重点目标、重点人群进行定期监控,获取敏感目标位置分布、动态变化等情报信息,为公安机关有效防范犯罪活动和打击黑恶势力提供决策依据和技术支持。

同时,高分辨率对地观测数据可在战场环境快速构建、目标检测识别、态势关联分析等典型国防安全领域中获得应用。

1.5 发展现状与趋势

1.5.1 发展现状

美国建成了较为完备的对地观测体系。天基系统基于军用 KH – 12、FIA – Radar 等高分辨率详查卫星和 WorldView 系列商业遥感卫星进行高分辨率观测,基于军用 DMSP 极轨气象卫星、Coriolis 海洋环境监测卫星以及民用 NOAA

极轨气象卫星、GOES 地球静止环境业务卫星、T/P 卫星进行气象海洋环境保障,基于民用 GRACE 和 GOCE 卫星进行重力场保障,并积极发展快速空间响应卫星,提升天基信息支援战术应用能力。临近空间系统持续开展平流层飞艇等平台飞行验证。航空系统发展了以"全球鹰""捕食者"等为代表的无人侦察机,具有从低空、中空到高空,从低速到高速,从近程、中程到远程、长航时等多种类型的侦察监视能力。

下面分别介绍国内外天基系统、临近空间系统、航空系统和地面系统的发展现状。其中,天基系统主要介绍一些典型高分辨率成像系统的基本性能,不展开叙述;临近空间系统由于处于探索性试验阶段,因此主要介绍经过试验验证的临近空间飞艇项目;航空系统综述主要的飞机平台和发展的观测载荷;地面系统综述数据接收、数据处理、信息传输与分发应用等方面的发展现状。

1. 天基对地观测系统

1)国外发展现状

(1)侦察监视方面。美国利用配置在不同轨道的光学成像、微波成像、电子侦察卫星构成了全天候、全天时的卫星侦察监视体系。其中,光学成像卫星的主用型号包括:军用"锁眼"–12(KH–12)系列及 KH–13 卫星,可见光分辨率达 0.1m,红外分辨率优于 1m;高分辨率商业遥感卫星"世界观测"–3(WorldView–3),全色分辨率达 0.31m,多光谱分辨率 1.24m,短波红外分辨率 3.7m,幅宽 13.1km。微波成像卫星的主用型号包括:军用"长曲棍球"(Lacrosse)系列卫星及其换代系统"未来成像体系–雷达"(FIA–Radar)系列卫星,成像分辨率 0.3m。电子侦察卫星包括低轨的联合天基广域监视系统、椭圆轨道号角电子侦察卫星和高轨顾问电子侦察卫星,实现高精度的雷达信号和通信信号侦察。俄罗斯的侦察监视卫星装备处于能力恢复阶段,"角色"–2(Persona–2)传输型光学成像侦察卫星分辨率达 0.33m。欧洲采用多国分立研制、综合应用的方式发展侦察监视卫星装备,典型装备包括法国军用"太阳神"–2(Helios–2)系列光学成像卫星,分辨率 0.4m,具有红外成像能力,以及军民两用"昴宿星"(Pleiades)系列光学成像卫星,可见光全色分辨率 0.7m,多光谱分辨率 2.8m,幅宽 20km;德国军用"合成孔径雷达放大镜"(SAR–Lupe)系列和意大利军民两用"地中海盆地小卫星观测星座"(COSMO–SkyMed)系列微波成像卫星,分辨率均优于 1m。

(2)地形测绘方面。美国通过发展 KH–5、KH–9 等返回式摄影测量卫星以及航天飞机等完成全球基础测绘,建立了基础数据框架。在此基础上,美国通过发展 Ikonos、GeoEye 系列、WorldView 系列高分辨率商业遥感卫星,维持热点地区和目标区的高精度测绘。

（3）环境监测方面。美国发展了 GRACE 重力测量卫星、DMSP 极轨气象卫星、Coriolis 海洋环境监测卫星等环境监测卫星,用于获取全球地球物理场、气象海洋空间环境,包括重力场、磁力场、云高及类型、陆地和水面温度、水汽、空间环境等信息,为各类应用提供信息保障。

（4）随着航天技术快速发展和各类军事行动对天基信息的强烈依赖,世界军事强国高度重视天基信息战术应用能力建设。2003 年以来,美国通过"作战响应空间"(ORS)计划,探索出了航天力量转型建设的新途径,验证了概念创新牵引技术发展、技术攻关催生创新概念的螺旋式发展模式。2011 年 6 月,ORS – 1 卫星发射成功,测试后交付空军应用。ORS – 1 卫星是 ORS 计划的第一颗面向作战用户的应用卫星,具有将航空侦察载荷与作战响应模块化平台集成的突出特点,侦察载荷覆盖了从可见光到中波红外 7 个谱段,轨道高度 300km 时传感器分辨率可达到 1m。

2）国内发展现状

1970 年 4 月,我国成功研制并发射了第一颗人造地球卫星"东方红一号"。到目前为止,我国自行研制发射了百余颗不同类型的对地观测卫星,形成了高分、资源、风云、海洋、遥感、实践等系列卫星和相应应用系统,在国防和国民经济建设中发挥了巨大作用。此处主要介绍资源和高分系列卫星发展情况。

目前,我国发展了资源一号、资源二号和资源三号等资源系列对地观测卫星,如表 1 – 1 所列。资源系列卫星由中国和巴西两国共同投资,联合研制,服务于国土资源普查、环境调查、国土测绘等领域。

表 1 – 1　资源系列对地观测卫星基本信息

序号	卫星名称	发射时间	运行轨道	有效载荷	主要性能
1	资源一号	1999.10	778km 高度 SSO	CCD 相机、红外多光谱扫描仪、宽视场相机	CCD 相机:分辨率 19.5m,幅宽 113km,4 个多光谱谱段;红外多光谱扫描仪:1 全色、2 短波红外和 1 热红外波段,幅宽 119.5km,可见、短波红外分辨率 78m,热红外分辨率 156m;宽视场相机:1 全色、1 近红外波段,全色分辨率 258m,幅宽 890km

续表

序号	卫星名称	发射时间	运行轨道	有效载荷	主要性能
2	资源一号02B	2007.9	750km 高度 SSO	多光谱相机、高分相机、宽视场成像仪	最高分辨率2.36m
3	资源一号02C	2011.12	700km 高度 SSO	全色多光谱相机、全色高分相机	2台高分相机分辨率2.36m,拼接幅宽54km;全色多光谱相机分辨率5m和10m,幅宽60km
4	资源二号	2002.10	500km 高度 SSO	光学相机	全色影像分辨率3m
5	资源三号	2012.1	505km 高度 SSO	三线阵相机、多光谱相机	1:5万比例尺测绘,三线阵相机中,下视相机分辨率2.1m,前、后视相机分辨率3.5m,幅宽52km;多光谱相机分辨率5.8m,幅宽52km

（1）高分一号卫星运行在645km高度的太阳同步轨道,有效载荷包括高分辨率相机和中分辨率多光谱相机。其中,高分辨率相机的全色分辨率2m、多光谱分辨率8m,幅宽60km;中分辨率多光谱相机分辨率16m,幅宽800km,可为国土资源、农业、气象、环境保护等部门提供高精度、大范围的空间观测服务。高分六号卫星分辨率与高分一号卫星一致,增加了多个谱段,可对地面农作物进行评估。

（2）高分二号卫星运行在631km高度的太阳同步轨道,装载2台1m全色/4m多光谱相机实现拼幅成像,分辨率可见光全色0.81m、多光谱3.24m,成像幅宽45km。

（3）高分三号卫星装载C频段多极化合成孔径雷达,最高成像分辨率1m,主要用于海洋观测、水利应用、灾害监测、环境监测等方面。

（4）高分四号卫星运行在GEO轨道,采用面阵凝视方式成像,具备可见光、多光谱和红外成像能力,可见光分辨率优于50m,红外分辨率优于400m,可为我国减灾、林业、地震、气象等应用提供光学遥感数据。

（5）高分五号为高光谱观测卫星,是一颗环境探测专用卫星。卫星首次搭载了多型光谱成像、探测载荷,可监测大气气溶胶、二氧化硫、二氧化氮、二氧化碳、甲烷、水质、陆地植被、秸秆焚烧等环境要素。

（6）高分七号卫星是光学立体测绘卫星,将在高分辨率立体测绘图像数据获取、高分辨率立体测图、城乡建设高精度卫星遥感和遥感统计调查等领域取得突破。

（7）高分八号、高分九号、高分十一号是光学成像卫星，高分十号、高分十二号是微波成像卫星，地面像元分辨率最高可达亚米级，主要应用于国土普查、城市规划、土地确权、路网设计、农作物估产和防灾减灾等领域，可为"一带一路"等国家重大战略实施和国防现代化建设提供信息保障。2020 年，我国成功发射高分十三号和高分十四号卫星。高分专项确定的研制发射 14 颗高性能对地观测卫星的工程目标已如期实现。

同时，我国高分辨率商业遥感卫星发展迅速。吉林一号（2015 年）、高景一号（2016 年）、北京三号（2021 年）、珠海一号（2017 年）等多型商业遥感卫星，最高成像分辨率 0.5m。

2. 临近空间系统

1）国外发展现状

目前，平流层飞艇属于前沿探索领域，创新性强，国外处于方案设计与技术验证阶段。根据构型布局，平流层飞艇可分为常规布局飞艇、组合式布局飞艇和新概念飞艇等。其中，常规布局飞艇采用传统流线型布局，具有轴对称特点。组合式布局飞艇一般采用高空气球加大型桁架构型。新概念飞艇是指除上述两种典型布局以外的，在外形布局、浮空原理等方面采用了创新设计思想的平流层飞艇。

美国在常规布局平流层飞艇方面实施了高空飞艇项目（HAA）、高空哨兵飞艇项目（HiSentinel）。2002 年，美国导弹防御局（MDA）在先期概念技术演示验证计划中提出建造高空飞艇。根据洛·马公司设计方案，HAA 飞艇长约 150m，最大直径约 50m，容积150000m³。2011 年，洛·马公司利用演示样机 HALE－D 进行了首次飞行试验，HALE－D 到达约 9.75km 的高空，但无法继续上升，试验终止，该项目随即终止。美国西南研究所与 Raven 工业公司共同开发了高空哨兵飞艇项目。2005 年，HiSentinel 20 在新墨西哥州罗斯韦尔成功进行了一次平流层动力飞艇的升空和飞行测试，验证了动力飞艇在 22.56km 高度上的技术可行性，飞艇携带了大约 27kg 的设备，飞行时间为 5h。2008 年，HiSentinel 50 在新墨西哥州阿拉莫戈多地区进行了测试飞行，携带通信中继和高分辨率照相机，飞艇在升空至 20km 高度后囊体破裂，停留约 30min 后开始下落，40min 后坠落于地面。2010 年，HiSentinel 80 高空飞艇成功完成了首次飞行测试，在 20km 高空驻留 8h。

日本自 1998 年开始发展平流层飞艇,通过大量的理论和试验研究,积累了丰富的经验。2003 年,日本使用垂直发射模式,在日立港成功发射了一个长 47m、直径 12m、体积 3566m³、有效载荷 40kg 的飞艇型无人气球,该气球在 30min 内到达了 16.4km 的试验高度,之后使用放气与降落伞相结合的方式返回到地面。2004 年,日本在北海道的 Taiki 试验场又成功放飞了一艘气囊体积 10500m³、长 67m、直径 17m、质量 6500kg、有效载荷 250kg 的无人自主导航多气室结构飞艇,升空高度达 4km,包括电池在内其有效载重达 400kg,动力装置采用了航空发动机。在开展大量理论研究和试验研究基础上,日本 JAXA(宇宙航空研究开发机构)认为,平流层飞艇研制的成败取决于轻质高强蒙皮材料和高性能电池两大关键技术。因此,2005 年之后,日本逐渐由总体演示验证转向对以上两大关键技术的攻关。

美国还发展了"攀登者"(Ascender)、"天腾"(Tandem)等临近空间组合式飞艇。"攀登者"是美国 JP 航宇公司为美国军方提出的临近空间机动飞行器而制作的原型机。2003 年,未携带任何设备的"攀登者"被释放到 30km 高空进行初期验证试验,并成功返回地面。JP 航宇公司还为"攀登者"进行了配载试验,携带 45kg 的通信和监视设备,升入临近空间区域,完成了地面操作指令反应、地面指挥所控制下的转换飞行以及点目标上空 5min 的悬浮、降落、返航等试验任务。"天腾"由美国 JP 航宇公司研制。"天腾"飞艇安装有两个气球,属于串联类飞艇,两球之间用 9.14m 长的碳纤维支架连接。2011 年,"天腾"执行了第 126 次放飞任务。

同时,国外许多研究机构和院校提出众多新概念飞艇和高空气球的概念,包括美国传感器/结构一体化飞艇(ISIS)、德国分段式平流层飞艇等。

2) 国内发展现状

我国从"九五"期间开始,持续开展平流层飞艇的概念研究与关键技术攻关,"十一五"和"十二五"期间开展了平流层飞艇的演示验证工作,在飞艇平台总体、太阳能薄膜电池、再生燃料电池、锂电池、囊体材料等飞艇核心技术方面具备一定基础。国内中国科学院、航天科技集团、电子科技集团、航空工业集团、北京航空航天大学等单位开展了小型试验飞艇、中型试验飞艇和临近空间飞艇的飞行试验,飞行高度最高达到 20km。国内航天科技集团、电子科技集团等单位持续开展了太阳能薄膜电池、再生燃料电池和高比能量锂电池的攻关研究,部分技术具备工程应用基础;中国科学院、航天科工集团、上海交通大学、哈尔滨工业大学等单位开展了囊体材料的研究,已研制出多种满足低空飞艇要求的囊体材料,但距离临近空间应用尚有较大差距,主要体现在承力层织物性能、表面防老化性能等方面。

2015年10月,我国在内蒙古锡林浩特地区成功开展了"圆梦号"平流层飞艇飞行试验。该飞艇由华丽家族股份有限公司与北京航空航天大学联合研制,飞行高度约20km,体积18000m³,搭载了宽带通信、数据中继、空间成像和空中态势感知等系统,采用三个六维电机的螺旋桨,升空后依靠太阳能提供动力,飞行时间超过24h。

3. 航空对地观测系统

1)国外发展现状

在积极发展天基对地观测系统的同时,各主要大国仍大力发展航空对地观测技术,重视航空对地观测系统的建设与发展,以满足高分辨率空间数据的保障需求。目前,航空系统建成了基于飞机和基于无人机的对地观测系统。

(1)基于飞机平台的航空对地观测系统在侦察、测绘、灾害监测等领域发挥了重要作用。事实上,美国用于城市规划和基本地图测绘的高分辨率空间数据中,有约65%的数据来自于航空对地观测系统。目前,国外基于大型飞机平台的对地观测系统有:美国国家航空航天局多遥感设备飞机系统、环境遥感设备机载实验平台(RASTER-J)、俄罗斯多频多极化雷达系统飞行实验室(IMARC)、巴西亚马逊警戒系统(EMB145RS)等。在军事领域,美军有著名的U-2R侦察机,经多次改进后具有较高的侦察性能。同时,美军还装备有RF-4C、RF-16、RC-130等侦察机,航空侦察装备有LOROPS远距倾斜摄影系统、IR/EO-LOROPS红外/光电远距倾斜摄影系统、ATARS先进战术机载侦察系统吊舱、TARS战区机载侦察系统吊舱、合成孔径雷达、PHARUS相控阵通用合成孔径雷达、CDL宽频数据链等。

(2)基于无人机的对地观测系统已广泛应用于战场侦察等军事领域,并在多次局部战争中发挥了重要作用。目前,美国和以色列拥有从低空、中空到高空,从低速到高速,从近程、中程到远程、长航时等多种类型的侦察、监视或多用途型无人机。美国有"全球鹰"(Global Hawk)、"捕食者"(Predator)、"火力侦察兵"、"鹰眼"、"X-45A"等数十个品种,以色列有"苍鹰"、"侦察兵"等十余个品种。

2)国内发展现状

我国航空对地观测系统经过50多年的发展,已有30余家航空遥感单位拥有中小型飞机。飞机类型以运5~运12系列中低空飞机为主,也有少量"奖状"喷气式飞机。无人机航空对地观测系统发展迅速,贵航等单位研制了鹞鹰Ⅰ和鹞鹰Ⅱ型无人机,可实现高精度、高时效性、多载荷、同平台遥感成像,可应用于遥感测绘、灾害应急救援、地理国情监测、土地资源勘测、边防监视、海事监测等方面。深圳大疆创新科技公司研制出多型无人机飞行平台,广泛应用于航拍、遥感测绘、森林防火、电力巡线、搜索与救援等领域。航空对地观测载荷方面,目前用于业务化运行的航空对地观测设备主要依靠国外引进,以可见光设备为主,例如,RC30、RMK TOP30、DMC、ADS40、ALS50等光学测绘设备和位置姿态测量系统POS510。近年来,在国家多个项目计划的支持下,我国自主研发了多套对地观测设备,可一定程度满足应用需求,初步缓解我国航空对地观测设备严重依赖于国外技术的局面。

4. 地面系统

1)国外发展现状

美国、俄罗斯和法国等国家已经建成了较为成熟的对地观测地面系统,并将高分辨率观测数据广泛应用于军事、政治、经济、国民经济建设等领域,取得了显著效益。其中,美国作为空天信息资源大国,在空天对地观测数据获取、处理、分发、应用上都处于全球领先的地位,代表了该领域国际发展水平。

(1)数据接收方面。美国国家航空航天局、欧洲航天局、日本宇宙航空研究开发机构、瑞典空间公司、挪威KSAT航天公司等大型机构和公司均建立了各自独立运行的地面站网络,并通过商业合作的方式拓宽各自地面站网络的业务范围,实现全球数据接收能力。NASA对地观测卫星的数据接收与跟踪由其近地网(NEN)完成。NEN主要由6个NASA自有地面站和7个商业合作站构成,通过NEN任务规划办公室统一调度任务,实现高效的无盲区运行。欧洲ESA建设了覆盖全球的对地观测卫星地面基础设施,其对地观测卫星地面站网络由核心网、扩展网和协作网构成。ESA通过对分布于世界各地的地面站的合理调度,基本形成了卫星下行信号无盲区的接收能力。

(2)数据处理方面。美国对地观测数据处理系统主要包括两大组成部分:一是执行数据处理、分析等功能的数据处理系统;二是执行数据存储、管理和共享等功能的数据库和数据管理系统。为了充分利用获取的信息资源,美国以共享数据环境为支撑,建设了面向不同任务领域的多层级分布式数据处理中心、数据库和多源数据信息处理分析系统,实现了对各种战略和战术信息的自动和半自动化处理、归档、存储、管理和授权分发,具备了较强的信息资源有序管理和高效利用能力。国外典型的数据处理系统包括:美国的"全源信息分析系统"(ASAS)、"战术开发系统"(TES)、"现代化影像开发系统"(MIES)、"海军联合军兵种图像处理系统"(JSIPS - N)、"增强型战术雷达相关器"系统(ETRAC)，法国的"多传感器图像译制与分发系统"(MINDS)，英国的"通用图像开发系统"(GIES)、"网络化影像开发系统"(NIES)，以色列的 IN - TACT 侦察与监视系统(RSS)。同时,美国建立了一系列规模庞大、体系严密的情报数据库,包括现代化综合数据库(MIDB)、国家图像信息库(NIL)、商业图像信息库(CIL)、地理空间信息数据库(GIDB)、切片服务器(NRL Tile Server)、影像与地理空间信息系统(USIGS)等。

（3）信息传输与分发方面。美国正在构建由许多分布式局域网为单元组成的多层次、高带宽、互联互通的全球通信网络,以加快航天信息在战场上的流动速度。信息传输和分发系统不仅是卫星通信、数据链和无线电通信装备,还是国防信息系统网(DISN)、国防信息基础结构(DII)和全球信息栅格带宽扩展(GIG - BE)的重要组成部分。

（4）应用系统方面。美国对地观测卫星信息应用系统已涉及战略、战役和战术等各个层次,在军事方面重点建设分布式通用地面系统(DCGS)、等航天信息应用系统,并开发出图像和图像情报应用系统、地理空间信息应用系统、气象信息应用系统等多种类型应用系统。

2）国内发展现状

建成了中国资源卫星应用中心、国家遥感中心、国家卫星气象中心、国家卫星海洋应用中心、中国遥感卫星地面站,可接收和处理包括光学、微波遥感数据在内的国内外多颗遥感卫星数据和信息。国家各有关部门和地区已建立200多个遥感应用专业机构,通过利用国内与国外卫星数据,开展了农业、国土、环境、灾害、林业、水利、城市、气象、海洋、测绘、交通、地球科学、地震等多个方面的应用。我国的气象卫星还被纳入 WMO 业务运行体系,为全球气象应用服务。2016 年 3 月,高分应用综合信息服务共享平台正式上线运行。该平台实现了高分专项卫星数据资源、应用成果的有效集成与共享,实现了高分辨率数据和应用产品、服务产品和相应标准的集同发布,可为国内外各类用户提供在线服务。

1.5.2 发展趋势

总体而言,高分辨率对地观测系统的发展趋势主要体现如下:

1. 对地观测领域向精准化、智能化方向发展

随着世界各国对地观测的手段不断丰富、性能不断提升、观测要素不断完善,并伴随着大数据、云计算、人工智能等技术的不断发展,对地观测领域越来

越关注智能认知应用,算法的先进性、数据的充分性、计算的时效性是决定遥感应用的重要因素,是实现物理域的"感知"向知识域的"认知"转变的关键。高分辨率也将从传统的高空间分辨率向高精度温度、光谱、散射、电磁等多维特性拓展,从目标本体特性向目标环境耦合的应用特性拓展,实现全球精准感知,支撑智能认知与应用。精准观测和智能应用必将需要对数据、算法的性能进行真实性检验,提升定量遥感应用水平。

2. 天基对地观测更加突出高性能和支持快速应用

天基对地观测系统由骨干系统和弹性增强系统两部分组成。骨干系统不断提高卫星的综合性能,包括①空间分辨率不断提高,可实现对重要目标细节特征的准确描述;②定位精度逐步提升,满足不同应用的精度保障要求;③观测手段不断完善,发展可见光、红外、高光谱、激光以及不同频段、不同极化微波观测手段,获取目标的多维特征,支持智能认知应用。同时,积极发展快速响应卫星等弹性系统,提升天基信息支持一线用户的时效性。

3. 临近空间飞行器将成为对地观测体系的新平台

临近空间系统融合天基和航空对地观测系统的优点,在区域态势监视、环境监测、防灾减灾等方面具有巨大的应用前景,可极大提高区域观测能力。目前,世界各国已进入了平流层飞艇、长航时无人机的演示验证阶段。平流层飞艇、长航时无人机必将在未来对地观测领域中发挥重要作用,成为区域观测、监视、通信保障的新手段、新平台。

4. 航空对地观测系统地位作用不可取代

航空系统具有实时性强、机动灵活、观测分辨率高的特点,世界各主要国家仍大力发展航空对地观测系统及其相关技术,航空对地观测系统的地位作用不可取代。随着无人机的出现和成功应用,催生出蜂群无人机等新的作战理论,航空对地观测系统更加贴近战术任务需求,在现代局部战争中发挥着十分重要的作用。

5. 军民融合成为对地观测领域的主导发展模式

世界各国对地观测系统的发展历程处处彰显军民融合的发展思路。以天基系统为例,美国的军事侦察卫星分辨率达到亚米级之后,逐步放开了商用高分辨率卫星影像的限制,并利用商业对地观测系统满足其高分辨率、高时效性观测需求,极大促进了高分辨率商业卫星的发展。在遥感应用领域,以 Google Earth 为代表的"数字地球"系统的出现给人类认识世界带来新的冲击,产生了显著的社会与经济效益。

第 2 章

天基对地观测系统技术

2.1 天基对地观测系统概述

天基对地观测是依托卫星平台,利用空间的位置优势,对地球进行观测的活动,不受领土、领空限制,是全球变化监测、区域监视等方面的重要信息获取方式。自 20 世纪 80 年代中期美国提出并实施地球观测系统(EOS)计划后,世界各国始终致力于发展高分辨率对地观测卫星系统,其数据与信息已经成为国家的基础性和战略性资源,不仅为土地利用、城市规划、环境监测等民用方面提供了更便利、更详细的数据来源,也是关键目标侦察监视、战场态势感知等的重要信息获取手段。

虽然我国已研制并在轨运行了百余颗对地观测卫星,但成像质量、综合应用水平与国外先进水平仍存较明显差距,因此,天基高分辨率对地观测系统的核心目标是实现高分辨率、高质量的遥感图像质量及其应用。本章首先介绍高分辨率天基对地观测系统的组成、任务分析、主要特征,并在此基础上重点对高分辨率成像、高精度测绘系统的工作机理、分类和核心指标、图像质量/测绘精度保障与提升等方面进行阐述。

2.1.1 系统组成

天基高分辨率对地观测系统由具有高空间分辨率、高时间分辨率、高光谱分辨率、高定位精度等能力的卫星系统组成,运行于高中低不同轨道,搭配光学、微波等不同类型载荷,获取全球广域覆盖的观测数据。从观测手段上分类,天基高分辨率对地观测目前主要采用光学和微波两大类。其中,天基光学观测作为一种被动目标探测方式,具有技术简单成熟、载荷质量轻、易于获取目标的几何特征,有助于目标识别等特点。天基微波观测是一种主动目标探测方式,具有全天时、全天候工作的特点;两种对地观测方式相辅相成,是我国天基对地观测系统的主要组成部分。

广义上说,天基对地观测是一个遥感信息获取与记录的过程,主要基于目标的辐射、反射或电磁散射特性,通过遥感载荷获取目标自身辐射信息、反射信息或载荷发射后由目标散射的微波信息等,经过信号传输、转换、压缩传递到地面进行信息处理。

目前,高分辨率对地观测卫星按照应用方向,主要可分为成像卫星、测绘卫星等。按照运行轨道,主要可分为低轨卫星(500～1000km 轨道高度)和地球静止轨道卫星(36000km 轨道高度)。低轨卫星通常采用线阵推扫成像,按照工作特点、规模等又可分为高精高稳卫星、敏捷机动卫星、快速响应卫星、微纳卫星等。

(1)高精高稳卫星,采用大型高精度高稳定度控制平台,装载高分辨率多谱段一体化相机或多载荷,具备高精度姿态确定、高稳定姿态控制能力,可以为用户提供高空间分辨率、高定位精度、高辐射精度的精细化对地遥感观测数据,实现对关注地物的高分辨率多谱段详细观测,主要用于对地球资源的细部特征调查、地理测绘、军事应用等。

(2)敏捷机动卫星,采用小型敏捷机动平台,装载小型高分辨率相机,通过大角度快速姿态机动,实现单轨大范围多地物成像、区域多条带拼接成像和同一地物多角度成像等敏捷成像模式,可实现地物快速重访观测,及时获取感兴趣信息。

(3)快速响应卫星,采用货架式产品体系,按照快速卫星组装集成生产流程,快速研制、快速发射、快速应用,以实现对局部区域、特定需求、应急突发事件的快速增强响应能力。快速响应卫星具有"快、好、省"等显著特点,是建设区域观测系统,实现局部区域高时效性信息保障的主力之一。

(4)微纳卫星,被誉为未来空间领域改变游戏规则的重要因素,卫星采用体积小、功耗低、质量小、低成本卫星货架产品,使得大规模部署和应用成为可能,实现环境监测、交通运输、科学试验等专业短期观测任务。微纳卫星具有"简、易、专"等主要特点,是构建弹性能力的主要手段,主要通过快速批量化应急部署,实现对关注区域进一步快速增强、缩短重访间隔等信息支援能力。

从功能模块分类,对地观测卫星主要可分为卫星平台、有效载荷两大部分。

2.1.1.1 卫星平台

卫星平台通常由以下分系统组成,以实现不同的星务功能和支持特定有效载荷工作:

(1) 能源分系统,为整个卫星提供能源。

(2) 推进分系统,为卫星机动、保持轨道以及控制姿态提供动量。

(3) 姿态轨道控制分系统,确保姿态指向和轨道运行在允许的范围内。

(4) 测控分系统,负责和地面控制中心联系。

(5) 温度控制分系统,保证卫星各种器部件工作在合适的温度。

(6) 数据管理分系统,采集、处理数据以及协调管理卫星各分系统工作。

(7) 总体电路分系统,供配电、信号转接、火工装置管理和设备间电连接。

2.1.1.2 有效载荷

有效载荷按照手段一般分为光学载荷和微波载荷。

1. 光学有效载荷

光学有效载荷主要包括光学子系统、探测器、电子学子系统。其信号传输过程如图 2-1 所示,光学子系统主要用于将来自目标的辐射会聚到探测器上;探测器将接收到的光信号转换成电压形式的电信号;电子学子系统的主要功能包括时钟产生、探测器驱动、信号采样保持以及信号放大和增益匹配,并经模数转换将模拟信号转变成数字信号。

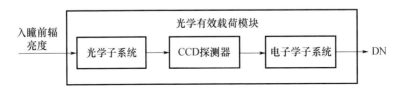

图 2-1　光学有效载荷信号传输链路

2. 微波有效载荷

微波有效载荷主要包括中央电子设备子系统和天线子系统。

中央电子设备子系统的主要功能是,根据地面遥控指令,选择工作模式,控制各分机的工作。作为有效载荷的核心子系统,其组成包括射频单元、数字单元、数据形成器、内定标器、雷达配电器以及软件(含雷达控制监测软件、FPGA 软件)等。

天线的组成依天线形式而定。抛物面天线主要包括反射面和馈源;平面相控阵天线则是由阵面辐射单元、T/R 组件、馈电网络和波控器等组成。

2.1.2　任务分析

1. 卫星成像任务

卫星搭载可见光、红外、高光谱、SAR 等载荷,对地物进行成像观测,根据获取、传输、处理的信息提取全球区域目标的物理信息和定位信息,为国土资源调查、环境监测、农林水利监测、海洋监测、防灾减灾、军事应用等提供保障。

2. 卫星测绘任务

卫星搭载可见光、高光谱、激光、SAR 等载荷,对地进行基础地理信息测绘,获取大比例尺地形图等基础数据,对地物分类,形成数字正射影像图、数字高程模型、数字栅格地图等产品,为城乡建设规划、地质勘探、矿产开发、环境监测、军事应用等提供保障。

2.1.3　主要特征

1. 全球观测

天基对地观测不受国界和地理条件限制,成像范围广,可定期或连续对特定地区进行成像,长期获得其他手段难以获取的全球观测数据。

2. 多维信息获取

综合利用可见光、红外、高光谱、激光、SAR 等多种手段对地观测,可实现地物多维信息获取。

3. 协同观测

利用高轨与低轨卫星协同、光学与微波卫星协同等联合任务规划,可实现多星综合对地观测。

2.2　天基高分辨率光学成像技术

2.2.1　工作机理

2.2.1.1　光学成像机理

天基光学成像是一个多环节综合作用的过程,按成像过程顺序将所有成像环节串在一起的物理链路一般称为天基光学成像链路。成像链路以场景目标为始端,以图像为终端,场景目标反射的太阳光或自身辐射经过大气传输,进入光学子系统成像,经探测器采样及光电转换、量化处理、压缩编码后下传地面。

1. 场景目标

地面上的任何物体（即目标物），如大气、土地、水体、植被和人工构筑物等，在温度高于绝对零度（即0K = -273.16℃）的条件下，它们都具有反射、吸收、透射及辐射电磁波的特性。当太阳光从宇宙空间经大气层照射到地球表面时，地面上的物体就会对由太阳光所构成的电磁波产生反射和吸收。由于每一种物体的物理和化学特性以及入射光的波长不同，对入射光的反射率也不同，各种物体对入射光反射的规律叫做物体的反射光谱，如图2-2所示。一方面，景物光谱反射率在很大程度上反映了地物的特性；另一方面，景物特性的其他表征量，如目标的形状、大小、色调、纹理、对比度、地物辐亮度方差和地物平均空间细节等，也都是由景物光谱反射率决定的。

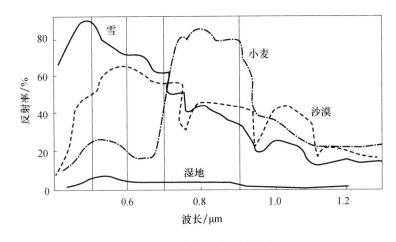

图2-2　不同地物的反射光谱

2. 大气传输

地面场景目标反射的太阳光或自身发出的电磁辐射在穿过大气层时，会受到大气层的吸收、散射影响，因而使透过大气层的能量受到衰减。

1）大气吸收作用

大气分子通过改变分子旋转、振动和电子状态来吸收太阳辐射，使得大气透射率下降，通常使用两个随机波段指数模型来计算大气透过率，一个是Goody的水汽模型，另一个是Malkmus的氧气、二氧化碳、氧化二氮和甲烷模型，透过率函数分别为

$$t_{\Delta v}^{G} = \exp\left\{ -\frac{N_0 km}{\Delta v}\left[\left(1 + \frac{km}{\pi \alpha_0} \right)^{-\frac{1}{2}} \right] \right\} \qquad (2-1)$$

$$t_{\Delta v}^M = \exp\left\{ -\frac{2\pi\alpha_0 N_0}{\Delta v}\left[\left(1 + \frac{km}{\pi\alpha_0}\right)^{\frac{1}{2}} - 1 \right] \right\} \qquad (2-2)$$

式中:m 是吸收总量;N_0 是频率间隔 Δv 上的总线数;k 是强度的平均值;α_0 为洛伦兹线半宽度的平均值,它可以通过每一条光谱线 j 上的半长 α_j 和强度 S_j 来得到。

2) 大气散射作用

散射是指电磁辐射与结构不均匀的物体作用后,产生的次级辐射无干涉抵消,而是向各个方向传播的现象,它实质是反射、折射和衍射的综合反映,大气对太阳辐射的散射非常复杂,散射强度取决于大气中气体分子的悬浮质点颗粒的大小、形状和分布。散射现象可分为三类:

(1) 瑞利散射,大小比波长小得多的粒子散射,其散射系数为

$$\beta_R(\lambda) = \frac{2\pi^2}{H\lambda^4}\left[n(\lambda) - 1 \right]^2 (1 + \cos^2\theta) \qquad (2-3)$$

式中:θ 为入射方向与散射方向的夹角;$n(\lambda)$ 为不同波长介质中对应的折射率;H 为粒子度系数,与粒子的尺寸、质量等性质有关。

瑞利散射的主要特点是,散射强度与波长的四次方的倒数成正比,因此短波散射要比长波散射强得多。

(2) 米氏散射,米氏散射是大小与波长相近的粒子散射,主要是指下层大气中稍大的悬浮质点的散射。它的主要特点是散射特性复杂,取决于质点的尺寸、性质、分布等,而且散射的方向性很强。米氏散射的散射系数为

$$T_{\partial,\lambda} = e^{(-\beta\lambda^{-\partial_m})} \qquad (2-4)$$

式中:λ 为波长;∂ 为波长因子;β 衰减系数;m 为米氏散射粒子系数。

由式(2-4)可知,米氏散射造成的大气透过率随波长变化不大。

(3) 无选择性散射,尺寸比波长大得多的粒子散射,例如,云雾对可见光的散射,其散射强度与波长无关,是无选择性散射。大气中的液、固态水和固体杂质,都大于可见光的波长,因此它们对可见光散射出的辐射呈白色。

3. 光学子系统成像

地物目标自身辐射以及反射太阳的辐射经过大气传输后,被光学系统收集并会聚到探测器上成像,如图 2-3 所示。由于遥感成像过程中的光是非相干的,因而光学子系统成像过程满足线性叠加的性质,入射辐亮度 $L_{in}(x', y')$ 经过成像子系统后形成像面辐亮度分布 $L_{out}(x, y)$ 可积分形式表达为:

$$L_{out}(x, y) = \iint h_{x'y'}^{xy} L_{in}(x', y') \mathrm{d}x'\mathrm{d}y' \qquad (2-5)$$

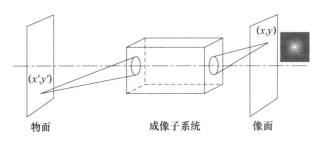

图 2 - 3　光学子系统成像示意图

对于实际成像子系统而言,脉冲响应函数 $h_{x'y'}^{xy}$ 是随着物面点 $(x'y')$ 变化的,例如光学子系统的像差会使得点扩散函数随视场发生变化。但是对于遥感光学系统而言,为了保证成像质量,通常将各种误差控制在很小的范围内,即 $h_{x'y'}^{xy}$ 变化不大。为了后续处理方便,我们假定遥感成像子系统的脉冲响应函数 $h_{x'y'}^{xy}$ 与物面坐标无关,即成像过程满足空间不变性,此时,脉冲响应函数 $h_{x'y'}^{xy}$ 可简化为 $h(x - x', y - y')$,则光学系统成像过程可表示为卷积形式,即

$$L_{out}(x,y) = \iint h(x - x', y - y')L_{in}(x',y')\mathrm{d}x'\mathrm{d}y' = h * L_{in} \qquad (2-6)$$

4. 探测器采样及光电转换

探测器像元对目标景物像的能量进行采样积分,并通过光电转换将积分光子转化为电子,当像元中电子累计到一定数量时转换为电流或电压。

到达探测器焦面的信号是连续的,由于探测器像元尺寸不可能无穷小,相邻像元之间存在一定的采样间距 p_x 和 p_y,采用数学公式表示空间离散采样效应为

$$g(m,n) = f(x,y) \cdot \frac{1}{p_x p_y}\mathrm{comb}\left(\frac{x}{p_x}\right)\mathrm{comb}\left(\frac{y}{p_y}\right) \qquad (2-7)$$

式中:$f(x,y)$ 为连续的像面辐射分布;$g(m,n)$ 为探测器接收到的离散辐射分布;$\mathrm{comb}(x)$ 为梳状函数。

探测器光电转换效率由器件的材料、结构、工艺等因素决定,通常用光谱响应来表示,是指探测器对于不同波长光线的响应能力。在一个光谱范围内探测器的一个像元产生的电子数可表示为

$$S_e(\lambda) = \int_{\lambda_2}^{\lambda_1} \frac{\pi A_d}{4F^2} \cdot \frac{\lambda}{hc} \cdot \eta(\lambda) \cdot \tau_0(\lambda) \cdot T_{\mathrm{int}} \cdot L(\lambda)\mathrm{d}\lambda \qquad (2-8)$$

式中:A_d 为探测器像元面积;$\tau_0(\lambda)$ 为光学系统的透过率(包括滤光片的透过率);T_{int} 探测器积分时间;h 为普朗克常数;c 为光速;$\eta(\lambda)$ 为器件的量子效率;

λ 为窄带中心波长;$\Delta\lambda$ 为带宽;$L(\lambda)$ 为探测器接收到的光谱辐亮度。

式(2-8)中,除了 $L(\lambda)$ 和 T_{int} 外的其他项是与目标无关的量,完全是由遥感器的光学系统、探测器等的参数决定,可以看作是遥感器在波长 λ 处、窄带 $\Delta\lambda$ 内的响应度。

$$R_T(\lambda) = \frac{\pi A_d}{4F^2} \cdot \frac{\lambda}{hc} \cdot \eta(\lambda) \cdot \tau_0(\lambda) \qquad (2-9)$$

在带宽较窄的情况下,输出信号 $S_e(\lambda)$ 可以看作与目标的辐亮度成正比,在一定的波长范围 $\lambda_1 \sim \lambda_2$ 内,探测器产生的电子数为

$$S_e(\lambda_1 \sim \lambda_2) = \int_{\lambda_2}^{\lambda_1} R_T(\lambda) \cdot T_{int} \cdot L(\lambda)\,\mathrm{d}\lambda \qquad (2-10)$$

5. 电子学量化处理

经过探测器采样的图像只是使其成为在空间上离散的像素,而每个像素的亮度值还是一个连续量,必须把它转化为有限个离散值才能成为数字图像。这种对信号的幅值进行离散化的过程称为量化。量化方式可以分为两个大类:均匀量化和非均匀量化。将像素的连续亮度值作等间隔量化的方式称为均匀量化,而作不等间隔量化的方式称为非均匀量化。电子学系统作用即是对来自探测器的信号进行放大、箝位、降噪,然后进行采样和数字化。

设 S_{sa} 为探测器阱深(以电子数记),n 为量化位数,LSB 为最小量化单位或量化间隔,如果 A/D 转换器与放大器的输出相匹配,输出最高电压对应探测器的阱深,对于均匀量化,LSB 如式(2-11)所示。

$$\mathrm{LSB} = \frac{S_{sa}}{2^n} \qquad (2-11)$$

则量化结果为

$$S_N = \mathrm{LSB} \times \mathrm{Floor}\left(\frac{S_e}{\mathrm{LSB}}\right) \qquad (2-12)$$

式中:Floor( )表示取整运算。

6. 压缩编码

数字压缩技术可分为两类:信息保持编码和信息有损编码。信息保持编码即无损编码,包括变长编码、LZW 编码、位平面编码、无损预测编码等。有损编码是以在图像重构的准确度上做出让步而换取压缩能力增加的概率为基础的,包括有损预测编码、变换编码、小波编码等。

CCITT(国际电话与电报咨询委员会)和 ISO(国际标准化组织)已经定义了

几种连续色调图像压缩标准用于处理单色和彩色图像压缩。这些标准是CCITT 和 ISO 委员会向很多企业、大学和研究实验室征求算法建议,并根据图像的品质和压缩的效果从提交的方案中选择最好的算法而形成,这样得到的标准体现了在连续色调图像压缩领域的现有水平。连续色调压缩标准包括基于 DCT 的 JPEG 标准,基于小波的 JPEG 2000 标准等。除以上标准算法外,其他用于星上压缩的算法还包括自适应差值脉冲编码调制算法、多级树集合分裂算法,以及空间数据系统咨询委员会的无损压缩算法等。由于具有标准化的算法和专业的技术支撑,JPEG 和 JPEG2000 在卫星上的应用相对来说更为广泛。

2.2.1.2　典型工作模式

随着卫星姿态机动能力的提升,卫星在轨可实现越来越多样化的成像模式,如推扫成像、多目标成像、拼幅成像、单目标多角度成像等模式,甚至还可实现动中成像、非沿迹扫描成像等,如图 2 - 4 至图 2 - 8 所示。卫星的成像能力和观测范围均获得了显著提升。

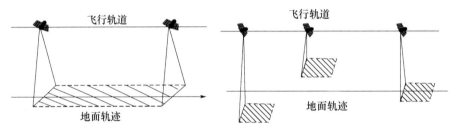

图 2 - 4　推扫成像模式　　　　　图 2 - 5　多目标成像模式

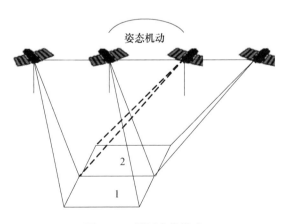

图 2 - 6　拼幅成像模式

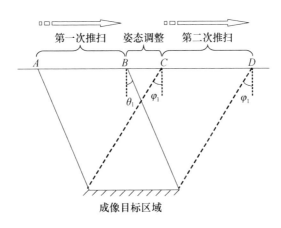

图 2 – 7　单目标多角度成像模式

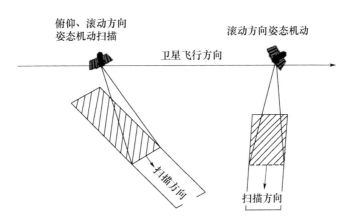

图 2 – 8　非沿迹扫描成像模式

2.2.2　分类和核心指标

天基光学成像系统从卫星轨道高度划分,主要包括高轨、中轨、低轨系统;从成像体制划分,主要包括线阵推扫成像、面阵凝视成像、线阵摆扫成像等;从观测谱段划分,主要包括可见光、红外、高光谱等。下面主要从谱段划分方面阐述。

2.2.2.1　主要分类

1. 可见光成像

可见光是人视觉能感受到“光亮”的电磁波,波长覆盖范围为 $0.38 \sim 0.76 \mu m$,不同地物反射、透射、散射和吸收可见光的特性不同。可见光是遥感技术中鉴别地物特征的主要波段,主要来自反射太阳的辐射,只能在白天有日照的情况下工作,不能透过云、雨、烟雾等。高分辨率可见光成像卫星具有非常广阔应用前景,可用于制图、建筑、采矿、城市规划、土地利用、农业调查、环境监测、地理信息服务、应急救灾和国防安全等诸多领域。

2. 红外成像

红外成像谱段主要包括短波红外(波长 1 ~ 3μm)、中波红外(波长 3 ~ 5μm)、长波红外(波长 8 ~ 14μm)。短波红外主要是地表面反射太阳的红外辐射,反映地物的反射特性。中波红外属热辐射,其辐射能量的强度和波谱分布位置与物质表面状态有关,主要用于对各类火灾、活火山、火箭发射等高温目标的识别、监测。长波红外波长较长,大气穿透力强,工作时受烟雾影响相对小,对低温物体的响应灵敏度更高。在遥感应用中,长波红外与中波红外均是以热感应方式探测地物本身的辐射,不仅白天可以工作,晚上也可以工作。

3. 高光谱成像

一般将光谱分辨率高于波长的 1/100 定义为高光谱。高光谱成像系统主要利用可见光和红外谱段获取目标的光谱分布信息,以越来越窄、越来越密的成像谱段来精确描绘地物"连续"的电磁波反射特性。高光谱成像可同时获取地物空间维和光谱维信息,实现"图谱合一",是当前地球环境动态监测、定量反演等应用的有效遥感手段,在地球科学、深空探测和国防安全领域均具有广泛的应用。

2.2.2.2 核心指标

高分辨率光学成像系统的核心指标主要包括空间分辨率、辐射分辨率、光谱分辨率、图像传递函数、信噪比等。

1. 空间分辨率

空间分辨率是指遥感影像上能够识别的两个相邻地物的最小距离。对地观测通常用地面像元分辨率描述,指瞬时视场对应的最小像元或与探测器单元对应的最小地面尺寸,其主要影响因素包括轨道高度、相机焦距、像元尺寸等。

2. 辐射分辨率

光学成像系统在接收目标反射或辐射信号时能分辨的最小辐射度差,可以用噪声等效辐射度(NER)表示,定义为等效于相机系统噪声所需的辐射度变化量;对于可见光相机,用噪声等效反射率差(NERD)表示,定义为产生等效于相机系统噪声所需的目标反射率变化量;对于红外相机,用噪声等效温差(NETD)表示,定义为产生等效于热成像相机系统噪声所需的温度变化量。

3. 光谱分辨率

在光谱曲线上能够区分开的两个相邻波长的最小间隔,一般用波长的单位(如纳米)表示,反映了光谱成像仪对光谱辐射的探测能力,主要由光谱仪分光器件和探测器规模决定。光谱分辨率越高,可分解的光谱数目越多,获得的光谱曲线越精细,能更真实地反映地物目标的光谱特征,从而能更精确地识别地物和进行分类。

4. 图像传递函数

光学成像卫星作为线性系统,其图像传递函数 MTF 是图像调制度与目标调制度之比的函数,即表示了卫星对不同空间频率下目标对比度的传输能力,该指标主要影响遥感图像的清晰度。其主要影响因素包括大气条件、相机性能、卫星在轨控制精度和微振动特性、积分时间控制精度等。

5. 信噪比

信噪比 SNR 是指卫星输出图像中信号和噪声的比值,是表征光学成像辐射特性的重要参数。信噪比由噪声水平及信号水平共同决定。其中信号的强弱主要由光电成像系统的设计及输入的成像条件等环节决定;噪声水平则由探测器噪声和成像电路噪声特性等多个环节决定。

2.2.3　图像质量保障与提升

我国对高分辨率、高质量的卫星遥感图像需求迫切,尽管目前已研制多颗光学遥感卫星并实现了在轨运行,解决了遥感图像的"获取"问题,图像质量不断实现逐步提升,但卫星成像质量仍不够理想,与国外先进水平存在一定差距,已在轨的光学遥感卫星中暴露出一些共性问题。

2.2.3.1　图像质量评价及存在问题

卫星在轨图像质量问题是个系统问题,由成像景物、大气路径、卫星和相机系统设计研制及在轨运行状态、地面处理和相应地面在轨保障等全系统各环节共同决定,实际获得的图像会有误差或偏差。图像质量评价主要是对图像产品描述原始场景的几何和辐射特性的误差或偏差进行评价。

好的图像质量是全系统质量综合分析、匹配优化以及综合处理提升的完美体现,必须将卫星平台、相机、数据传输与压缩以及地面处理作为一个整体进行分析、设计与匹配优化。但我国目前在卫星的全系统质量综合分析与优化设计方面,"系统级"的优化设计思想和理念薄弱,仍以提升 MTF、SNR 等成像质量指标为目标,仅围绕光学遥感器环节或光学相机开展局部优化设计,未将地面处理作为光学成像系统设计的有机和必要环节之一,缺乏全系统、全链路的匹配优化设计思想与理念,系统顶层优化设计能力不足,这也是导致目前我国卫星在轨成像质量与国外存在差距的原因之一。

对比国内外在轨卫星相近分辨率相同场景图像,如图 2 – 9 所示,可看出尽管国内卫星的静态传递函数设计值比国外高,但卫星实际在轨获取的图像细节模糊,目标边缘锐度不够。

(a)   (b)

图 2 – 9   国内外在轨卫星相近分辨率相同场景图像的对比

(a)国外卫星图像,静态 MTF 为 0.13;(b)国内卫星图像,静态 MTF 为 0.18。

图 2 – 10 为国内某卫星二级图像产品的直方图及其正态拉伸后的直方图,虽然近年来国内卫星在轨动态传函不断提升,但图像仍然存在"雾状"感模糊、动态范围较小、低端灰度值偏高、高端容易饱和等问题,导致灰度分布在相对较窄范围,灰度层次不够丰富,有效信息与有效量化不足,直方图经拉伸后出现灰阶断层。

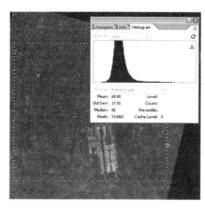
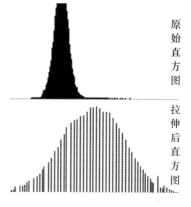

图 2 – 10   国内某卫星二级图像产品的直方图及其正态拉伸后直方图

2.2.3.2　光学卫星在轨动态成像质量总体设计与提升

1. 光学卫星在轨动态成像质量保证要素

为解决当前高分辨率光学成像卫星存在的在轨图像质量问题,需开展全链路、全要素的成像质量分析和控制。但随着分辨率的不断提升,全链路、全要素的成像质量保证难度越来越大,主要保证要素和控制措施如表 2-1 所列。

表 2-1　卫星动态成像质量保证要素和控制措施

序号	控制措施	方案说明	保证要素
1	高精度时统设计	采用导航星高精度秒脉冲校时方案,为控制、测控和相机分系统间数据建立高精度时统关系	提升辐射质量
2	积分时间设置	采用高精度导航接收设备提高积分时间计算精度,并对相机分视场设置积分时间	
3	颤振抑制	采用相机高刚度结构设计、卫星平台与相机机械接口处隔振设计等措施,保证相机适应在轨热力学变化。对星上主要扰振源(如 CMG)采取充分的隔振设计,降低高频颤振对图像影响	
4	多星敏联合定姿	合理布局星敏等姿态测量设备,采用多星敏联合定姿,实现高姿态测量精度	提升几何质量
5	提高定轨精度	采用高精导航接收设备,提高定轨精度	
6	相机与星敏光轴夹角的稳定性	采用相机与星敏一体化和等温化设计,保证在轨运行期间相机与星敏间光轴夹角的稳定性	
7	辅助数据的合理编排	下传星敏、陀螺数据及其高精度时统信息;增加姿态、轨道等数据的下传频率	
8	角位移测量	利用高精度角位移测量装置测量卫星颤振数据,并下传地面可作为地面图像校正的参考数据	

2. 高精度像移匹配技术

对于 TDICCD 成像体制,卫星飞行过程中相机在积分时间内通过地面景物的距离应与相机单个光敏元的地面投影大小相同。但是由于轨道摄动、地球椭率、地面地形高低等干扰因素的变化,实际卫星相对地面物点的距离将发生变化,由此带来成像距离的变化和卫星相对地面速度的变化,如不做实时处理将导致 CCD 成像的景物失配,从而造成成像质量下降。因此,相机成像电路设计必须考虑其适应轨道、姿态机动等极端工况下的积分时间范围,需要根据卫星实际轨道和速度变化情况,实时计算并调整相机积分时间,并通过分视场设置积分时间、像移匹配高精度控制等技术保证卫星动态成像质量。

3. 图像辅助数据设计技术

地面几何定位精度处理所需的卫星姿态数据、轨道数据、图像行曝光时间等均是根据星上各分系统输出的辅助数据进行解算的,因此卫星辅助数据编排内容、数据格式以及数据更新频率,直接影响地面处理定位精度。与几何质量相关的辅助数据主要包括卫星定位数据、卫星姿态数据、陀螺提供的成像时刻角速度、积分时间及其时标、曝光成像行时标等。此外,为进一步提升几何定位精度,可对辅助数据作如下设计:通过同时输出三台星敏感器的原始四元数值,避免因星上计算机无法实现星上复杂运算而带来的星上解算误差,可将星敏的原始四元数值及其高精度时标下传,为地面进行高精度解算卫星姿态运动提供高精度在轨原始数据,提升姿态计算精度。同时输出高精度三浮陀螺和光纤陀螺的原始数据,在卫星辅助数据中的姿态数据中下传陀螺数据及其高精度时标数据,可有效保证部分星敏无法工作时的姿态测量精度。

辐射质量相关的辅助数据是相机成像相关的状态参数,表征相机成像时的工作状态和参数,是地面图像辐射质量处理必不可少的状态参数,主要包括积分级数、增益、偏置参数,以及直方图均衡系数、本底扣除系数等。

4. 整星高精度时统控制技术

卫星采用基于秒脉冲的硬件统一校对时间基准高精度时统方案,可有效减小星上各相关分系统间时间同步误差,提高图像的几何定位精度。采用秒脉冲与整秒时间总线广播相结合的方法,星上计算机在每个整秒时刻产生硬件秒脉冲信号送给授时分系统,如相机、控制等,影响卫星时统精度的主要因素有时间发送部分引起的误差、硬件秒脉冲信号发给授时分系统传输过程中的时间延迟、授时分系统的秒脉冲校时误差、授时分系统的本地计时误差等。

5. 在轨动态 MTF 分析技术

卫星在轨动态成像过程中,由于卫星运动,相机在轨成像在沿轨和垂轨方向存在较大的差别。影响卫星在轨动态 MTF 的主要因素包括:大气、相机静态传函、相机推扫、积分时间精度、偏流角修正精度、颤振影响、空间环境影响、杂光影响、调焦影响等,将整个成像链路系统看作空间频率的线性系统,如图 2 - 11 所示。这些影响单元对调制传递函数进行级联相乘即可确定整个系统的综合调制度响应,系统的总体响应可表示成各个环节传函的乘积。卫星总体设计和工程研制过程需要依据卫星全系统设计结果以及产品实现情况,对卫星在轨动态成像 MTF 进行全链路、全要素建模分析和评价。通常,以奈奎斯特频率处的 MTF 为评价准则,分析与评估全系统各项成像质量参数的设计合理性和控制措施有效性,确保卫星成像质量符合应用要求。

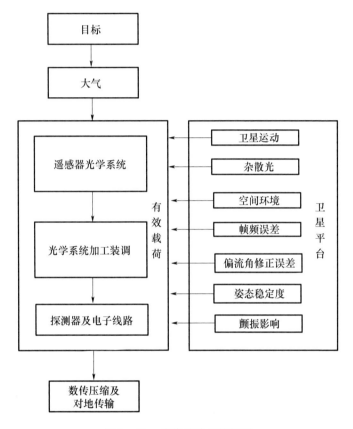

图 2 - 11 成像链路系统框图

由于卫星推扫运动、积分时间误差仅在沿轨方向引起 MTF 的退化,而偏流角修正误差仅在垂轨方向引起 MTF 的退化,因此,需要对沿轨、垂轨的 MTF 分别进行分析。图 2 - 12 为在轨某卫星图像,动态传递函数为 0.07,由图 2 - 12 可知图像对比度较差、目标边缘模糊、内部细节丢失。而在轨动态传函为 0.1 的图像在对比度、边缘和细节等方面都有明显提升,因此,高分辨率光学成像卫星在轨动态传函通常设计为 0.1 左右。

6. 在轨动态范围分析技术

相机在轨动态范围是指不饱和情况下,成像系统对于输入信号所能响应最大信号幅度和可分辨最小信号幅度的区间。动态范围设计是否合理直接关系

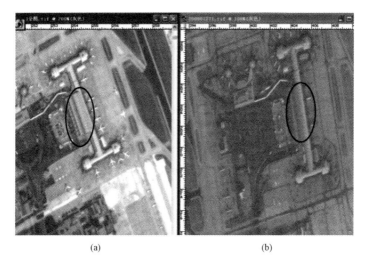

(a)   (b)

图 2-12   0.1 传函和 0.07 传函效果比对

(a)0.1 传函图像;(b)0.07 传函图像。

到卫星图像的层次、亮度和对比度,最终影响像质。动态范围越大,表征图像可分辨的层次越多,信息量越大,图像的目视效果越好。相机在轨动态范围主要受在轨成像条件、TDICCD 特性、AD 电路特性和系统参数设置影响。相机成像电路设计采取定制高品质 TDICCD 及其高速成像电路噪声抑制等措施的同时,还需依据在轨成像条件、光照特性、大气特性等因素,合理设置在轨成像参数来保证动态范围,以适应在轨不同的成像条件。

输入动态范围常用入射的最大、最小光谱辐亮度范围表示。输入动态范围取决于目标的等效光谱辐亮度范围,对于相同降交点地方时的轨道,同一季节同一纬度的等效光谱辐亮度相同;输入动态范围与轨道高度无关,与太阳高度角呈非线性关系,与目标反射率呈线性关系。输出动态范围常用系统响应线性或单调变化的电压或灰度值范围表示,要求相机在同一成像工况,即相同的增益、积分级数、积分时间下,最大输入辐亮度条件下输出灰度值接近饱和,最小输入辐亮度条件下,在保证信噪比前提下灰度尽量低,提高相机动态范围,提高卫星图像的层次和对比度。提高动态范围的主要措施有选用高动态范围的探测器、合理选取量化位数、暗电平箝位、合理配置积分级数及增益等。

7. 在轨信噪比分析

信噪比主要由信号功率和噪声功率决定。信号功率主要与光照条件、目标光谱反射率等成像条件以及相机的相对孔径、光学效率、TDICCD 的光电特性等因素有关；噪声功率主要与探测器及其电子线路的噪声特性有关。

提高卫星在轨成像信噪比主要措施有降低由入瞳辐亮度到焦面处曝光量的光能损失、增加 TDICCD 积分级数、降低 TDICCD 暗电流噪声、选取低噪声视频处理芯片以及降低成像电路总体噪声等。

2.2.3.3　图像处理与质量提升

1. 图像质量复原模型与方法

最近几十年，随着国内外图像处理方法的迅速发展，涌现出很多经典图像复原算法，目前比较常用的经典图像复原方法主要包括频域处理法和空域处理法，具有代表性的频域处理方法有逆滤波、维纳滤波、小波变换法等；空域处理方法一般包括线性代数法和非线性代数法，常用的线性代数法有正则化有（无）约束法、全变分方法、基于稀疏表示方法等，非线性代数法有压缩传感法、神经网络法等。

天基光学高分辨率遥感图像辐射质量恢复是多目标的综合处理提升问题，既要提高图像的 MTF 和 SNR，又要同时保持纹理细节、增强对比度。针对天基光学成像系统图像质量退化特性，构造纹理细节保持、噪声放大抑制、伪像抑制等多种正则化约束项，建立多目标先验联合约束的图像辐射质量反演恢复模型，同时利用迭代收缩阈值法和共轭梯度法实现模型的高效、准确求解，解决模型中多变量估计及同时包含多种范数正则化项和参数联合寻优的难题。

图 2 - 13 和图 2 - 14 分别展示了对 GF - 2 和 JL - 1 部分卫星图像数据进行质量提升处理后的结果，将处理后图像与原始图像进行比较，实验结果表明图像传递函数面积（MTFA）提升优于 50%，图像纹理清晰程度明显提高，有效解决了图像"雾状感"模糊的问题。

(a)　　　　　　　　　　　　　(b)

图 2 - 13　GF - 2 卫星数据处理结果展示

（a）处理前（MTFA = 0. 1621）；（b）处理后（MTFA = 0. 2667）。

(a)   (b)

图 2 – 14   JL – 1 卫星数据处理结果展示

（a）处理前（MTFA = 0.1595）；（b）处理后（MTFA = 0.2597）。

2. 基于动态特性的图像处理与质量提升

若光学遥感系统波前信息、振动信息或噪声信息等在轨特性可测时，可充分利用这些系统特性为地面处理系统提供更为准确的先验信息，有利于卫星图像质量的地面精细处理提升。

1）基于波前畸变测量数据的图像处理与质量提升

波前畸变能够全面反映 MTF 各个视场、方向的特性，若能够在轨获取波前畸变即可实现更有效的像质增强处理。相比于基于 MTF 的像质增强处理，波前法具备一定的优势，体现为：（1）对 MTF 的测量由于场地、设备的限制难以覆盖全视场，而哈特曼 – 夏克波前测量方法利用像面前的微透镜阵列，可以对成像视场进行更为细致的划分，更利于对视场内的目标区域进行像质增强；（2）波前畸变测量可以得到入射光波的相位信息，从而可以获得完整的光学传递函数 OTF，进而输入增强算法进行像质提升，相比于单独使用 MTF 处理精度更高。

2）基于振动特性测量数据的图像处理与质量提升

卫星平台振动会导致像面弥散斑半径增大及非规则像移的产生，导致图像的模糊和几何畸变。因此有必要获取平台振动特性的在轨测量数据，并利用它们进行像质增强处理。若平台振动引起的像元像移实时可测，振动所致点扩散函数（PSF）及像移量可直接获得，则可直接输入增强算法，结合在轨定标数据得到系统 MTF 对图像进行处理。若平台振动的自身参数实时可测，即系统开始成像时，其瞬时姿态已知，并且随后在积分时间内每一时刻振动方向、幅度、频率及振动模式等参量均可测量，则可以解算出振动影响下各点的 PSF 及像移量，并结合在轨测量数据得到系统 MTF，进行像质增强。

3）基于噪声特性的图像处理与质量提升

针对实际成像过程中的不同水平噪声,算法应用中主要通过调整"正则化参数或阈值"来平衡目标细节信息增强和图像噪声抑制。当图像中的噪声较弱时,可以通过调整算法参数,使处理算法偏向于增强图像边缘纹理细节,以便挖掘更多的景物信息;当图像中的噪声较强时,则需要通过调整参数,在保持景物细节信息的同时,提高算法对噪声的抑制能力,使图像的主观视觉最优。

基于上述图像质量提升方法,以 JL-1 卫星为例,根据系统波像差测量结果反演得到系统 PSF,如图 2-15 所示。

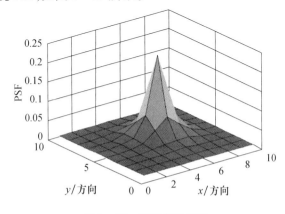

图 2-15　解算所得 PSF

利用 PSF 和噪声测量数据,对包含典型地物目标场景的在轨图像进行处理,处理结果如图 2-16 所示。

(a)　　　　　　　　　　　　　　　　(b)

图 2-16　基于系统特性的图像处理效果

(a)处理前(MTFA = 0.1610);(b)处理后(MTFA = 0.2933)。

如图 2-17 所示,利用波前特性进行处理相比于不使用在轨测量数据的地面处理,在图像细节上有所提升,并且在一定程度上避免了由于系统参数估计误差导致的处理伪像问题,图像传递函数(面积)提升优于80%,说明以在轨测量数据为先验输入时,能够有效提升图像处理效果。

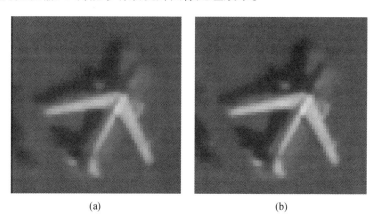

(a)   (b)

图 2-17 基于图像特性与系统特性处理结果对比

(a)基于图像特性的地面处理结果;(b)基于系统波像差的图像处理结果。

2.3 天基高分辨率微波成像技术

2.3.1 工作机理

2.3.1.1 成像基本概念

SAR 采用信号处理的方法在雷达运动方向上产生一个等效的长孔径天线提高雷达方位向分辨率;利用宽带线性调频信号脉冲压缩技术提高雷达距离向分辨率。

SAR 成像的空间几何关系如图 2-18 所示。结合图 2-18,说明几个基本概念。

(1)方位向:沿平台飞行方向。

(2)距离向:垂直平台飞行方向。

2.3.1.2 成像基本流程

与光学成像卫星不同,合成孔径雷达卫星不是直接从观测数据中得到高分辨率图像,而是通过对雷达信号的处理来实现,而且这种处理非常复杂,对处理计算机的能力要求很高。为了降低卫星研制的复杂性,一般都把雷达信号的处

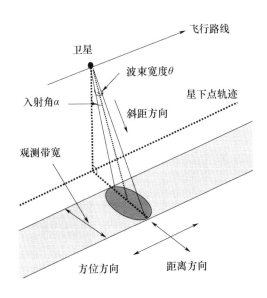

图 2 – 18　SAR 成像几何关系

理放到地面进行。

图 2 – 19 给出了 SAR 成像的基本流程,主要包括两个阶段:

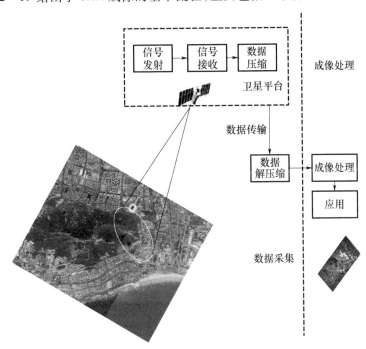

图 2 – 19　SAR 成像流程示意图

（1）数据采集阶段。飞行平台沿直线匀速飞行，发射电磁波照射目标区域，接收电磁波并完成回波信号的采集，得到雷达原始回波数据，如图 2 - 20(a) 所示；

（2）成像处理阶段。对原始回波数据进行二维成像处理，得到目标区域的 SAR 图像，如图 2 - 20(b) 所示。

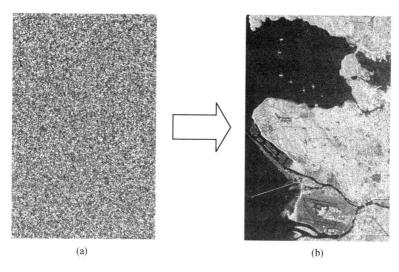

图 2 - 20　SAR 成像处理示意图
(a)数据采集结果；(b)成像处理结果。

天基微波成像系统通过发射脉冲信号、接收并记录经地表散射后的回波来获取地表信息。早期的地面处理系统采用光学器件来实现 SAR 聚焦成像。但由于成像精度差、难以做到自动化处理，逐渐被淘汰。自 SEASAT 卫星之后，数字信号处理成为 SAR 成像的主流技术。

图 2 - 21 说明了 SAR 回波数据的获取过程。解调后，孤立点目标的回波信号 $s_0(\tau, \eta)$ 为

$$s_0(\tau, \eta) = A_0 w_r [\tau - 2R(\eta)/c] w_a(\eta - \eta_c)$$
$$\exp\{-j4\pi f_0 R(\eta)/c\} \exp\{j\pi K_r [\tau - 2R(\eta)/c]^2\}$$

(2 - 13)

式中：A_0 为复常数；τ 为距离向时间；η 为方位向时间；η_c 为点目标被波束中心穿越的时刻；c 为光速；f_0 为雷达载频；K_r 为发射脉冲调频率；$R(\eta)$ 为不同方位向时刻 SAR 与目标之间的距离；$w_r(\cdot)$ 和 $w_a(\cdot)$ 分别为距离向和方位向的天线方向图。

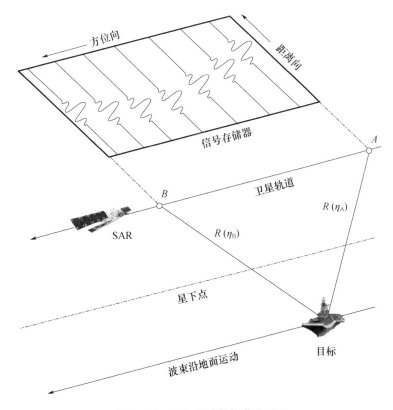

图 2-21　SAR 回波数据获取过程

　　SAR 成像处理的核心思想是：在解除方位 – 距离耦和的基础上对回波数据进行二维匹配滤波，形成高分辨图像。本节将在介绍匹配滤波原理的基础上，剖析距离向和方位向 SAR 分辨机理，阐释距离徙动现象，并对成像质量影响因素进行溯源，明确星载 SAR 成像质量提升的技术途径。

2.3.1.3　高分辨率机理

1. 距离向分辨机理

　　匹配滤波也称为"脉冲压缩"，能够使滤波器输出信噪比在某一特定时刻上达到最大，是在雷达信号处理中被广泛使用的一种技术。除了信噪比方面的改善，输出信号的主瓣宽度也会变窄。时间维度上的缩短意味着空间分辨率的改善。星载 SAR 距离向分辨能力主要由发射信号的形式决定。目前，星载 SAR 常用的发射信号为 Chirp 信号，其具体形式为

$$s(\tau) = \mathrm{rect}\left(\frac{\tau}{T}\right)\exp(\mathrm{j}\pi K\tau^2) \qquad (2-14)$$

式中:T 为发射信号脉冲宽度。在地面处理系统中经过脉冲压缩后,输出信号为

$$s(\tau) = T\mathrm{sinc}\big[K_rT(\tau - \tau_0)\big] \qquad (2-15)$$

其 3dB 主瓣宽度为 $0.886/(\,|\,K_r\,|\,T)$,缩小至 Chirp 信号脉冲宽度的 $0.886/(\,|\,K_r\,|\,T^2)$,距离向分辨率也由脉冲压缩前的 $T\cdot c/2$ 变为 $0.443c/(\,|\,K_r\,|\,T)$,如图 2-22 所示。

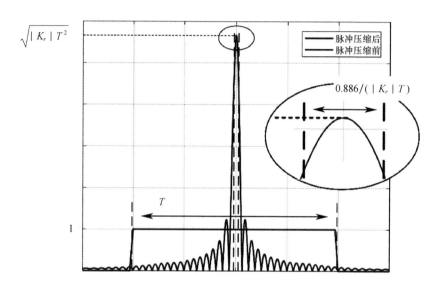

图 2-22　距离向脉冲压缩示意图

2. 方位向分辨机理

星载 SAR 的方位向回波信号可以表示为

$$s_a(\eta) = \exp\big\{-\mathrm{j}4\pi f_0 R(\eta)/c\big\} = \exp\big\{-\mathrm{j}4\pi f_0\big[R_0 + R_1\eta + R_2\eta^2 + \cdots\big]/c\big\}$$

$$(2-16)$$

式中:$R_0,R_1,R_2,\cdots$ 分别为 $R(\eta)$ 关于 η 泰勒展开的各阶系数。由式(2-16)可知,与 Chirp 信号相比,方位向回波信号同样是线性调频信号。因此,也可以采用匹配滤波进行处理。脉冲压缩后的方位向分辨率为 $\lambda R_0/(2vT_a)$,其中 λ 为载波波长,R_0 为最短距离,v 为平台等效运动速度,T_a 为合成孔径时间。

2.3.1.4　典型工作模式

目前,星载 SAR 的工作模式主要包括条带、扫描、聚束、滑动聚束等,如图 2-23 所示。各种模式的分辨能力各不相同,主要原因就是天线在方位向扫描方式的不同造成了合成孔径时间的差异。

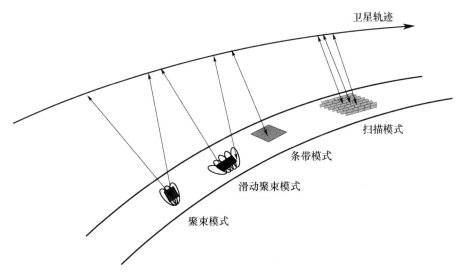

图 2-23 星载 SAR 工作模式示意图

2.3.2 分类和核心指标

2.3.2.1 主要分类

天基高分辨率微波成像系统按卫星轨道高度划分,主要包括低轨、中轨、高轨系统;按应用方向划分,主要包括静止目标成像、运动目标检测、三维地形获取;按照工作频段划分,主要包括 P、L、S、C、X、Ka 等;按照极化方式划分,主要包括单极化、双极化、全极化等;按照技术体制划分,包括单基体制(单颗星发单颗星收,分为单通道和多通道两种)、多基体制(单/多颗星发,多颗星收);按照天线类型角度划分,主要包括反射面天线、相控阵天线等。下文主要从应用方向阐述。

1. 静止目标成像

SAR 突破了传统光学传感器易受天气影响的限制,能够全天时、全天候工作,而且微波信号特征丰富,含有相位、幅度和极化等信息。相对于可见光和红外等光学成像手段,SAR 是从微波波段(P/L/S/C/X/Ka 等)对目标成像,所探测的是目标后向散射特性。SAR 与光学成像应用领域都很广泛,两种不同成像系统即可实现信息互补、融合起来效果倍增。

2. 运动目标检测

传统的 SAR 系统只对静态目标有效,在对动态的目标成像时,成像效果较差,得到的图像模糊,影响检测效果。SAR – GMTI 是专门针对动态目标检测的技术,它利用了多天线的技术,并增加了时域分辨率。SAR-GMTI系统不仅能对观测区域进行高距离和高方位分辨率的二维成像,还能准确检测场景中的运动目标并对目标的运动参数进行高精度估计,主要用于雷达监视、侦察等领域,在民用和军用领域应用都非常广泛。

3. 三维地形获取

SAR的三维地形获取主要有两种方式:①利用摄影测量的方法,在立体像对上提取地物的三维信息;②利用SAR影像中的相位信息,通过干涉测量的方法提取三维信息。随着空间飞行器编队技术的不断成熟,采用双星近距离编队的形式,在时间、空间、相位三同步的条件下协同工作的分布式干涉SAR卫星系统已投入使用,并成为全球高精度地形测绘的重要手段。

2.3.2.2　核心指标

星载合成孔径雷达由于不受天气和光照条件的影响,能全天时、全天候、高分辨率、大区域对地观测,已经成为对地观测的重要技术手段,其核心指标主要包括系统灵敏度、辐射精度、辐射分辨率、模糊度、峰值旁瓣比、积分旁瓣比等。

1. 系统灵敏度

系统灵敏度即噪声等效后向散射系数 $NE\sigma_0$,决定SAR系统对弱目标的灵敏度以及成像能力,即在一定的信噪比要求下,SAR系统所能可靠检测到的目标最小后向散射系数。如果目标的后向散射系数小于该散射系数,则该目标反射的能量将低于系统噪声,SAR系统就不能有效地检测到该目标的存在。

2. 辐射精度

辐射精度反映了SAR系统定量遥感的能力,在指标上分为相对辐射精度和绝对辐射精度。相对辐射精度是指一次成像时间内已知目标后向散射系数误差的标准差,绝对辐射精度是指雷达图像不同位置目标后向散射系数的测量值与真实值之间的均方根误差。SAR系统需要进行辐射校正,通常辐射校正过程包括系统内定标和外定标,衡量辐射校正准确度的指标就是辐射精度。

3. 辐射分辨率

辐射分辨率表征SAR系统在成像范围内区分不同目标后向散射系数的能力,与雷达系统参数及处理过程中的图像信噪比和等效视数有关。该参数是衡量成像质量等级的一种度量,直接影响星载SAR图像的判读和解译能力。

4. 模糊度

模糊是指除观测的有用信号之外,还存在着非人为干扰的杂散回波信号(模糊信号)与有用回波信号的混叠,从而形成图像中的虚假目标。图像模糊度分为方位模糊和距离模糊,模糊度主要影响对目标判读的准确率以及目标细节的描述能力。

5. 峰值旁瓣比

峰值旁瓣比定义为点目标冲激响应旁瓣区域中的峰值与主瓣峰值的比值,分为方位向峰值旁瓣比和距离向峰值旁瓣比,其大小决定了强目标回波旁瓣对弱目标的掩盖程度。

6. 积分旁瓣比

积分旁瓣比定义为点目标冲激响应旁瓣能量与主瓣能量的比值。定量描述一个局部较暗的区域被来自周围的明亮区域的旁瓣能量淹没的程度。

2.3.3　图像质量保障与提升

本节将从星载 SAR 高精度数据获取和高分辨成像处理两个方面阐述相关的图像质量提升技术,展示相应的验证结果。

2.3.3.1　成像质量影响因素溯源

SAR 成像就是基于理论模型精确地完成距离徙动校正和二维匹配滤波获取高质量图像的过程。然而,回波信号的形成是卫星平台、有效载荷、空间传播等多个环节共同作用的结果。分辨率越高,各个环节影响的程度及其复杂性也越大,不可避免地存在误差因素。这使得实际回波数据和理论模型无法高度吻合,从而降低了算法的有效性、影响成像质量。

星载 SAR 成像质量的影响因素存在于三大环节:空间段、传输段和地面段。其中空间段影响因素主要包括卫星定轨、平台姿态、中央电子设备和天线;传输段影响体现为对流层延迟;地面段影响则是由算法性能来决定。这些因素共同影响了发射信号的形式、瞬时斜距的精度、天线方向图的幅相,使得理论模型与实际回波数据产生了差异,恶化了成像质量。具体影响情况如下:

(1) 卫星定轨误差主要影响瞬时斜距的精度。瞬时斜距是构造方位向匹配滤波器的重要参数。它的偏差会使方位向匹配滤波失配,导致分辨率损失与成像旁瓣抬升。同时,瞬时斜距也是利用距离 – 多普勒方程和地球模型方程计算目标位置的重要先验信息。因此,卫星定轨误差也会影响目标的定位精度。

(2) 平台姿态抖动会使得天线波束指向随之抖动,通过天线方向图对回波信号产生附加调制,在成像结果中产生成对回波。当成对回波位于主瓣或离主瓣较近的旁瓣之间时,将导致方位向分辨率、峰值旁瓣比和积分旁瓣比等指标的退化。

（3）中央电子设备通常由三个回路构成：发射回路、接收回路和内定标回路。SAR 系统发射信号通常被认为是理想的 Chirp 信号，回波信号则是经过延时和幅度调制的多个 Chirp 信号之和。成像处理算法往往也是基于这一假设进行设计的。然而，中央电子设备的发射和接收通道存在幅相误差，使得发射信号和接收回波无法与理想情况完全一致。此外，接收通道还可能会发生非线性饱和失真，对回波信号进行限幅，最终在 SAR 图像中产生寄生旁瓣，掩盖弱小目标。

（4）天线的误差因素主要来自于电性能和结构性能两方面。电性能方面，高分辨率星载 SAR 宽带发射信号使得色散效应几乎是无法避免的，波束指向和波束宽度会发生波动；结构性能方面，阵元位置发生偏移后，将破坏阵面的平整度和天线辐射场的方向性。这些因素都会经由非理想天线方向图对发射信号和回波信号进行幅相调制，最终影响成像质量。

（5）电磁波在经过大气对流层时会发生折射，有别于回波信号模型中假设的直线传播。虽然两者之间的差异对瞬时斜距造成的偏差非常微小，但是仍旧会对亚米级高分辨率星载 SAR 的成像分辨能力产生影响。

（6）地面成像处理算法在设计二维匹配滤波器时，通常会对回波模型作三点假设：星载 SAR 停走假设、瞬时斜距的双曲函数形式、电磁波直线传播。对于高分辨率星载 SAR 而言，这三点假设与实际情况产生的差异足以引起成像质量的退化，应当在成像算法中予以修正。此外，即使卫星平台、有效载荷以及地面处理系统的客观性能指标都满足要求，成像结果中依然会存在强点旁瓣、斑点噪声、方位模糊等星载 SAR 所特有的现象。地面处理系统中应考虑开发相应的图像后处理模块，对旁瓣、模糊等进行抑制。

以上分析表明，可以采用两种技术途径来提升星载 SAR 成像和图像质量：①在空间段，提高卫星平台的定轨精度和姿态测量精度，控制有效载荷产生的幅相误差等非理想因素；②在地面段，改进成像处理和图像后处理算法，通过模型修正、误差补偿提升成像质量，采用先进滤波技术进一步提升图像质量。

2.3.3.2　星载 SAR 高精度数据获取技术

1. 高精度定轨技术

高精度定轨技术可以获取精准的卫星位置和速度信息。从 20 世纪 70 年代开始，卫星精密跟踪技术得到全面迅速的发展。从传统观测技术的改进到新技术的发明，以及相应观测网的建立，使得卫星轨道的跟踪观测精度和定轨精度都得到了大幅度的提高。目前，用于高精密定轨的跟踪手段有 4 种，包括卫星激光测距技术(Satellite Laser Ranging,SLR)、卫星集成的多普勒定轨和无线电定位技术(Doppler Orbitography and Radiolocation Integrated Satellite,DORIS)、精密测距和测速技术(Precise Range and Rangerate Equipment,PRARE)、全球导航卫星系统定位技术(Global Navigation Satellite System,GNSS)。其中,利用星载 GPS 对低轨卫星进行定轨具有诸多优点:

(1) GNSS 不受气候条件影响,可实现全天候连续工作。

(2) 精度高,且数据密集,使低轨卫星的跟踪数据达到真正意义上的全弧段覆盖。

(3) 除控制中心外,不需要低轨卫星与地面跟踪站直接建立联系,有利于低轨卫星独立和执行特殊的任务。

(4) 与 SLR、DORIS 等其他跟踪手段相比,设备简单,故障率低,费用较低。

图 2 - 24 描述了动力学、运动学、简化动力学三种精密定轨方法的性能。可以看出,动力学定轨方法由于估计的参数最少,且最大限度地利用了卫星观测的几何信息及卫星运动的动力信息,所以最小化了随机误差,但存在由于模型不精确等因素带来的系统误差。运动学定轨方法则相反,消除了动力模型带来的系统误差,但是由于丢弃了卫星运动的动力学信息,数据利用不充分,所以不能很好地消除随机误差。简化动力学定轨介于两者之间,在系统误差和随机误差之间取得了平衡,从而使整体误差达到最小。上述结论是根据定轨方法原理进行的定性分析,在具体的工程应用实践中可能会由于实现的技术不同而略有不同。现有的文献表明,三种定轨方法可以达到同一水平的定轨精度。

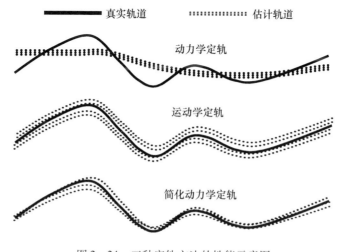

图 2 - 24　三种定轨方法的性能示意图

在实际应用中,上述方法可用于实时定轨和事后定轨。两者的差异主要在于输入数据类型、数据时效性和定轨精度,如表2-2所列。

表2-2 实时定轨和事后定轨比较

	输入数据类型	数据时效性	定轨精度
实时定轨	广播星历+双频伪距载波观测数据	实时	米级
事后定轨	IGS最终产品+双频伪距载波观测数据	12~18天	厘米级

2. 平台姿态高精度测量技术

卫星姿态测量精度与SAR成像存在紧密的联系。随着SAR卫星成像需求的提升,卫星姿态的测量精度必然要随之提高。提升姿态测量精度成为高分辨率SAR卫星必须面对的问题。

高精度的卫星均采用星敏感器计算卫星姿态来保证姿态的指向精度。采用星敏感器计算卫星姿态时,除了星敏感器自身的测量误差外,星敏感器光学测量基准与整星基准之间的安装偏差、有效载荷与整星基准之间的安装偏差、星敏感器与基准之间的慢变热变形引起的姿态偏差,都会影响到计算的精度。为此在进行姿态测量时,要考虑对上述误差尽可能的修正。

此外,星敏感器姿态测量的误差在光轴方向较大,在垂直光轴方向较小,一般两者相差6~12倍。在多星敏感器的条件下,可以使用星敏感器垂直光轴的姿态信息来补偿其他星敏感器光轴方向姿态测量精度的不足,以此来提高姿态测量精度。

目前,主流的姿态测量方法是星敏感器和陀螺组合法,如图2-25所示。通过两个星敏感器的双矢量定姿提高光轴测量方向的星敏感器测量精度,再利用扩展卡尔曼滤波方法进行姿态确定,修正陀螺的漂移并抑制星敏感器的高频噪声,输出惯性系下的高精度姿态信息。引入轨道递推误差模型,最终得到轨道系下的卫星高精度姿态信息。

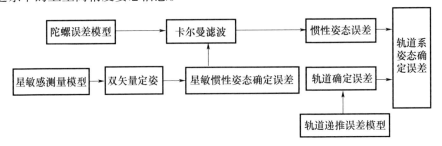

图2-25 卫星姿态高精度测量示意图

3. 中央电子设备发收通道幅相补偿与动态调整技术

SAR 系统的发射通道不可避免地会存在幅相误差,使得发射信号不是理想的 Chirp 信号。利用无线延迟试验或者内定标,可以获得反映发收通道特性的测试数据或者内定标数据,并构建发收通道的幅频和相频特性模型。基于所构建的模型,设计距离向匹配滤波器,对回波信号进行通道幅相补偿,提升成像处理的聚焦性能。表 2-3 给出了无补偿和幅相补偿后的结果。经过幅相补偿后,分辨率、峰值旁瓣比、积分旁瓣比等指标均有显著的提升。

表 2-3　通道误差补偿前后脉冲压缩性能

	分辨率/m	展宽系数	峰值旁瓣比/dB	积分旁瓣比/dB
幅相误差无补偿	0.2392	1.0801	-6.41	-5.85
幅相误差补偿	0.2232	1.0078	-13.25	-9.97

对于接收通道,当信号动态范围与系统动态范围不匹配时,往往会发生饱和失真。接收机高频段和视频段饱和均会造成对信号包络部分的限幅,在成像结果中产生寄生旁瓣,导致场景内不同目标的相对强度关系发生变化。此外,视频段饱和失真还会造成与真实目标频谱相混叠的高次谐波,影响真实目标的成像质量。在实际 SAR 系统中,高频段动态范围远远大于视频段动态范围,信号在高频段发生饱和的概率较小。相比之下,视频段饱和更值得关注。

造成视频段饱和的主要因素是接收机增益 MGC 设置不当。因此,优化 MGC 设置对于星载 SAR 成像质量具有重要的意义。目前,主要有两类方法构建星载 SAR 系统全球 MGC 库:①通过大量的在轨观测,获取全球典型观测场景和地物目标的后向散射特性,进一步根据雷达方程反算 MGC 值;②基于回波数据的统计特性,以最大量化失真比为准则,从饱和信号中反演接收机增益 MGC,调整 A/D 量化其输入信号的动态范围,使得 A/D 量化达到最佳状态,提升星载 SAR 成像质量。

图 2-26 给出了 MGC 反演前后的仿真成像结果。该结果对应的仿真场景是一个点面混合场景。其中,口字形区域为面目标;场景中心区域正方形点阵目标代表点目标。图 2-26(a)是饱和 SAR 回波数据的成像结果,中心区域的正方形点阵目标几乎被面目标的寄生旁瓣淹没;图 2-26(b)是接收机增益反演后的成像结果,正方形点阵目标较为明显,表明接收机增益的调整有效地消弱了饱和效应产生的寄生旁瓣。

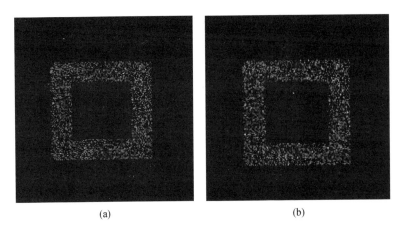

(a) (b)

图 2-26 接收机增益反演前后的成像结果

(a)MGC 反演前的成像结果;(b)MGC 反演后的成像结果。

4. 星载 SAR 天线系统优化与方向图预估技术

星载 SAR 天线系统通过天线方向图影响成像质量。因此,构建天线方向图模型是面向成像质量提升的星载 SAR 天线系统优化的基础。在天线方向图模型的构建过程中,需要在常规理论方向图模型的基础上增加工程实现所考虑的两类关键误差因素:(1)幅相误差,主要是指由于器件、内部电路或装配等原因造成的天线单机实测性能指标与理论指标存在的幅相误差;(2)机电耦合误差,主要是指天线展开机构的展开精度、天线安装面平面度、天线热变形等因素引起的方向图误差。

在构建天线方向图模型的基础上,建立 SAR 成像质量指标(脉冲响应特性、模糊性能、等效噪声系数等)与方向图性能指标(波束指向精度、副瓣电平、波束宽度、栅瓣电平等)的映射关系,对星载 SAR 天线系统的布局、方向图性能、链路性能等进行合理化设计。目前,天线系统的主要优化措施包括:(1)调整天线布局,优化天线扫描栅瓣;(2)合理分解单机指标,控制系统的幅相误差;(3)控制展开精度和装配精度,保证天线指向误差控制在合理范围;(4)利用天线热控措施来保证天线阵面温度的稳定性和均匀性,进而保证天线阵面温度引起的幅相误差。

在 SAR 成像和图像处理中,天线方向图是重要的先验信息。虽然可以通过对在轨 SAR 卫星进行实测,获得精确的天线方向图,但高分辨率 SAR 卫星工作模式复杂,波位数量成百上千,使得天线方向图全波位测试变得较为困难。因此,采用高精度天线模型预估天线方向图,是更为可行的方法。这种方法可以保证 SAR 有效载荷总体性能评估的正确性,同时也缩短了产品的研制周期,是目前国际星载 SAR 工程领域中较为推崇的一种方法。天线方向图预估的主要思路是:利用地面近场测试系统在不同阶段通过原理样机、电性星和正样星来获取基础实测数据,分析实测数据与模型仿真结果的差异,不断调整模型参数,改善天线方向图模型的精度。

　　综上所述,图 2 - 27 给出了天线系统优化和方向图预估的总体技术路线,包括:(1)提取影响星载 SAR 成像质量的天线方向图指标因素,如天线增益、波束指向、波瓣特性、噪声系数等;(2)建立影响方向图技术指标的各单机模型,分解各单机的技术指标到单机模型中,对天线系统进行优化;(3)建立影响成像质量的重点因素模型,如热变形、安装误差等模型,同时考虑 T/R 组件的失效模式;(4)将模块电性样机、初样电性样机和正样样机测试数据与天线方向模型进行对比,来验证模型的正确性和精度;(5)通过迭代设计完善高分辨星载 SAR 天线方向图模型。

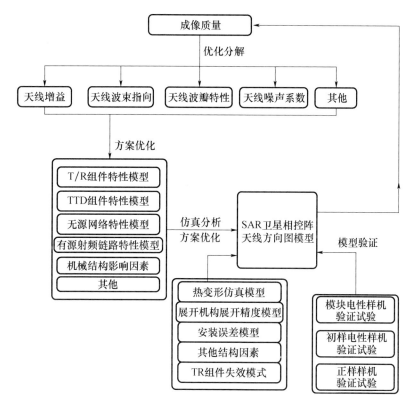

图 2 - 27　星载 SAR 天线系统优化和方向图预估技术路线

2.3.3.3　星载 SAR 高分辨成像处理技术

1. 基于改进运动模型的星载 SAR 成像补偿技术

SAR 通过对回波数据进行相位校正和同相叠加来获得高分辨率图像。成像质量的好坏主要取决于两点：成像参数的精度和成像算法的近似程度。其中，前者主要由各种测量器件的性能决定，后者则主要取决于算法中所采用的运动模型的精度。经典的成像算法，如 RD 算法、CS 算法等，都是在对平台运动做了两个基本假设的前提条件下得到的。这两个假设分别是停走假设和直线运动假设。

在低分辨率条件下，这两个假设可以满足成像要求。但是在高分辨率条件下，SAR 卫星合成孔径时间长，基于停走假设和直线运动假设的成像处理算法将会引入较大的相位误差残余，使得成像质量衰退，无法满足性能指标要求。以 X 频段 0.3m 分辨率为例，二次和高阶相位残余误差可达 300°，分辨率损失约 4%。

目前已有学者对运动模型精度引起的成像质量问题进行了研究。John C. Curlander[18] 等分析了停走假设引入的斜距误差，并给出了一个判据：分辨率低于 2m 的星载 SAR 系统可以采用停走假设。刘燕等基于典型的等效斜距模型，在分析停走误差影响的基础上，提出了成像补偿方法。为了获得 X 频段 0.21m 分辨率图像，Pau Prats Iraola 等指出在地面处理系统中必须对轨道曲率和发收期间卫星运动引入的相位误差残余进行补偿。

为了能够实现大场景、高分辨率成像，改进 SAR 卫星运动模型，并在此基础上开发新的算法，是有效的技术路线之一。连续切线运动模型是近年来由国内学者提出的一种新的运动模型。它将每个发收期间的星载 SAR 运动轨迹用轨道切线来近似，并假设 SAR 沿近似轨道连续运动。基于连续切线运动模型，对回波数据进行补偿，能够获得更好的成像质量。针对高分辨率 SAR 卫星，图 2 - 28 给出了 35°视角下的点目标仿真实验结果。该点目标分别沿距离向和方位向偏离场景中心 10km 和 1km。由等高线图可以看出，补偿前的主瓣呈现棱柱状，并且旁瓣畸变严重。补偿后，表 2 - 4 的指标评价结果表明，距离向和方位向分辨率均提升约 4%，点目标响应特性也恢复为标准的二维 sinc 函数。虽然补偿前的峰值旁瓣比和积分旁瓣较好，但这是以分辨率的损失为代价的。仿真结果表明，该补偿算法在全场景内的成像一致性较好，未发生明显的辐射质量不均匀和几何畸变现象，能够满足高分辨率星载 SAR 系统的成像要求。

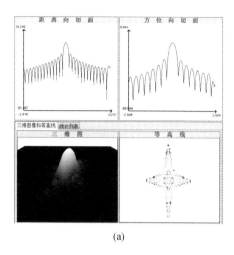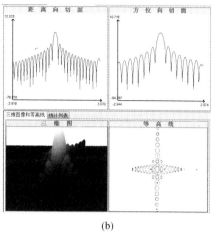

(a)   (b)

图 2 – 28   停走误差补偿前后对比图

(a)补偿前剖面;(b)补偿后剖面。

表 2 – 4   相位补偿前后点目标成像质量评估结果

补偿前距离向指标			补偿后距离向指标		
分辨率/m	PSLR/dB	ISLR/dB	分辨率/m	PSLR/dB	ISLR/dB
0.19849	– 14.8671	– 11.7676	0.19116	– 13.2297	– 9.9556
补偿前方位向指标			补偿后方位向指标		
分辨率/m	PSLR/dB	ISLR/dB	分辨率/m	PSLR/dB	ISLR/dB
0.30739	– 14.3795	– 12.02815	0.29487	– 12.9393	– 10.1889

2. 对流层传播效应补偿技术

由于大气密度的变化,电磁波在经过大气对流层时会发生折射,造成对流层延迟,使得卫星与目标之间的视在距离和真实距离存在偏差,在回波相位中引入附加相位,进而影响方位向成像质量。对于高分辨率 SAR 卫星,在标准大气参数下,对流层延迟可以使主瓣展宽,峰值旁瓣比下降 1 ~ 5.5dB,积分旁瓣比下降 1 ~ 4.5dB。为了补偿对流层效应对高分辨率星载 SAR 成像质量的影响,需要通过 IGS 实测数据优选适合高分辨率星载 SAR 的对流层天顶延迟模型和映射模型,估算对流层延迟量,并在成像处理算法中作为先验信息使用。

在对流层天顶延迟模型方面,Saastamoinen 模型考虑了地球纬度的修正,在可获取地面实时气象参数的条件下,具有极高的精度。其引入的天顶延迟误差量至少有90%的 −8～5cm 之间。但考虑到高分辨率星载 SAR 系统在开展全球遥感任务时不可能实时获取任意观测场景的气象参数，因此可使用欧空局提供的 EGNOS 模型估计天顶延迟量。EGNOS 模型的输入参数简单，只包括观测纬度、观测日期和高程信息。由于采用了20年平均气象数据估计大气参数的方法，该模型精度低于 Saastamoinen 模型。但其引入的天顶延迟误差至少有90%的 −9～11cm 之间，可以满足对地观测的需求。

在映射模型方面，国际公认的模型有：CFa2.2、MTT、NMF 与 Ifadis。在15～55°视角下，四个映射函数模型引起的对流层总延迟误差相互之间不超过4mm。因此，任何一种映射函数模型都可以用于高分辨率 SAR 卫星的成像处理。考虑到 NMF 输入参数简单，可使用 NMF 映射函数模型计算不同视角下对流层延迟量。

基于观测场景的纬度、高度角、高程数据和观测日期等参数，通过 EGNOS 模型获取对流层天顶延迟量，利用 NMF 映射函数拟合得到本次观测的对流层影响因子，进一步计算距离向补偿因子与方位向补偿因子，并分别在成像处理的前段和末段进行距离向和方位向补偿因子的校正，可以得到对流层延迟效应补偿后的成像结果。表2−5给出了视角为15°、35°和55°时对流层延迟补偿前后的对比结果。可以看出，高分辨率星载 SAR 对流层延迟补偿方法可以有效地改善大视角范围内全场景的成像质量。

表2−5　不同视角下目标对流层延迟补偿前后对比

视角/(°)	对流层延迟补偿前方位向性能			对流层延迟补偿后方位向性能		
	分辨率/m	PSLR/dB	ISLR/dB	分辨率/m	PSLR/dB	ISLR/dB
15	0.272	−12.448	−9.213	0.270	−13.246	−10.15
35	0.272	−12.033	−8.938	0.269	−13.223	−10.319
55	0.294	−8.579	−5.860	0.275	−13.24	−10.069

▶▶▶ 2.4　天基高精度光学测绘技术

天基光学测绘技术基于摄影测量基本原理从二维影像重建三维模型。利用卫星获取不同角度的对地光学影像，通过地面计算机进行各种图形、数值及影像处理，获得各种形式的数字产品和可视化产品，包括地面不同比例尺数字地形图、数字高程图、正射影像图等测绘产品。

卫星测绘侧重于提取几何信息,根据应用目的,其中的重要部分是地形摄影测量。要获得物点的空间位置一般利用两幅及以上相互重叠的影像构成立体像对,是立体摄影测量的基本单元,由其构成的立体模型是立体摄影测量的基础。由于两个影像之间的不同视角,两幅影像上的目标位置发生位移(相对于主点)称为视差。从立体像对中,可以估算不同的视差差数 dP,即目标顶部和底部之间绝对视差的差,如图 2 - 29 所示。高度 h 可以由下式得到:

$$h = \mathrm{d}P * H/B \tag{2-17}$$

式中:dP 是视差差数;B 是基线长度;H 是飞行高度。

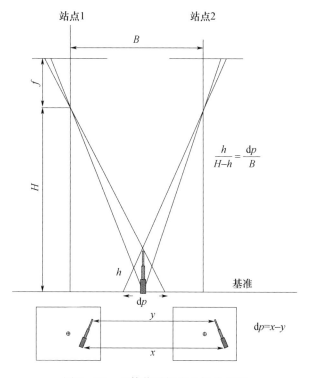

图 2 - 29 立体像对摄影几何关系图

光学卫星为线阵推扫成像,构成立体观测的成像条件即需要由具有一定位置差异的两个(或多个)不同摄站对同一地区进行多次成像,构成不同摄站处观察光线矢量在物点处的交会,不同地形起伏处的地物交会角度将具有差异,从而进行三维量测,获取空间三维坐标。

通过光学测绘卫星进行立体观测主要有异轨立体成像、沿轨立体成像两种不同方式实现。异轨立体成像,从两个不同的轨道得到立体像对;沿轨立体成像,沿相同轨道在不同视角得到立体像对。

1. 异轨立体成像

异轨立体影像是由相同卫星从多个轨道上获取的。异轨立体成像可能出现在两种模式下。两个相邻轨道的影像具有一定的共同区域,即边缘重叠。由于这个区域是从两个不同的成像点观察的,从而观察视角是不同的,因此两个影像重叠区域形成一个立体像对。随着纬度升高,基高比会逐渐减小,重叠区域逐渐增大。此外,边缘重叠只覆盖一个非常小的区域,因此不能用于地球的全覆盖,除非是在幅宽较宽情况下。异轨立体成像如图2-30所示。

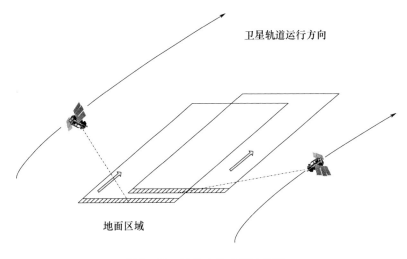

图2-30　异轨立体成像示意图

异轨立体成像时立体像对产生于不同时间,包括云在内的大气条件以及辐射条件在多次观测之间已随时间发生变化,进而影响视差提取。当考虑地区经常出现多云覆盖或者快速变化的天气时,合适的立体像对需要相隔几周时间才能得到。由于第二幅影像相比第一幅影像在场景光照条件、大气条件等方面可能有所变化,导致这些情况的影像配准往往变得困难,这是依靠异轨获取立体像对的主要缺点。

2. 沿轨立体成像

沿轨立体成像可以以不同的模式来进行,卫星可以搭载两台相机,其中一台相机光轴指向星下点前方(前视相机),另一台相机光轴指向星下点后方(后视相机)。因此,前视相机先于星下点成像,后视相机后于星下点成像。两台相机之间的夹角也决定了基高比 B/H,如图2-31所示。

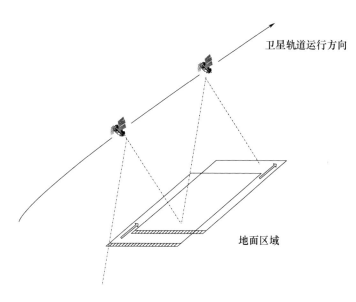

图 2 - 31　沿轨立体成像示意图

相比于异轨立体成像,沿轨立体成像前后视相机在很短的时间内观测同一条带,影像之间的辐射变化最小,提高了影像配准的成功率。因此,一般情况下天基高精度光学测绘采用沿轨立体成像方式。

2.4.1　分类和核心指标

2.4.1.1　测绘体制分类

目前传输型摄影测量体制主要有单线阵、双线阵和三线阵等三种,如表 2 - 6所列。

表 2 - 6　光学测绘体制

测绘体制		优点	缺点
单线阵测绘体制		通过卫星姿态快速机动,使用一台相机即可实现立体测绘任务,卫星设计相对简单	对卫星快速姿态机动后的快速稳定和指向能力存在很高要求。受卫星运行速度和观测角度的约束,一次获取重叠影像区域较小,测绘的效率不高

测绘体制		优点	缺点
双线阵测绘体制		卫星可连续观测获取地面重叠影像,测绘效率高	星上需要同时安装两台相机,整星规模较大
三线阵测绘体制		相对双线阵增加一个观测量,可以进一步降低对卫星外方位元素的要求。卫星可连续观测获取地面重叠影像,测绘效率高	通过三台相机实现立体测绘任务,卫星规模更大

（1）单线阵测绘体制:通过调整卫星姿态改变相机的光轴指向,以获得同一地物、不同观测方向重叠影像,构成立体影像,可采用同轨方式也可采用异轨方式。

（2）双线阵测绘体制:在卫星上安装两台具有一定夹角的线阵相机,在一个轨道周期内从两个不同观测方向获得同一地物的重叠影像,以构成立体影像。

（3）三线阵测绘体制:在卫星上安装三台互成一定夹角的线阵相机,在一个轨道周期内从三个不同观测方向获得同一地物的重叠影像,以构成立体影像。

2.4.1.2 核心指标

光学测绘的核心产品即测图产品,其地图比例尺的大小,决定了地图的精度和图上地理信息的承载能力。地形图信息主要包括内容、平面位置和高程。地图的内容是地图上表示的各种天然和人工的地物要素,其主要取决于图像的分辨率和观测谱段。平面位置即地物要素在绝对坐标系中的水平位置,取决于成像系统的内外方位元素。高程用于描述地形的起伏,由量测立体像对的像点视差求得,取决于成像系统的基高比、内外方位元素和地面控制点(Ground Control Point,GCP)的选取。光学测绘的核心指标主要包括像元分辨率、基高比、地面几何定位精度。

1. 像元分辨率

像元分辨率是决定测绘比例尺的关键指标之一,分辨率的大小必须达到能使测绘者从影像中辨别出物体、特征及区域,是保证测绘定位精度的先决条件。例如要实现 1:50000 比例尺,必须具备(侧摆、俯仰以后)实现 5m 以上分辨率的图像获取能力。以此类推,实现 1:10000 需要 1m 以上分辨率,1:5000 需要 0.5m 以上分辨率。

2. 基高比

在立体测图处理中,理想情况下,相对高程精度 σ_h 取决于成图比例尺 M_p、基高比及影像坐标量测精度 σ_m:

$$\sigma_h = \sqrt{2} M_p B/H \sigma_m \qquad (2-18)$$

式中:B 为摄影基线;H 为航高;B/H 为摄影基线与航高的比值,称为基高比。可以看出,当基高比等于 1 时,不损失处理精度,因此通常将 1 作为理论基高比值。但基高比过大,也会增大投影差,造成影像变形而影响匹配(量测)精度。德国学者通过大量 DEM 点的匹配试验得出:当基高比在 0.8~0.9 时,处理精度最好。基线 B 的几何关系如图 2-32 所示。

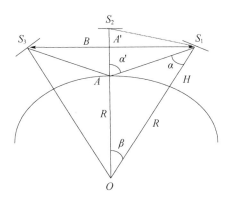

图 2-32 基线示意图

考虑了地球曲率的基高比计算公式为

$$B/H = 2 \times \frac{1}{\tan\dfrac{\beta}{2} + \cot(\alpha+\beta)} \qquad (2-19)$$

为了满足基高比在 0.8~0.9 的最佳范围内,需要对卫星的轨道高度和基线长度进行综合考虑。而基线的长度又与三线阵相机的交会角 α 直接相关。当卫星轨道高度为 604km 时,选择相机夹角为 22°,基高比约为 0.89。

3. 地面几何定位精度

几何定位精度是高精度测绘卫星的核心指标,也是测绘卫星总体设计关键。近年来,我国测绘卫星取得了重大技术进步,已经实现平面定位精度优于 $10\mathrm{m}(1\sigma)$、高程精度优于 $5\mathrm{m}(1\sigma)$。该指标为星地一体化指标,即利用星上高精度轨道数据和姿态数据,结合地球模型对图像进行系统几何校正,消除卫星推扫成像运动引起的各种系统误差,最终确定地图上目标位置的均方根误差。测绘图像定位精度是在完成内方位元素、外方位元素检校并去除系统误差后进行评价的,主要包括绝对定位精度和相对定位精度。

绝对定位精度是指遥感影像上点位的地理坐标与真实地理坐标之差的统计值,包括无地面控制定位精度和有地面控制定位精度。无地面控制定位精度是基于卫星轨道星历、姿态以及传感器等参数建立的对地定位模型得到的几何定位结果与真实坐标之间的误差的统计值。该指标能评价定位模型的精度,还能反映高分辨率光学遥感卫星遥感平台及成像系统的整体可靠性和稳定度。有地面控制定位精度是利用地面控制点对遥感影像进行系统误差改正后的坐标与真实地理坐标之差的统计值。该指标反映了测绘影像产品的几何定位精度,包括平面及高程绝对定位精度。

目前,绝对定位精度的评价指标有两种:①中误差指标,通过统计检查点平面和高程误差的均方根误差(Root Mean Squared Error,RMSE)作为定位精度;②CE90(Circular Error 90%)和LE90(Linear Error 90%)指标,即按照误差大小顺序统计90%检查点平面误差和高程误差的误差范围,例如定位误差为2m CE90,即影像中90%检查点的平面误差优于2m,3m LE90即影像中90%检查点的高程误差优于3m。当绝对定位误差满足标准正态分布时,中误差 δ 则表示68%检查点误差优于 δ。此时,CE 90 和 LE 90 结果是中误差统计结果的 1.32 倍。国外商业卫星的绝对定位精度多采用 CE90 和 LE90 指标,而国内一般采用中误差指标。

2.4.2 测绘精度保障与提升

2.4.2.1 内方位元素稳定性保障

立体测绘相机不仅对成像质量要求较高,同时必须保证相机内部几何精度,即内方位元素稳定性要求较高。立体测绘相机系统的内方位元素就是相机的内部的方位元素,它与摄影时摄像机的位置、姿态无关,内方位元素可以通过地面测试获得。在地面测试时,需要对相机的主点、主距和畸变均进行高精度测试标定,才能满足用户提出的立体影像定位精度要求。

根据测绘应用的需要,用户每年需进行几次相机内方位元素的在轨标定,要求测绘相机在相邻两次标定之间其内方位元素的稳定性较好,以满足测图精度的要求。在一个标定周期之内,相机内方位元素稳定性要求为:环境温度发生波动时,标定好的焦面漂移量不能超出系统的半倍焦深,否则系统要重新对焦面位置进行调整,而调焦后的相机又要重新进行人工地面标定;同时,要求边缘视场的像高漂移不能超出 2 μm,否则对测绘影像的几何精度产生影响。

2.4.2.2　外方位元素测量与稳定性保障

1. 高精度位置定位测量

卫星(摄站)位置是测绘卫星完成任务的空间几何坐标的基准,其定位是外方位元素测量的重要环节之一。为满足大比例尺测绘需求,必须实现 10 cm 量级的卫星轨道位置确定精度。目前,通常采用双频 GPS 的卫星精密定轨(Precise Orbit Determination,POD)作为位置定位测量的主要手段,利用双频 GPS 接收机对 GPS 导航信号进行测量,并将测量得到的原始数据发送地面进行事后定轨处理,综合利用几何定轨和动力学定轨的方法,对原始测量数据进行处理和残差修正,提高轨道确定精度。

2. 高精度光轴指向测量

随着当前遥感卫星功能的不断丰富以及性能指标的不断提高,新一代高性能光学遥感卫星对图像几何定位的精度提出了更高的要求。图像几何定位是从获取的图像中确定目标在地球坐标系(如 WGS84 坐标系)中几何位置信息的处理过程,因此,在图像定位过程中需要确定相机光轴在 WGS84 坐标系下的精确指向角度。然而,相机的光轴指向在轨无法直接测量,只能通过星敏感器、陀螺等姿态测量敏感器进行间接测量,同时进行整星高稳定控制、敏感器与相机一体化安装,以实现高精度相机光轴指向。

3. 高精度时间同步技术

卫星时间同步系统向卫星各个时统用户分系统提供标准时间信号,使得卫星所有时统用户能够以共基准时间源为参考标定内部时刻,实现整个卫星时间的统一。该系统由各种电子设备及相关协议算法组成。卫星时间系统需要根据几何定位精度、事后处理等卫星任务需求进行合理设计。

一般精度时间系统:数据管理系统利用高稳定时间单元提供的频率基准信号或内部时钟信号进行计数,生成卫星时间并按一定周期发布,可以通过集中校时、均匀校时和自主校时等多种手段对卫星时间进行校正。

高精度时间系统:GNSS 从导航电文中获取时间信息,实现与 GNSS 时间同步。GNSS 每秒一次输出整秒脉冲给高精度时统用户单元,并将输出秒脉冲所对应的绝对时间信息发送给数管系统,数管系统通过总线再将此时间信息转发给各分系统时间接收单元。

在一般精度时间系统中,由于数管系统在传送时间数据前已消除(含软件)自身产生的时延,所以影响时间精度的因素有:高稳定时间单元输出精度、时间码广播精度和各个时间系统用户的处理时延。一般精度时间系统的精度可达几十 μs。

对于高精度时间系统,其共基准时间源一般选择 GNSS 秒脉冲或数管秒脉冲,其授时精度优于 1μs。高精度时间系统的用户守时精度一般优于 20μs,因此可实现整星 50μs 的时间同步精度,满足高精度测绘卫星的任务需求。

2.4.2.3　基于激光测距 + 光学摄影测量数据联合平差的高程精度提升技术

星上配置激光测距仪,在相机成像期间对成像区域内以一定的频率对地面进行激光测距,获取地面位置的高精度距离信息。

ZY - 3(02)星对激光测距 + 光学摄影测量主被动结合进行尝试,并取得了初步成果,高程精度由 5m 提升至 2m。该方法对立体影像数据和测距数据进行融合处理,提高定位定向参数精度,从而提高立体测图精度。其联合平差的基本思想是针对立体影像前方交会的点位拟合的高程面与激光脚印点对应的高程不一致,建立前方交会点位的高程与激光脚印点的高程差异为最小的约束方程,进行联合平差,利用提高后的定位定向参数进行立体测图。

▶▶▶ 2.5　天基高精度微波测绘技术

2.5.1　微波测绘的机理

2.5.1.1　InSAR 基本原理

合成孔径雷达干涉测量(Interferometric Synthetic Aperture Radar, InSAR)技术是利用具有干涉成像能力的两副 SAR 天线(或一副天线重复观测)获取同一地区具有一定视角差的两幅具有相干性的单视复数图像,并根据其干涉相位信息反演地表的高程信息,从而重建相应地区 DEM(Digital Elevation Model,数字高程模型)的技术。

如图 2 - 33 所示,设天线相位中心 A_1 的高程为 H,地面点 P 的高程为 h,天线相位中心 A_1 对目标点 P 成像时的侧视角为 θ,两天线相位中心之间的距离为基线(长度)B,基线 B 与水平方向的夹角为 α,R 和 R' 分别为两天线相位中心到目标点 P 的斜距,ΔR 为相应的斜距差($\Delta R = R - R'$)。

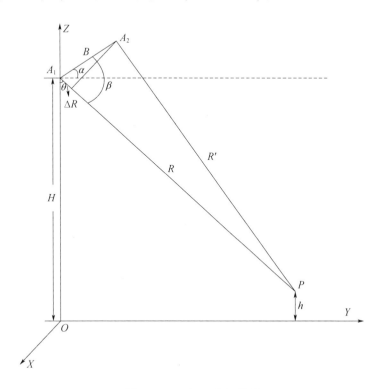

图 2 - 33　InSAR 几何关系

由图 2 - 33 所示的 InSAR 几何关系可知,地面点 P 的高程 h 为

$$h = H - R\cos\theta \tag{2-20}$$

侧视角 θ 与基线水平角 α 及角 β 的关系为

$$\theta = \pi/2 + \alpha - \beta \tag{2-21}$$

在 $\Delta A_1 A_2 P$ 中,根据余弦定理有

$$\cos\beta = \frac{R^2 + B^2 - R'^2}{2RB} = \frac{R^2 + B^2 - (R + \Delta R)^2}{2RB} = \frac{-2R\Delta R + B^2 - \Delta R^2}{2RB}$$

$$= -\frac{\Delta R}{B} + \frac{B}{2R} - \frac{\Delta R^2}{2RB} \tag{2-22}$$

则有

$$\beta = \arccos\left(-\frac{\Delta R}{B} + \frac{B}{2R} - \frac{\Delta R^2}{2RB}\right) \tag{2-23}$$

因此,地面点 P 的高程 h 为

$$h = H - R\cos\theta = H - R\cos(90° + \alpha - \beta)$$

$$= H - R\cos\left(90° + \alpha - \arccos\left(-\frac{\Delta R}{B} + \frac{B}{2R} - \frac{\Delta R^2}{2RB}\right)\right) \quad (2-24)$$

设 λ 为雷达波波长,对于重复轨道类型的 InSAR 系统而言,ΔR 与理论干涉相位 $\Delta\phi$ 的关系为

$$\Delta R = -\lambda\Delta\phi/4\pi \quad (2-25)$$

对于双天线类型的 InSAR 系统而言,ΔR 与 $\Delta\phi$ 的关系为

$$\Delta R = -\lambda\Delta\phi/2\pi \quad (2-26)$$

若两次成像时,地面散射特性没有发生变化,地表也不存在形变,忽略大气相位延迟和相位噪声等因素的影响,则可根据已经定标好的干涉参数(包括基线参数),由解缠干涉相位反演地面点的高程值 h,再根据 SAR 图像几何构像模型,确定对应地面点的平面坐标。

2.5.1.2 InSAR 基本处理流程

InSAR 获取 DEM 的处理流程如图 2 – 34 所示,主要包括复数图像配准、预滤波、干涉图生成、去平地效应、干涉图滤波、干涉质量评价、相位解缠、基线参数估计、DEM 重建和正射影像制作等。

(1)复数图像配准。复数图像配准是 InSAR 处理中最基础的一步,为了得到高质量的干涉图,必须对主、辅图像进行子像元级的配准处理以获取可靠的干涉相位。由于复数图像中既含图像的强度信息又含图像的相位信息,因此可采用的匹配测度较多,既可以用复数图像的相干系数为测度进行匹配,又可以用强度的相关系数为测度进行匹配,还可以用相位差的平方和最小为测度进行匹配。通常,对于星载重复轨道 InSAR 主、辅图像的配准,由于主、辅图像之间的相对偏移量未知,一般采用粗匹配、像元级匹配、子像元级匹配和配准模型计算 4 步来完成配准任务;而对于机载双天线 InSAR 主、辅图像的配准,由于图像之间的相对偏移量较小且可以进行预先估计,可以只采用像元级匹配、子像元级匹配和配准模型计算 3 步来完成配准任务。

(2)预滤波。由于基线和多普勒参数等因素的影响,InSAR 主、辅图像在距离向和方位向存在频谱偏移,从而引起干涉图中的相位噪声。为了提高主、辅图像精匹配的精度和干涉图获取的质量,可在距离向和方位向进行预滤波处理。预滤波不是干涉处理的必须步骤,可根据频谱偏移量的大小决定是否进行预滤波处理,通常的干涉处理均不采用预滤波。

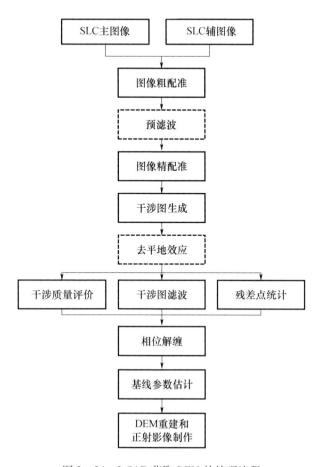

图 2 - 34　InSAR 获取 DEM 的处理流程

（3）干涉图生成。计算出配准模型后,对主、辅图像的复数进行重采样,并将主、辅图像相应像元的复数值进行共轭相乘,计算干涉图。令主图像像元(x,y)的复数值为$f_1 = a\mathrm{e}^{\mathrm{j}\phi_1}$,相应辅图像像元的复数值为$f_2 = b\mathrm{e}^{\mathrm{j}\phi_2}$,$f_2^*$ 代表f_2的复共轭,则复数干涉图 G 的值为

$$G = f_1 \cdot f_2^* = ab\mathrm{e}^{\mathrm{j}(\phi_1 - \phi_2)} \tag{2-27}$$

通常,复数干涉图的相位 $\phi_1 - \phi_2$ 称为干涉相位图,复数干涉图的强度 $|G|$ 称为干涉强度图。干涉相位图中的相位值为相位差的主值,大小在$[-\pi,$ $\pi)$（或者$[0,2\pi)$）区间内。为了表示干涉图,通常把计算出的干涉相位规划到 $[0,255]$ 范围内,将数据显示为灰度图像。

（4）去平地效应。平坦地区的干涉相位随距离向和方位向的变化而有规律的变化,称为平地效应。对于平行轨道或双天线情况,平坦地区的干涉条纹

通常表现为沿方位向的一系列竖直平行条纹。为了降低干涉图的条纹频率,减小干涉图滤波和相位解缠的难度,可进行平地效应的去除工作。去除平地效应不是干涉处理的必须步骤。一般对去平地效应的干涉图进行滤波和解缠之后,还需将平地效应相位加回到干涉图中后再反演高程信息。当然,也可以根据一定的数学公式直接由去平地效应干涉图的解缠相位计算地面点的高程值。

（5）干涉图滤波。由于地面散射特性变化、匹配误差、系统热噪声等因素的影响,干涉图中存在大量的相位噪声,影响了干涉图质量,增加了相位解缠难度。为了减少干涉图中的相位噪声,降低相位解缠的难度,需要对干涉图进行有效的滤波处理。一般可采用零中频矢量滤波方法来获得较好的干涉图滤波效果。零中频矢量滤波方法的基本思想是将干涉图由较高的中心频率(f_{u0},f_{v0})变为零中频(基带频率),再对零中频干涉图进行矢量滤波处理,最后根据滤波后的零中频干涉图,恢复干涉图的原始频率,得到原始干涉图的滤波结果,从而实现精度较高、效果较好的滤波处理。

（6）干涉质量评价。为了评价干涉质量的好坏并为干涉图滤波及相位解缠提供参考依据,可以计算相干图、伪相干图等干涉质量图。通常,在干涉质量图中,高相干区呈亮色调,低相干区呈暗色调。

（7）相位解缠。由于干涉图中的相位值为干涉相位的主值,为了利用干涉图获取地面的高程信息,必须对其进行相位解缠处理,确定各像元干涉相位之间相位差的整周期数。采用一定的数学方法对干涉图进行处理,得到各干涉相位之间相差的整周期数,从而获得连续变化干涉相位的过程,称为相位解缠。对于单一频率、单一基线的干涉图,在相位解缠时,均基于"地形连续、平缓变化,干涉相位是对地形充分采样"的假定条件,此时相邻像元之间的绝对相位差值小于π。相位解缠所遵循的原则有:①与路径无关,即干涉图中任意两点之间的干涉相位进行解缠时,无论采用哪种解缠路径,解缠的结果应相同;②精确性和可靠性,即要求解缠后的干涉相位尽可能接近其理论干涉相位值。常用的相位解缠方法有枝切法、质量图法、最小费用最大流法、最小L^{p}范数法等。

（8）基线参数估计。为了利用解缠后的干涉相位计算出相应地面点的高程信息,需要进行基线参数估计。由于高程精度受基线参数影响较大,一般情况下,基线参数误差将引起 DEM 中明显的"斜坡"效应,因此需要采用较合适的方法来精确估计基线参数与高程之间的精确模型。通常,对于单个干涉像对,为了精确地进行基线参数估计,需要利用至少 2 个地面高程控制点,在大区域干涉处理中,为了减少对地面控制点数量的需求,可采用区域网平差基线估计方法。

在难于获取地面控制点的区域,也可采用平地干涉相位进行基线参数估计。

(9) DEM 重建和正射影像制作。获得地面点的高程信息之后,可根据主(辅)图像中的像点坐标及定向参数,由 SAR 图像的构像模型,进行 DEM 重建和正射影像制作。

2.5.2　分类与核心指标

2.5.2.1　干涉体制分类

InSAR 卫星通过两副天线同时观测(单轨模式),或两次近平行的观测(重复轨道模式),获取同一地区的复数图像。由于目标与两天线位置的几何关系,在复数图像上产生了相位差,形成干涉纹图。干涉纹图中包含了斜距向上的点与两天线位置之差的精确信息。因此,利用传感器高度、雷达波长、波束视向及天线基线之间的几何关系,可以精确地测量出图像上每一点的三维位置和变化信息。

获取同一地区的干涉复数图像可以有两种技术体制,一种是单天线双航过体制,另一种是双天线单次航过体制。

1. 单天线双航过体制

单天线双航过体制即利用单颗 SAR 卫星两次航过,或两颗性能相同的 SAR 卫星进行跟飞,在不同时间获取同一地区两幅图像,然后进行干涉处理获取高程信息(图 2-35)。其代表系统为欧空局的 ERS-1/2 卫星。单天线双航过体制相干困难、精度低且产品率低,不能作为以 InSAR 任务为主的系统体制。

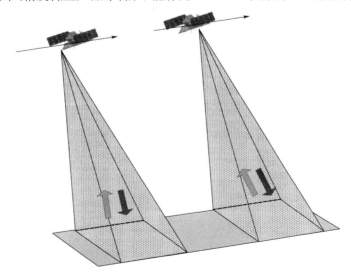

图 2-35　单天线双航过 InSAR 工作原理示意图

2. 双天线单次航过体制

双天线单次航过体制即利用双天线单次航过同时获取同一地区两幅复图像,然后进行干涉处理获取高程信息。双天线单次航过体制相干容易,测绘效率高,可形成稳定的业务应用。根据实现形式主要可分为单平台双天线形式和分布式双星双天线形式。

单平台双天线是将两副 SAR 天线布置在同一平台上,在轨通过大型展开桁架机构将两幅 SAR 天线展开,形成固定的物理基线,利用单次航过同时获取同一地区两幅图像,然后进行干涉处理获取高程信息(图 2 – 36)。其代表系统为美国的航天飞机 SRTM 系统。

图 2 – 36　SRTM 系统

分布式双星双天线是将两副 SAR 天线分置在不同卫星平台上,利用编队构形与控制,星间状态测量与通信,时间、相位、空间三同步等协同手段,通过提取两部 SAR 天线获取的干涉相位信息来完成全天时全天候的干涉测高任务。其复数图像代表系统为德国的 TanDEM – X 双星编队系统(图 2 – 37)。

图 2 – 37　TanDEM – X 系统

综合以上四种星载 InSAR 体制的优缺点分析,将各种体制的性能对比如表 2-7 所列。

表 2-7　各种星载 InSAR 体制对比表

性能\体制		相干性	成图率	基线长度及灵活性	基线测量精度	系统复杂度	高程精度
单天线双航过体制	单卫星平台双航过	时间去相干严重	很低	不灵活,完全依靠卫星的重访,很难满足干涉基线要求	依靠卫星绝对定轨精度,基线精度差	简单	差
	双卫星平台跟飞	时间去相干较严重	较低	不灵活,虽为干涉专门设计跟飞轨道,但仍较难满足干涉基线要求	依靠卫星绝对定轨精度,基线精度较差	简单	较差
双天线单次航过体制	单平台双天线	无时间去相干	高	基线固定,基线太短	基线臂高频振动,经补偿后仍有较大误差	较复杂,两天线相距较近且有连接线,较易实现三同步	优于 10m
	分布式双卫星	无时间去相干	较高	基线动态变化,可通过编队构形优化设计达到最优基线	通过星间相对状态测量可达到较高基线测量精度	载荷间时间、相位、空间三同步实现复杂	优于 2m

由表 2-7 各种星载 InSAR 体制的对比分析结果可以看出:

(1) 单卫星平台双航过 InSAR、双卫星平台跟飞 InSAR 两种体制存在较大时间去相干、精度低且产品率低,不能作为以 InSAR 任务为主的系统。

(2) 分布式双卫星 InSAR 系统无时间去相干,且基线灵活可变,可实现最优基线配置和多基线干涉,从而使 InSAR 的性能趋向最优化,精度可以达到或超过 HRTI-3 标准。

2.5.2.2　核心指标

对星载 InSAR 系统来说,由于干涉参数误差中既有系统误差,又有随机误差,因此地面定位精度又分为绝对定位精度和相对定位精度。其中,绝对定位精度是测量所得 DEM 与真实地面位置之间的差异,反映了两者之间的偏离程度,与所有的干涉参数误差都有关系。相对定位精度是任意两点之间定位与真实地形定位之间的差异,反映了测量 DEM 与真实地形之间的相似程度,与各种随机误差有关。相对定位精度是绝对定位精度的一部分,相对定位精度由随机性干涉相位误差,绝对定位精度由慢变系统误差和随机误差共同决定。

因此,InSAR 定位指标主要包括绝对高程精度、绝对平面精度、相对高程精度和相对平面精度四项。

1. 绝对平面精度

绝对平面精度表示测量得到的目标点平面坐标,与实际地面上对应点的平面坐标之间的均方差值,数学表达式为

$$\sigma_{xy} = \sqrt{\frac{1}{N} \sum_{i=1}^{N} \left[(x_i - X_i)^2 + (y_i - Y_i)^2 \right]} \qquad (2-28)$$

式中:(X_i, Y_i, H_i) 为高斯坐标系下,第 i 个目标点的地面测量坐标;(x_i, y_i, h_i) 为 InSAR 处理得到的高斯坐标系下第 i 个目标点的地面坐标,N 为目标点个数($N > 2$)。

2. 绝对高程精度

绝对高程精度表示测量得到的目标点高程,与实际地面上对应点的高程之间的均方差值,数学表达式为

$$\sigma_h = \sqrt{\frac{1}{N} \sum_{i=1}^{N} (H_i - h_i)^2} \qquad (2-29)$$

3. 相对平面精度

相对平面精度表示在一定范围内,地面两点测量得到的平面坐标差,与这两点实际的平面坐标差之间的均方差值,数学表达式为

$$\sigma_{\Delta xy} = \sqrt{\frac{1}{C_N^2} \sum_{i=1}^{N-1} \sum_{j=i+1}^{N} (\Delta U_{i,j} - \Delta u_{i,j})^2} \qquad (2-30)$$

式中:

$\Delta u_{i,j} = \sqrt{(x_i - x_j)^2 + (y_i - y_j)^2}$;

$\Delta U_{i,j} = \sqrt{(X_i - X_j)^2 + (Y_i - Y_j)^2}$;

$\Delta U_{i,j}$ 为地面测量得到的第 i 个和第 j 个点目标点的水平位置之差;

$\Delta u_{i,j}$ 为 InSAR 处理得到的第 i 个和第 j 个目标点的水平位置之差;

$C_N^2 = N! / [(N-2)! \, 2!]$。

4. 相对高程精度

相对高程精度表示在一定范围内,地面两点测量得到的高程坐标差,与这两点实际的高程坐标差之间的均方差值,数学表达式为

$$\sigma_{\Delta h} = \sqrt{\frac{1}{C_N^2} \sum_{i=1}^{N-1} \sum_{j=i+1}^{N} (\Delta H_{i,j} - \Delta h_{i,j})^2} \qquad (2-31)$$

式中:

$\Delta H_{i,j} = H_i - H_j$,为地面测量得到的第 i 个和第 j 个点目标点高程差;

$\Delta h_{i,j} = h_i - h_j$,为 InSAR 处理得到的第 i 个和第 j 个目标点高程差。

在进行 InSAR 定位精度评估时,有两个容易忽略的问题需要特别指出: (1)尽管常用的精度评估模型是中误差模型,但是不同规定下产品指标的含义并不尽相同,有的指 1 倍中误差,有的指 3 倍中误差,国际上 InSAR 定位评估指标普遍采用(DTED 和 HRTI 标准)90% 的置信区间,约 1.64 倍中误差。(2)在强调 InSAR 定位精度时,首先应该指明是多大区域范围内,DTED 和 HRTI 标准误差采用的是 1°×1° 大小区域。区域的大小不同,对应的精度评估结果也会不同。

2.5.3　测绘精度保障与提升

2.5.3.1　InSAR 定位误差因素

InSAR 测高空间几何关系如图 2-38 所示。图中 S_1 和 S_2 为两颗 SAR 卫星,在 WGS84 坐标系下,考虑图像中某一目标点,其坐标为 $\boldsymbol{P}_t = (P_x, P_y, P_z)$, $\boldsymbol{S}_k(\cdot) \boldsymbol{V}_k(\cdot)$ 分别表示雷达的轨迹和速度矢量,下标 $k = 1, 2$ 表示主星雷达和辅星雷达,则 InSAR 定位方程为

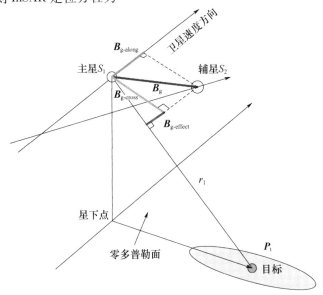

图 2-38　InSAR 测高空间几何关系

$$
\begin{cases}
\left| \boldsymbol{P}_t - \boldsymbol{S}_1(t_1) \right| = r_1 \\[2mm]
\boldsymbol{V}_1(t_1) \cdot (\boldsymbol{P}_t - \boldsymbol{S}_1(t_1)) = -\dfrac{\lambda}{2} f_1 r_1 \\[2mm]
\left| \boldsymbol{P}_t - \boldsymbol{S}_1(t_2) \right| + \left| \boldsymbol{P}_t - \boldsymbol{S}_1(t_2) - \boldsymbol{B}(t_2) \right| = 2r_1 + \dfrac{\phi}{2\pi}\lambda
\end{cases}
\tag{2-32}
$$

式中:λ 为雷达波长;r_1 和 f_1 为主星雷达斜距和多普勒中心频率;t_1 和 t_2 分别为主辅星干涉时刻;ϕ 为主辅 SAR 图像干涉相位;$\boldsymbol{B}(t_2)$ 为主辅雷达瞬时基线矢量,$\boldsymbol{S}_2(t_2) = \boldsymbol{S}_1(t_2) + \boldsymbol{B}(t_2)$

在 InSAR 定位测高过程中,各个参量的误差按照一定的误差传递系数传递到高程误差和平面定位误差中从卫星 InSAR 定位方程出发,影响 InSAR 定位精度的一级误差源共 5 项,分别为主星定轨误差、主星测速误差、斜距测量误差、基线测量误差及干涉相位误差,如图 2 - 39 所示。

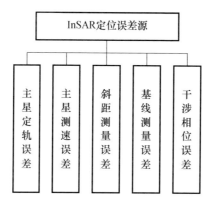

图 2 - 39　InSAR 定位精度误差源

2.5.3.2　InSAR 定位精度分析

影响 InSAR 定位精度的因素众多,按照传导关系这些误差可分为一级误差、二级误差和三级误差。一级误差是对定位精度有直接影响的误差,二级和三级误差通过作用于上一级误差而影响定位精度,各级误差因素之间存在着相互制约、相互补充的关系,在 InSAR 卫星系统的设计中要对各个环节进行均衡考虑,以确保最终定位精度的实现。以下主要针对一级误差进行分析,并以德国的 TanDEM - X 为例,分析各种误差对 InSAR 定位精度的影响。

(1)主星定轨误差。卫星定轨采用的是星上 GNSS 数据,星上实时定轨精度一般在 8.7 ~ 10.0m,而经过事后处理,定轨精度一般能够达到 5cm 左右。因此一般不再针对定轨数据进行额外定标。

（2）主星测速误差。主星测速误差与卫星的位置误差紧密关联。在一次数据获取过程中，一般认为卫星速度误差是恒定误差。现有的卫星速度测量精度可优于 1cm/s，而且卫星速度的误差传递系数较小，对 InSAR 定位精度影响可忽略不计。

（3）斜距测量误差。雷达到目标的斜距是通过记录接收脉冲相对于发射脉冲的时延来确定的，因此斜距测量误差主要来源于计时系统的误差，包括雷达计时系统的不确定性、采样时钟的抖动和电波通过大气及电离层的延时等。对于 TanDEM - X 系统，定标之前的时间误差可为 212ns，斜距测量误差约 31.8m，定标之后斜距测量误差优于 3.75cm，其对高程精度的影响为 0.087m，可忽略不计。

（4）基线测量误差。基线测量误差是影响 InSAR 定位精度的关键误差，其误差源主要包括三部分：与 GNSS 测量有关的误差，由 GNSS 测量基线向干涉基线转换过程中引入的误差和卫星质心估计误差。上述误差需要在单机设计、地面处理、检校场定标等环节进行控制，最终获取的基线测量精度可达到 2~10mm，由此引入的高程误差为 1.70~9.49m。

（5）干涉相位误差。干涉相位误差的来源较多，从 InSAR 的整个信号传输链路和误差特性上看，大致分为系统性误差和随机性误差。系统性误差是慢变型误差，较为典型的误差包括相位漂移、相位同步误差、温度误差等。对于 TanDEM - X 来说，相位漂移误差一般在 3° 左右，定标后优于 1°。相位同步误差是由于双星各自采用不同的晶振带来的晶振频率偏差及部分相位噪声误差，通过星上的信息同步以及地面成像过程中的信息补偿，相位同步误差一般可控制在 5.5° 左右。内定标回路的脉冲会受到温度变化的影响，以 TanDEM - X 为例，一景影像的获取时间内，温度变化可达到 10℃，带来的相位误差为 2.5°，对高程的影响约 0.31m，这种高频误差项可在星上采用高阶多项式进行拟合，并在定标脉冲发出时及时进行消除，因此一般不作为主要误差源考虑。随机性误差的来源主要是去相干误差，包括：热噪声引起的信噪比去相干、多普勒去相干、基线去相干、量化去相干、模糊去相干、配准去相干、体散射去相干、时间去相干等。通过总相干性可计算出干涉相位误差，TanDEM - X 的干涉相位误差为 10°~20°，按照入射角为 46° 的情况计算，由此引入的高程误差为 3.31~6.62m。

第 3 章

临近空间系统技术

3.1 临近空间系统概述

3.1.1 系统组成

　　航空航天技术的发展,极大地扩展了人类的活动空间,改变了人类的生活方式。但是,长期以来,各类航空器主要活动在从地面到海拔约20km的空间区域;各类航天器活动在海拔100km以上的空间区域。随着探索空间活动的进一步深入,人类越来越认识到空间的整体性。这一过程中,距地面20～100km高度之间的空间范围,逐渐引起人们的重视。在此背景下,美国空军航天司令部指挥官 Gen Lance Lord 将军在第20届太平洋空间首脑论坛上,首次提出了临近空间(Near Space)的概念,并强调临近空间飞行器具有"长航时、低成本、高存活率和快速响应"的特点。随后,临近空间凭借其独有的航空航天跨界性、战略战术兼具性,成为国际竞争新的热点领域,世界各航空航天大国纷纷投入大量的人力、物力与财力,全面开展临近空间领域的关键技术攻关与应用研究,力图在未来国际竞争格局中占据有利地位。

　　高分专项临近空间系统由平流层飞艇、艇载任务载荷和地面测试保障等系统组成,如图3－1所示。平流层飞艇作为高分辨率任务载荷的承载平台,能够实现20km高度附近临近空间范围内的长时间区域驻留;艇载任务载荷根据临近空间环境和平流层飞艇特点设计,实现临近空间高分辨率对地观测;地面测试保障系统服务于飞艇的总装、检测和维护,承担飞艇的放飞与回收等保障任务。其中,平流层飞艇是开展临近空间对地观测应用的前提和基础,当前技术成熟度较低,世界上还没有可参考的成熟系统,它也是本书介绍的重点。

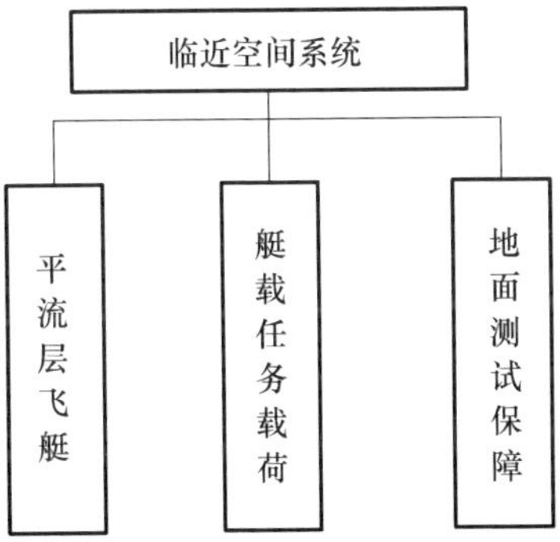

图 3 - 1　临近空间系统组成图

3.1.2　主要特征

平流层飞艇运行在临近空间,具有传统航空、航天飞行器的诸多优点,同时也具备自身的独特优势,在某些方面可以弥补航空、航天飞行器的不足。平流层飞艇的主要特点如下:

1. 留空时间长

平流层飞艇一般采用由太阳电池和储能电池组成的循环能源系统,可在区域范围内实现长达数周到一年以上的长期驻留,能够不间断地提供信息服务,在区域持续对地观测、通信中继等方面具有很大优势。

2. 覆盖范围广

平流层飞艇主要工作在 20 ~ 30km 之间,对地面目标的可视范围达半径 500km 以上,对空中目标的可视范围达半径 1000km 以上,有利于实现广域远程信息获取、通信中继等信息服务。

3. 承载能力大

平流层飞艇承载能力大,可按需组合搭载对地观测、通信中继、导航增强等多种任务载荷,满足多样化应用需求,提供多源融合信息,实现信息获取与传输一体化,提升区域综合信息服务能力。

4. 机动速度慢

临近空间大气密度稀薄,为了提供足够浮力,平流层飞艇均需采用体积庞大的囊体,且受能源、推进效率等因素制约,平台控制响应缓慢,机动速度相对较慢,短时间内实现大范围机动的能力较差,对应用场景有一定限制。

3.1.3　工作原理

临近空间是航空器上不去、航天器下不来的特殊空间,存在可利用的特殊优势。平流层飞艇利用临近空间特殊环境,通过浮力保持高度,基于循环能源和动力推进装置实现长期可控飞行,在此基础上搭载对地观测任务载荷,完成临近空间对地观测任务。

(1) 准零风层的存在,是平流层飞艇概念成立的必要条件。平流层大气以水平运动为主。特别是在 18~22km 高度区域附近,风场条件较为稳定,在夏季通常存在东西风切换带,风速很小,即通常所说的准零风层。准零风层为平流层飞艇长期驻空飞行提供了必要的环境条件,掌握准零风层变化规律,可为平流层飞艇工作区域选择提供依据。

(2) 基于浮力升空,是平流层飞艇实现长期驻空的根本支撑。平流层飞艇作为一种轻于空气的飞行器,利用氦气等浮升气体产生的浮力,长期在平流层高度悬浮,直至浮升气体泄漏到无法提供足够浮力。基于这一特性,平流层飞艇只需要非常低的能源消耗就可以实现长期驻空飞行。

(3) 采用可再生能源,是平流层飞艇发挥应用效益的关键要素。平流层飞艇发挥应用效益,必须具备充足的能源支撑,以利用动力推进装置克服平流层风力影响,实现区域驻留;并利用携带的任务载荷,开展各类应用。平流层飞艇采用太阳能作为能量来源,由太阳电池和储能电池构成循环能源系统,通过系统优化配置,实现能源的高效、闭环、可持续,为平流层飞艇应用效益发挥提供保证。

3.2　临近空间环境

3.2.1　大气温度特征

图 3-2 给出了大气温度随高度变化特征。在 100km 以下,大气环境温度都较低,如在 20km 高度附近的大气平均温度约为 -56℃。随着高度上升,温度逐渐有所升高,30km 高度的平均温度约为 -46℃;50km 高度附近的平均温度约为 -2℃,达到局部最高值;随着高度的进一步增加,温度又逐渐下降。在 100km 以上,随着高度增加,非常稀薄的大气中分子平均运动强烈,温度升高。

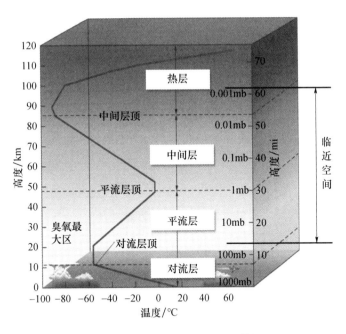

图 3 - 2　大气温度随高度变化特征

3.2.2　大气密度特征

图 3 - 3 给出了临近空间大气密度随高度变化典型特征。在 20km 高度附近,大气密度约为地面的 7%。随着高度上升大气密度快速下降,基本成指数规

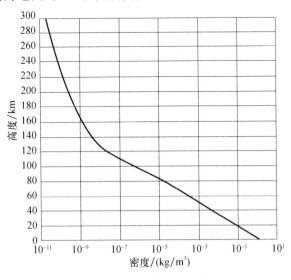

图 3 - 3　大气密度随高度变化特征

律下降,30km 高度的大气密度约为地面的 1.5% ,50km 高度的大气密度约为地面的0.78‰,空气的对流与热传导作用都较弱。在80km 高度上,空气密度只有地面的 1/50000。

对于平流层飞艇来讲,由于密度随高度的增加快速下降,在相同体积下大气所能够产生的浮力也随高度增加急剧下降。如采用氢气作为浮升气体,要获得 1kg 的浮力,在20km 高度时体积约为 12m³,而在 40km 高度时,体积就需要增加到270m³。

3.2.3 大气压力特征

图 3－4 给出了临近空间大气压力随高度变化典型特征。在 20km 高度附近的大气压力约为地面的 5.3% ,随着高度上升大气压力快速下降,基本成指数规律下降,50km 高度的大气压力约为地面的 0.84‰。平流层飞艇从地面起飞到临近空间,中间要经历大气压力巨大变化,给设计研制带来了很大的困难。

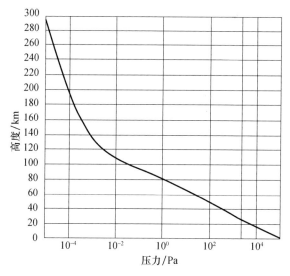

图 3－4 大气压力随高度变化特征

3.2.4 风场特征

临近空间气象条件相对稳定,不会发生云、雨、雷暴等强烈的天气现象,但是这一区域存在风的影响,并且在不同高度、季节、地区和时间有着不同的表现特点,不过风速分布的基本规律是相同的,且变化周期较长。20km 高度附近大气以水平运动为主,很少发生垂直方向的对流运动,垂直风比水平风速度低 1~2 个量级。

图 3-5 给出了临近空间大气风场变化特征。可以看出:在一年之中,夏季平均风速最小。当高度达到 20km 以上时,平均风速增加很快,直到 70km 左右达到第二个最大值,此后又快速减小,到 90km 左右达到第二个最小值,然后再次增加。在我国大部分上空 20 ~ 24km 之间,有一个平均风速相对较小的区域,图 3-6 中给出了华北某地上空平均风速随季节变化特征,可以看出 20km 高度附近在夏秋季节平均风速小于 10m/s。

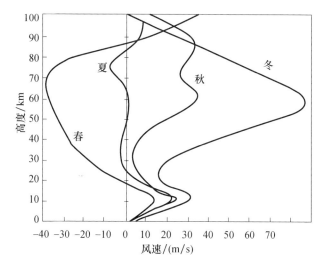

图 3-5 临近空间大气风场变化特征

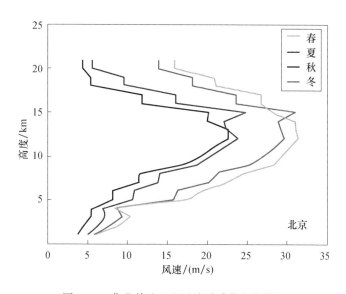

图 3-6 华北某地上空风速随季节变化特征

3.2.5 臭氧与辐射特征

图 3-7 和图 3-8 分别给出了临近空间臭氧和辐射的变化特征。臭氧浓度随季节、天时、纬度等有所变化,在 20km 高度附近达到最大,高度越高臭氧浓度越低,在 30km 高度时,臭氧浓度仅为最高值的 30%,随着臭氧浓度和大气密

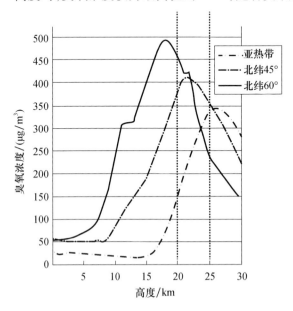

图 3-7 临近空间臭氧变化特征

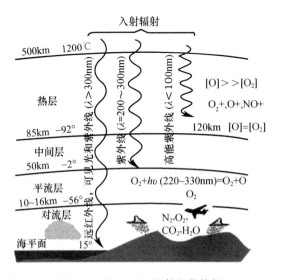

图 3-8 临近空间辐射变化特征

度的下降,紫外线等太阳辐射将逐渐增加,这对材料的耐候长时间工作提出了很高的要求。

临近空间的辐射粒子主要包括高能质子、中子、α 粒子、重离子等,它们是制约微电子和光电器件在临近空间中应用的重要影响因素,辐射引起的效应主要有总剂量效应、移位损伤效应和单粒子效应,其中单粒子效应最难以避免,对在临近空间环境中电子设备的高效、可靠工作构成一定的威胁。

⋙ 3.3　平流层飞艇平台

3.3.1　系统构成

平流层飞艇系统构成复杂,通常采用全软式气囊结构,主要由艇体、能源、推进、飞控、测控等分系统组成,如图 3 - 9 所示。

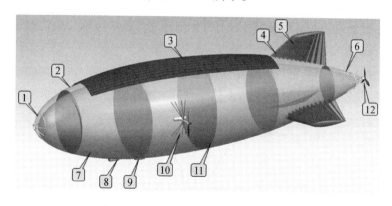

图 3 - 9　平流层飞艇外形和各部分组成

1—头锥;2—主气囊;3—太阳能电池;4—尾翼;5—尾翼隔膜;6—尾椎;7—副气囊;
8—载荷设备舱;9—电池舱;10—推进电机及安装支架;11—主气囊隔层;12—尾部推进电机。

3.3.1.1　艇体分系统

艇体分系统的主要功能是为平流层飞艇提供飞行所需的浮力,同时为其他艇载设备提供搭载空间。艇体分系统主要由主气囊、副气囊、尾翼、吊舱等组成。主气囊一般充有氦气用于提供飞艇升空所需要的浮力;副气囊用于调节飞艇的内压,同时参与飞艇俯仰姿态的控制;尾翼用于保持飞艇的姿态稳定;吊舱用于安装各种载荷仪器、控制装置、储能电池等。

主气囊的外形一般采用多段函数复合后旋成获得,长细比在 4 左右,保持流线外形,使飞艇阻力系数较小。由于地面大气密度相对较高,在放飞时只要充入较少的氦气,就足以提供飞艇飞行所需的浮力。对于采用成形上升方式的软式飞艇,在放飞前,为了保持飞艇的设计外形,需要在副气囊内充入空气,保证维持刚度的最低压差。随着飞艇的上升,大气密度和压力减小,主气囊内的氦气逐渐膨胀,副气囊内的空气逐渐被排出,直至飞艇到达预定工作高度。飞艇副气囊位置的选择以方便配平、且对整体浮心影响较小为原则。对于平流层飞艇,因其飞行高度高,其副气囊占比巨大,一般在90%以上,与低空飞艇有着明显的区别。同时,在副气囊结构形式上,平流层飞艇也不同于低空飞艇采用的单个或两个副气囊用于飞艇压力控制的形式,而是需要采用多气囊或特殊结构。另外,对于平流层飞艇设计,为充分挖掘副气囊的潜力,还可利用其开展姿态调节,如采用多个副气囊的设计形式,可利用靠近飞艇最前端和最后端的两个副气囊配合进行飞艇的压力控制,并通过调节副气囊体积变化来辅助飞艇俯仰姿态控制。

由于舵面控制效率很低,平流层飞艇尾翼在功能上一般不起辅助调姿作用,仅用于稳定平衡。飞艇尾翼在结构上可采用独立尾翼结构或与艇体联通的整体结构,前者需配合独立压控,后者则可与艇体采用统一压控。在安装与布局方面,尾翼安装在艇体后部,布局可采用 Y 形、倒 Y 形、十字形、X 形等,如图 3 − 10 所示,出于放飞安全性的考虑,为防止起降时发生撞地事故,较少选择 Y 形和十字形布局。

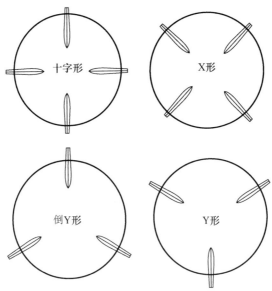

图 3 − 10　尾翼布局示意图

传统的低空飞艇吊舱一般位于艇体正下方,用于携带动力推进装置、仪器设备及任务载荷;而平流层飞艇通常将动力推进装置与吊舱独立,一般布置在艇体中轴线附近,这样布置一方面可以降低振动对吊舱带来的影响,另一方面还可以减少电磁干扰。对于吊舱结构来说,多采用刚性骨架支撑加外蒙皮结构,并采取相应的温控措施,以保证舱内设备能够在合理的温度区间运行。推进支撑则采用桁架的形式,确保结构轻量化的同时,也必须考虑振动特性,避免产生共振。另外,对于吊舱和推进支撑在艇体上的安装位置,应在便于安装的基础上,尽可能考虑飞艇整体配平。

3.3.1.2　能源分系统

能源分系统的主要功能是在额定电压范围内产生、存储、调节、控制和分配电能,为飞艇平台和任务载荷供电,并在出现可靠性故障时对能源系统所有部件提供保护。能源分系统主要由太阳电池阵、储能电池组和电源控制器等组成。太阳电池阵在光照期间给负载供电并给储能电池组充电;储能电池组在非光照期间给负载供电;电源控制器是能源设备协同工作的调节和控制中枢。

太阳电池阵由太阳电池组件串并联辅以旁路和阻塞二极管组合而成。太阳电池阵一般选用柔性薄膜太阳电池组件,布设于艇体上表面并紧密贴合,需专门设计电池阵铺装与防护工艺;另外,太阳电池组件在使用中温升很高,过高的温度对飞艇囊体产生不利影响,需采取一定的隔温措施。

储能电池组由可充电的电化学电池单元(单体电池)串并联辅以保护电路组合而成,以获得所需电压和电流。受电池组比能量、循环寿命、容量和电压稳定性的限制,目前可供选用的储能电池组有锂离子电池组、锂硫电池组和可再生燃料电池组等。储能电池组安装于飞艇吊舱内,长时间在平流层低温低气压环境中工作,需对吊舱专门设计温控方案,使储能电池组工作在合适的环境温度范围内。

电源控制器由功率调节与分配单元、母线电压控制器、模式控制器和管理软件组成,实现对能源各设备协同工作的管理与控制。配电器由 DC/DC 模块电源及相应的滤波电路、保护电路、电缆和电连接器组合而成,实现对各用电负载的电能分配。

3.3.1.3　推进分系统

推进分系统由一套或多套推进器组成,推进器一般位于艇体两侧或尾部。主要功能是提供飞艇推进动力,附加功能是在必要时提供直接力矩辅助偏航操作(通过两侧推进器的差动或尾部推进器的倾转),以提高飞艇的操控能力。

从国外推进器技术的发展现状和趋势分析,电动机驱动螺旋桨推进的技术攻关难度远小于航空发动机、氢燃料发动机和离子推进器。综合考虑平流层飞艇长时间滞空飞行以及太阳能利用等多方面要素,电动机驱动螺旋桨仍是当前平流层飞艇最合适的推进方式,如图 3 – 11 所示。电动机选用高功率密度的稀土永磁直流无刷电动机,形式可以是外转子直接驱动型或内转子减速驱动型;螺旋桨选用低温性能好、质量轻、强度高的复合材料螺旋桨。

图 3 – 11　电动机驱动螺旋桨推进的美国 HALE – D 平流层试验飞艇

同所有航空、航天器一样,质量轻、效率高和可靠性高是平流层飞艇动力推进分系统永远追求的目标。平流层飞艇动力推进分系统研制时,除追求每个部件的最优指标外,还需合理分配各部件指标参数,只有当各部件同时工作在高效设计点时,整个动力推进系统才能达到最优效率。

如果要求平流层飞艇可实现多次重复使用,飞艇应具有低空飞行的能力,飞艇上需要安装相应的动力推进装置,理论上,满足这一要求的推进装置可以是航空发动机或是电机驱动的螺旋桨推进器,但需要考虑减重、能源、推进效率等一系列问题。

3.3.1.4　飞控分系统

飞控分系统主要功能是完成飞艇状态监视、压力控制和飞行控制,包括收集艇上信息,控制飞艇维持内外压力,实现升降、转向、调速等基本运动。飞控分系统主要由飞控计算机、组合导航单元、大气压传感器、压差传感器等测量器件,风机、排气阀、压舱阀等执行机构,以及与能源、推进、测控等分系统的接口单元等组成,如图 3 – 12 所示。其中,组合导航单元实时测量飞艇姿态,压差传感器测量囊体压差,与大气压、温度等其他传感器数据一起进入飞控计算机,由飞控计算机根据上述信息生成飞控指令,控制推进器执行姿态和航速控制;或经由继电控制单元控制风机、排气阀和压舱阀等设备以完成压力控制。同时，一般飞控计算机还承担整艇信息交互的任务，将艇上各类型传感器、载荷等数据收集后下行到地面。

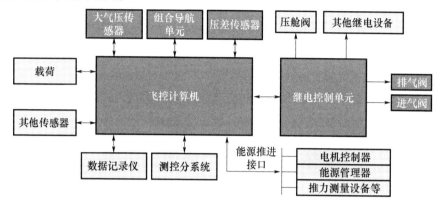

图 3 - 12　一种典型的平流层飞艇飞控分系统组成结构图

3.3.1.5　测控分系统

测控分系统主要功能是对平流层飞艇飞行和工作状态进行跟踪、测量、控制和监视，主要采用光学和雷达设备实施。按照作用范围和功能一般又分为视距测控子系统和天基测控子系统。

视距测控子系统的典型链路如图 3 - 13 所示，由艇载测控设备和若干地面测控站组成。受到地球曲率的影响，飞行高度约为 20km 的平流层飞艇视距通信的最远距离在 500km 左右，某些长航时飞艇的飞行距离可能会超过此距离，这种情况下必须配有天基测控链路。天基测控子系统主要依靠中继通信卫星、北斗导航短报文为平流层飞艇提供遥测、遥控和安控。

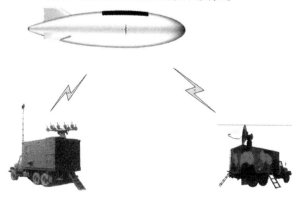

图 3 - 13　典型平流层飞艇视距测控链路

3.3.2 技术难点分析

平流层飞艇工程实现主要面临四大核心难题:安全进入、长期驻空、可控飞行、安全返回。安全进入是开展应用的前提,长期驻空和可控飞行是工程应用的核心要求,安全返回是重复应用的基础。针对四大核心难题,梳理具体涉及的关键技术问题,如图 3 – 14 所示。

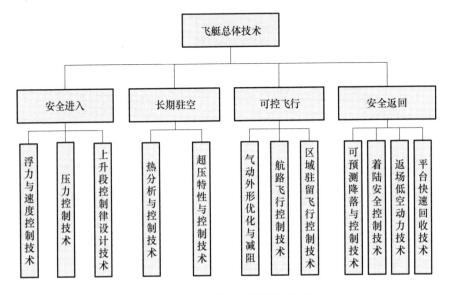

图 3 – 14 平流层飞艇关键技术框图

3.3.2.1 安全进入

平流层飞艇采用无动力方式依靠净浮力从地面上升进入平流层,需要经历空气密度、大气压力、温度、风场等环境要素的巨大变化。特别是 10 ~ 12km 高度附近的对流层存在风速较大的急流区,可能会导致飞艇飘飞距离过大,甚至因风载过大导致艇体结构破坏,一般要求应以较快速度通过。而飞艇上升过程是氦气体积不断增大的过程,氦气膨胀对外做功,如上升速度过快,会导致内部气体超冷、浮力损失严重,进而引起上升速度降低。

针对上升过程带来的升速控制以及"超冷"这一技术难点,需要综合平流层飞艇自身的上升方式(成形、非成形)、阀门排气速度、上升速度调节装置等因素,深入开展飞艇上升段动力学和热力学耦合问题分析,合理确定上升全过程的速度控制策略。

3.3.2.2　长期驻空

长期驻空是平流层飞艇发挥独特优势、实现应用效能最大化的关键,同时也是平流层飞艇的核心难点之一。平流层飞艇长期驻空面临诸多难点,主要是需要通过多学科优化总体设计,实现"浮重平衡、推阻平衡、能量平衡"。

1. 浮重平衡

浮重平衡是平流层飞艇实现长期驻空的基础,由于飞艇平台在驻空期间的总重量(不含氦气)是不变的,因此导致浮重平衡关系改变的主要因素来自浮升气体的损失或体积变化。为了实现浮重平衡,主要需要解决两个问题,一是超热超压问题,二是浮升气体泄漏问题。

1)超热超压问题

平流层飞艇在昼夜驻空过程中,受太阳辐照等外部热源昼夜交替变化影响,囊体内部浮升气体温度呈周期性变化,白天超热可达 50℃ 以上。超热会导致飞艇浮力(体积)或囊体内部压力的变化。为确保浮力不变,一般要求氦气囊体积不变,则超热会导致内外压差大幅变化,使囊体长时间工作于较大压力状态,对囊体抗超压能力提出了极高要求。

2)浮升气体泄漏问题

氦气泄漏一般是缓慢的过程,主要与囊体材料的氦气渗透率、加工损伤和工艺微孔等有关。但是,当氦气泄漏累积量达到一定程度,会导致氦气囊在夜间无法保持超压状态(或维持最小体积),导致飞艇驻空高度无法满足要求或下降到地面。因此,平流层飞艇长期驻空必须解决氦气泄漏的问题。同时,受飞行试验时间、各飞艇平台压力控制策略(如在某安全阈值自动放气)等因素影响,氦气泄漏存在测试难度大、测量误差大等问题。

2. 推阻平衡

平流层大气以水平运动为主,20km 附近存在平均风速较小(10m/s 左右)、相对稳定的弱风层,有利于平流层飞艇在该高度范围长期驻留。但是,根据气象资料统计,随着季节变化,该高度也会出现风速超过 20m/s 且持续时间较长的风场条件。抗风能力较弱的平流层飞艇可以根据环境条件选择合适的窗口,以实现短期驻空飞行。但是,若驻空时间进一步加长,意味着平流层飞艇面临更加苛刻的风场条件的概率增大,要求平流层飞艇具备较强的抗风能力。

3. 能量平衡

平流层飞艇要实现长时间昼夜交替工作,必须解决能量平衡的问题。因此,平流层飞艇通常采用太阳电池与储能电池组成的循环能源系统,但采用的具体电池技术体制略有差异。影响平流层飞艇实现长期驻空过程能量平衡的主要因素包括:①受季节、纬度、艇体朝向等多重因素影响,太阳电池阵发电能力存在一定不确定性;②受风场条件变化等因素影响,动力推进等能源需求也存在一定不确定性。按照最差的发电能力和最严酷的能源需求,合理配置太阳电池和储能电池,理论上可以实现能源循环。因此,能量平衡的主要难点在于通过太阳电池、储能电池等核心关键技术性能指标的提升,以降低能源系统以及整个飞艇平台的规模和研制难度。

3.3.2.3 可控飞行

可控飞行是平流层飞艇区别于高空气球的重要特征之一,也是平流层飞艇实现区域长期驻留、发挥应用效能的重要保障。平流层飞艇体积庞大,具有大惯量、大时滞和低动态的动力学特性,且受到近艇身风速自主感知能力不足等因素影响,飞行控制的难度很大。主要技术难点在于航线保持控制、区域驻留控制等。

1. 航线保持控制

水平航线高精度保持是平流层飞艇执行特定对地观测任务的重要基础。平流层飞艇航线保持控制执行机构主要依赖推力矢量控制,由于临近空间大气低密度特征、能源系统功耗限制等多方面约束,执行机构可提供的控制能力有限,且由于平流层飞艇体积质量巨大,导致惯量很大,加之飞艇偏航姿态受风场干扰明显,综合造成平流层飞艇航线保持控制难度较高。

2. 区域驻留控制

区域驻留是平流层飞艇的最显著特征优势,也是平流层飞艇执行区域持续对地观测任务的根本保证。区域驻留面临更复杂的风场环境,长期性特征也会伴随飞艇质量、浮心、浮力等变化问题,加之受航线保持、俯仰姿态控制等方面影响,导致平流层区域长期驻留控制困难且复杂。

3.3.2.4 安全返回

安全返回是提升平流层飞艇可重复利用效益的关键一环,主要是通过区域预测降落实现部分可重复利用,或通过成形下降、低空可控返场实现全部重复利用。

1. 区域预测降落

区域预测降落是平流层飞艇实现部分可重复利用、降低回收成本与难度的重要手段。如将预测降落点选定在返回场附近,将大大降低回收或低空返场难度。区域预测降落过程需要解决下降过程中的净浮力损失匹配、风机大量耗能、低空减速悬停、着陆过程大惯量缓冲等难题。

2. 成形下降

成形下降是平流层飞艇实现低空可控返场和可重复使用的基础,也有利于避免太阳电池阵、艇载任务载荷等在下降着陆过程中损坏。成形下降要求在整个下降过程中通过风机向副气囊内充入大量空气,能量消耗非常大;同时囊体内部压力升高,对下降速度和结构安全有一定影响。

3. 低空可控返场

低空可控返场是平流层飞艇实现可重复使用的关键因素。低空可控返场需要实现整个飞行剖面内的浮重、推阻和能量平衡,解决低空飞行过程中副气囊位置、浮心和姿态大幅度变化等问题,且配备宽工况变功率动力推进系统或低空专用动力推进系统,对飞艇总体设计的要求进一步提高,实现难度很大。

3.4　关键支撑技术

3.4.1　囊体材料技术

3.4.1.1　概述

囊体材料是制备平流层飞艇艇体结构的主材料,包括主气囊材料和副气囊材料。通常情况下,主气囊材料的质量约占平流层飞艇总质量的30%,约占平流层飞艇结构质量的55%。因此,采用低密度、高强度和长寿命的囊体材料是降低平流层飞艇结构质量的重要措施,是平流层飞艇实现长期驻空的重要保障。由于副气囊材料主要应用在主气囊内部,用于调节艇体平衡和内外压差,对材料的强度、耐候性等要求稍低,可在主气囊材料基础上进行适应调整结构研制,难度相对较小,因此本书重点介绍主气囊材料。如无特别说明,下文中囊体材料指主气囊材料。

囊体材料的设计和制造是平流层飞艇的重要支撑关键技术之一,很大程度上决定了飞艇的使用性能。平流层飞艇对囊体材料的要求主要包括:①要有足够的强度,确保平流层飞艇囊体能够在各种风速、各种载荷、各种温度等条件下承受环向应力、剪切应力及其他附加应力;②要有良好的耐候性,确保平流层飞艇囊体能够在临近空间高低温、臭氧、紫外等工作条件下长期保持性能;③要有高度的气密性,确保平流层飞艇长期驻空期间浮力不损失;④要有良好的抗弯折和摩擦性能,确保平流层飞艇囊体在加工制造和使用过程中,不会因为经常性的折叠、摩擦、充放气等原因造成性能下降;⑤要有较低的面密度,尽量减小平流层飞艇囊体质量,减小平流层飞艇设计难度。

3.4.1.2 结构与组成

为满足平流层飞艇的应用要求,囊体材料通常需要采用多种功能化高分子材料。为最大限度发挥各功能材料的使用性能,需要采用多层结构形式。如图 3 - 15 所示,囊体材料由外及内的主要功能层包含耐候层、阻隔层、承力层、热封层,为使上述各功能层间有足够的黏合强度并保持材料整体的柔韧性,需要相应增加粘接层(中间层)。

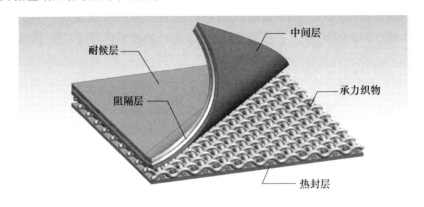

图 3 - 15   囊体材料多层结构示意图

1. 耐候层

耐候层位于囊体材料最外层,一般厚度在 $20\mu m$ 左右,其主要功能是防止外界环境(紫外线、溶剂、臭氧等)对内部各层材料产生破坏作用,保障囊体材料具有长期使用性能。高分子氟化物(聚氟乙烯 PVF 和聚偏氟乙烯 PVDF 等)具有优异的耐候性,其本征特性决定了囊体材料的耐候性,同时在耐弯折、耐磨损等方面也有不俗的表现。其中,PVF 薄膜是美国 DuPont 公司的垄断产品(商品名称为 Tedlar),耐老化性极佳(户外使用可超过 25 年),且具有低密度、弹性模量大、高强度、气密性好等优点;PVDF 具有同样出色的耐候性,且具有比 PVF 更好的热封性能。此外,添加耐老化剂的热塑性聚氨酯弹性体(TPU)也是一种常用的耐候性材料(如日本的 KS127 - 197 型囊体材料),同时具有高柔韧性、高强度、耐弯折、耐高低温、良好的热封性等优良性能。三种耐候层材料的性能对比如表 3 - 1 所列。

表 3 - 1　典型耐候层材料特性

材料	耐候性	密度/(g/cm³)	二次加工性	使用温度/℃
PVF	极佳,本征特性	1.37	较好	-70~107
PVDF	极佳,本征特性	1.78	好	-50~150
TPU	佳,依靠添加剂	1.1	好	-40~90

2. 阻隔层

囊体材料的气密性主要取决于所用阻隔层功能材料,阻隔层既可以是一个涂层或镀层(厚度几十纳米至微米量级),也可以是一层薄膜(厚度 10μm 左右)。阻隔层材料也不局限于此一种功能,除了要具备低气体渗透率以外,还应拥有良好的耐揉搓性和耐候性以使囊体材料整体具有较长的使用寿命。此外,阻隔层材料还需要具有良好的层压复合或涂层复合加工性,以使阻隔层与其相邻两层材料间有良好的界面黏接性能,保障囊体材料具有足够的层间剥离强度。

乙烯 - 乙烯醇共聚物(EVOH)是阻气性最好的高分子材料,在国外囊体材料中被广泛使用。日本的囊体材料多采用 EVOH 作为阻隔层材料,美国的系留气球则多采用聚对苯二甲酸乙二醇酯膜(PET,一般简称聚酯,商品名称为 Mylar)作为阻隔层材料。美国 Hisentinel 飞艇囊体材料采用尼龙为阻隔层材料。英国 Lindstrand 公司有采用聚偏二氯乙烯(PVDC)为阻隔层材料。三种典型阻隔层材料性能对比,如表 3 - 2 所列。

表 3 - 2　阻隔层材料性能对比

材料	阻隔性	密度/(g/cm³)	加工形式	使用性
EVOH	优	1.17	共挤出复合膜	易吸水而影响阻隔性
PVA	优	1.27~1.31	吹塑或涂层	易吸水而影响阻隔性、熔融加工性差
PVDC	优	1.68	吹塑或涂层	热稳定性较差
PET	良	1.37	流延	耐高低温、耐揉搓

3. 承力层

承力层承受飞艇载荷,对整个囊体材料起支撑作用。高比强度(强度/质量比)纤维织物是囊体材料中最关键功能材料,是平流层飞艇囊体材料的技术瓶颈之一。

为了保证艇体的安全性以及担负有效载荷,平流层飞艇囊体材料承力层必须使用高比强度的纤维材料,如芳香族聚酯(商品名称 Vectran)、芳纶(商品名

称 Kevlar)、超高分子量聚乙烯(商品名称 Spectra)、聚对苯撑苯并二噁唑纤维
(PBO,商品名称 Zylon)等。其中,Vectran 纤维在国内外应用较广;PBO 是目前
已知比强度最高的有机纤维,在日本已得到应用。国内外典型高性能纤维的性
能对比如表 3 – 3 所列。

表 3 – 3   国内外商品化高性能纤维的性能对比

名称	商品名称	生产国家	密度 /(g/cm³)	拉伸强度 /(cN/dtex)	断裂伸长率/%	纤度范围 /dtex
超高分子量聚乙烯	Spectra	中国、美国、日本等	0.97	28 ~ 36	3.3	33 ~ 1760
PBO	Zylon – HM	日本	1.56	37	2.5	
聚芳酯	Vectran(HT)	日本	1.41	22.9	3.8	28 ~ 8300
芳纶	Kevlar49	美国	1.44	19.3 ~ 20.8	2.4	
芳纶	1414	中国	1.44	≥19	3.5 ± 1.0	1100 ~ 2280
芳纶	芳纶Ⅱ	中国	1.44	18 ~ 20	4.0 ± 0.5	220 ~ 1670
芳纶	Armoc	俄罗斯	1.43	24 ~ 28	3.5 ~ 4.0	
芳纶	F – 12	中国	1.44	26 ~ 30	3.2 ~ 4.5	230 ~ 1500
芳纶	芳纶Ⅲ	中国	1.44	26 ~ 30	2.8 ~ 3.6	110 ~ 1280
聚酰亚胺	轶纶	中国	1.41	25.2 ~ 32	3	110 ~ 440

4. 热封层

热封层位于囊体材料内侧,是囊体材料中用于热合的涂层或薄膜。热封层
材料需要具备热熔性、柔韧性、耐磨损等特性,满足热合工艺的飞艇制作工艺要
求。热塑性弹性体材料能够满足热封层材料的性能要求。目前,国内外热封层
材料普遍采用热塑性聚氨酯(TPU)弹性体。

5. 中间层

中间层也称为粘接层,是囊体材料中用于将其他功能层材料粘接在一起的
材料层,起到桥梁和纽带的作用。中间层既要有利于多层复合材料的生产,又
要确保粘接面的可靠性。黏接工艺过程既可以是热熔粘接,也可以是胶黏剂
粘接。

目前,国内外飞艇囊体材料中粘接层材料主要采用聚氨酯等高分子材料。
美国系留气球囊体材料也有采用热塑性聚醚聚酯共聚物(Hytrel)为粘接层材
料。这些高分子弹性体材料是一种具有高柔韧性的材料,在提供层间粘接力的
同时还可以在一定程度上为囊体材料提供耐揉搓性能。囊体材料被揉搓或弯

折时,弹性体材料层可以为阻隔层提供一定的缓冲作用,防止相对硬而且脆的阻隔层发生开裂、破损。

6. 辅助材料

辅助材料主要包括内焊接带和外密封条,用于将单幅的囊体材料拼接成一体。内焊接带和外密封条分别与囊体材料热封层和外层耐候层进行焊接,将两幅囊体材料连接为一体,内焊接带主要起到连接、承力作用,外密封条作用是保证连接部位的气密性。

3.4.2　能源技术

3.4.2.1　概述

平流层飞艇能源分系统主要由太阳电池阵、储能电池及电源控制器等构成,具备能源产生、传输、转换、存储、管理和配置等功能,能够保障平流层飞艇在任务周期内,获得稳定的不间断的能源供给,具有可循环能源系统的工作特点。

平流层飞艇能源分系统按照能量的供给特点,可分为包括白天模式和夜晚模式两种,如图 3 - 16 所示。在白天光照期间,由太阳电池阵进行太阳辐照的光电转换,实现对艇载设备和任务载荷的能量供给,并将多余的能量存贮在储

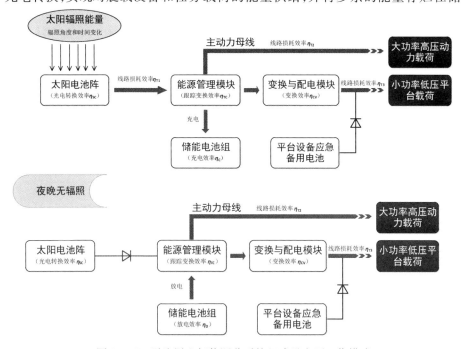

图 3 - 16　平流层飞艇能源分系统组成及主要工作模式

能电池中,以此满足平流层飞艇夜间工作的能量需求;在夜晚无光照期间,由于无太阳辐照能量注入,只能通过储能系统放电作为能量来源,为艇载设备和任务载荷进行供电;在日出和日落期间,由于太阳斜入射辐照强度较弱,太阳电池系统发电有限,需通过与储能电池放电进行联合供电,共同为系统提供功耗所需功率。通过上述模式和过程,能源系统实现为整个平流层飞艇提供不间断能量,满足系统工作要求。

平流层飞艇长期驻空期间所需的能源完全依靠太阳能获取,为了实现长期驻空和任务载荷不间断稳定工作,必须保证平流层飞艇能量平衡。为了实现平流层飞艇的长期高空驻留和载荷的持续工作,能源系统必须具备昼夜能量循环的能力,实现平流层飞艇的任务周期内的能量平衡。作为平流层飞艇的重要关键支撑技术,能源技术为艇载设备和任务载荷提供能源,直接影响平流层飞艇长期驻空的性能以及任务载荷的应用效能。平流层飞艇对能源技术的要求主要包括:①太阳电池要有高效率和较大的重量比功率;②储能电池要有高比能量和较大的放电倍率;③能够在临近空间特殊环境下稳定工作。

3.4.2.2 太阳电池技术

利用太阳电池的光电转换能力,并将太阳电池单体进行串联和并联的组合,形成具有较大面积的发电模块化结构,提升太阳电池的输出电压和功率,再进行太阳电池与平流层飞艇囊体结构的一体化安装,形成具有与能源系统输入结构相匹配的大规模太阳电池阵,构建出能源系统的发电部分。太阳电池阵的高效率、轻量化、囊体结构一体化等技术水平,一方面直接决定了太阳电池阵的发电能力,另一方面对飞艇平台提出的负重与安装要求,因此发展高效轻量化的囊体结构匹配的太阳电池阵技术,对平流层飞艇平台性能的提升有重要意义和推动作用。

平流层飞艇需要轻质高效太阳电池,主要包括非晶硅薄膜太阳电池、铜铟镓硒薄膜太阳电池以及砷化镓薄膜太阳电池、薄型晶体硅太阳电池等类型。

1. 非晶硅薄膜太阳电池

非晶硅薄膜太阳电池是 pin 型结构器件。其中,非晶硅材料分为 p、i、n 三层,p 型层和 n 型层构建电场,i 型层(本征层)吸收太阳光中能量大于其禁带宽度的光子,生成光生载流子,光生载流子在电场作用下向电场两边漂移,最终被收集形成光生电流。采用柔性衬底的非晶硅薄膜太阳电池结构示意如图 3 - 17 所示。

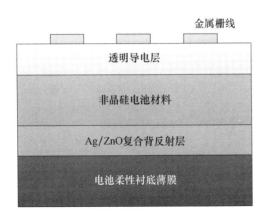

图 3 - 17　柔性非晶硅薄膜电池结构示意图

单结非晶硅(a - Si)电池吸收太阳光谱的范围窄,因此效率较低,同时存在严重的光致衰减效率。非晶硅材料可通过掺杂、晶化等手段,如锗掺杂、微晶和纳米晶技术,生成微晶硅、非晶硅锗以及纳米晶硅,从而实现材料禁带宽度可调,其调节范围在 1.2 ~ 2.0eV 之间。因此,可通过不同带隙材料组成多结太阳电池。多结电池,不仅可以拓展薄膜电池的光谱吸收范围,获得较高的效率,如图 3 - 18 所示;同时,也可降低非晶硅材料引起的电池光致退效应,提高电池稳定性。

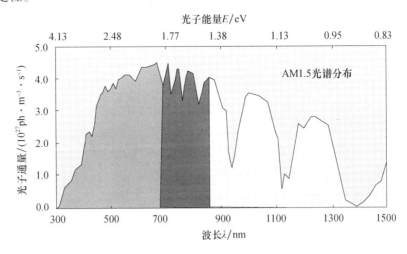

图 3 - 18　非晶硅/非晶锗硅叠层太阳电池光谱吸收范围

非晶硅薄膜电池由于工艺简单,可沉积在不锈钢或聚酰亚胺等柔性衬底上,因此可以借鉴印刷工业中的卷对卷(Roll - to - Roll)制备技术,实现批量化生产。2010 年,IEEE PVC – 35 会议报道了 a – Si:H/a – SiGe:H/μc – Si:H 的叠层电池和 a – Si:H/μc – Si:H/μc – Si:H 叠层电池的卷对卷生产效率分别达到 10.2% 和 10.6%,达到了当时批产的最高水平。但近年来,非晶硅薄膜电池的市场占有率较低,电池制备技术和批产能力提升发展缓慢。

2. 铜铟镓硒薄膜太阳电池

铜铟镓硒(CIGS)是半导体 p – n 结型薄膜太阳电池中的高效光电转换材料之一。其中,CIGS 层是电池的吸收层,产生光生载流子。该层材料是四元化合物,通过调节 Ga 元素含量,可实现 CIGS 材料带隙调节。因此,在生长及后续处理过程中,调节 Ga 元素沿生长方向的分布,形成渐变带隙结构,从而有利于光生载流子运输,提高电池性能。目前,采用内联式互连集成技术实现组件制备如图 3 – 19 所示,是 CIGS 薄膜电池组件技术的主要发展方向。

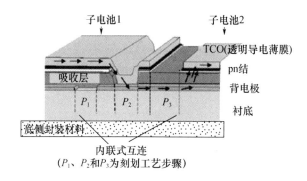

图 3 – 19　柔性 CIGS 薄膜电池组件结构示意图

根据公开报道,2010 年至 2018 年间,包括 Showa、Honda、Avancis、Wuerth 等目前世界上主要的 CIGS 电池厂家,CIGS 组件效率大概在 13% ~ 16% 之间。

3. 砷化镓薄膜太阳电池

以 GaAs 为代表的 III – V 族化合物材料具有许多优点,其中多数材料具备直接带隙性质,因而光吸收系数大,特别适合于制备太阳电池。目前,GaAs 太阳电池从单结已经发展到三结,四结及以上结构也正在研究中。但是,由于基于刚性衬底的 GaAs 太阳电池密度大,尽管效率很高,但功率重量比不高,比薄膜太阳电池的功率重量比要低许多。

研制薄膜 GaAs 太阳电池将去除常规半导体晶体衬底,采用超薄柔性材料衬底,在保证较高转换效率的同时,实现太阳电池重量比功率大幅度提高的目的,电池单体质量比功率可由 400 ~ 500W/kg 提升到 3000W/kg 以上,同时也可以使其具有更好的柔性以及曲面形状适应性,拓展其在形变量大的飞艇囊体上的应用。图 3 – 20 为制作在聚酰亚胺柔性衬底上的双结 GaAs 电池示意图。

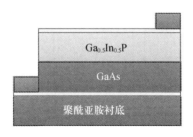

图 3 – 20　制作在聚酰亚胺衬底上的双结 GaAs 太阳电池示意图

2011 年,美国 Alta Devices 宣布,经美国国家再生能源实验室(NERL)测试认证,该公司制备的单节 GaAs 薄膜电池效率达到 28.8%。

4. 薄型晶体硅太阳电池

薄型晶体硅太阳电池一般具有 150μm 以下的厚度,与常规的高效晶体硅太阳电池相比,除了同样具有较高的转换效率外,由于采用了薄化制备技术,可大大节省硅材料的使用,相对于常规高效晶体硅太阳电池,该类电池使用的硅基材料可节省 30 ~ 50% 以上,同时更兼备了轻、薄的优点,使电池的重量大幅度降低,形成较高的功率质量比性能,并具备一定的弯曲性能,特别适用于具有稳定形状的飞艇囊体,目前仍然是平流层飞艇光伏发电单元的首选。

从薄型晶体硅太阳电池的结构来看,主要有 PESC、PERC、PERL、PCC、LBSF 等多种结构。目前包括 PERL、HIT 等高效率电池在内,实验室的转换效率已经达到了 24% 以上,这些电池的共同特点是采用了表面陷光、选择性发射极、表面钝化、异质结、密栅厚电极等新的电池结构技术。

3.4.2.3　储能电池技术

1. 锂离子蓄电池技术

锂离子蓄电池是一种二次电池,它主要依靠锂离子在正极和负极之间移动来工作。如图 3 – 21 所示,在充放电过程中,Li^+ 在两个电极之间往返嵌入和脱嵌:充电时,Li^+ 从正极脱嵌,经过电解质嵌入负极,负极处于富锂状态;放电时则相反。

2. 锂硫电池技术

以锂硫蓄电池为代表的锂系电池以高比能量的优势,日益成为研究热点。如图 3 – 22 所示,锂硫蓄电池是以单质硫或含硫复合物为正极、金属锂为负极、含锂盐的有机非水溶液体系为电解质的电化学体系。

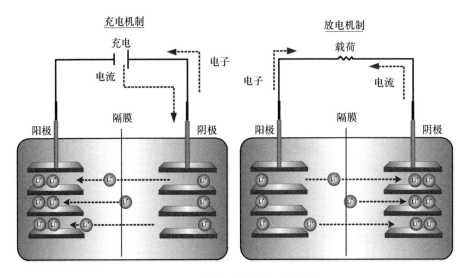

图 3 – 21　锂离子蓄电池工作原理

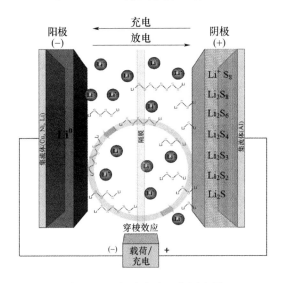

图 3 – 22　锂硫电池工作原理图

3. 再生燃料电池技术

再生燃料电池（RFC）是一套氢气、氧气产生、储存和利用的电化学装置，工作原理如图 3 – 23 所示。它将水电解技术与氢氧燃料电池技术相结合，燃料电池发电生成的水可在以太阳能为电源的水电解池中分解成氢气和氧气，实现氢、氧的再生，经水气分离收集、储存后再供燃料电池在阴影期发电使用，形成一个封闭的自供给体系，不需要外部供应氢气和氧气，从而起到储能、供能的目的。

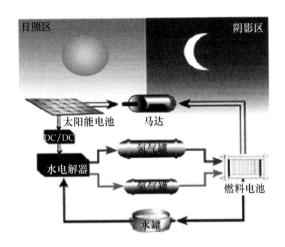

图 3 - 23　再生燃料电池系统原理图

再生燃料电池系统组成包括燃料电池模块、水电解模块、介质存储模块以及相应的系统自控模块,采用模块化设计,有助于各子系统技术独立发展,也便于系统的扩展、升级、维护与替换,同时也可以提高系统安全性和可靠性。光照期,太阳电池为电解器和辅助系统供电,水泵将水循环至电解器,在电解器中水被电解成氢气和氧气,经分离器和冷凝、干燥处理后存于介质存储模块高压气瓶中。阴影期,电解器停止工作,介质存储模块中储存的高压氢气和氧气经过减压并稳压至燃料电池工作压力,在燃料电池中反应释放出电能并生成水,电堆生成的水通过水回收泵,送至水箱供电解器循环使用。电堆和电解器的温度由液冷循环来控制。冷却剂作为载热介质在电池堆以及电解器间循环,光照期利用电解器产生的热对电堆保温,阴影期又可利用电堆产生的热给电解器保温。

根据电解和发电功能是否集成一体,再生燃料电池可分为分体式和一体式两种。分体式再生燃料电池的燃料电池与水电解及各个子系统相对独立,优点在于技术成熟度相对较高,便于子系统技术更新和模块化维护,缺点是装置较复杂,组成部件较多,比能量低。一体式再生燃料电池,一个组件同时承担电解和发电两种任务,从而简化系统结构和减轻重量,提高可靠性和系统比能量,缺点在于技术成熟度相对较低。

3.4.3　动力推进技术

3.4.3.1　概述

动力推进系统为平流层飞艇提供高空抗风和姿态控制所需的动力。为了实现长期驻空,平流层飞艇通常采用电机驱动螺旋桨的高空动力系统,主要由螺旋桨、电机装置、电机与螺旋桨接口等组成,如图 3-24 所示。

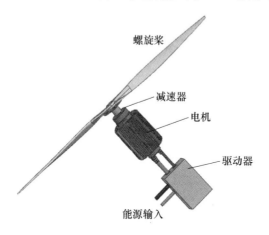

图 3-24　动力推进系统组成示意图

平流层飞艇对动力推进系统的要求主要包括:①推进系统效率要高,减少对能源系统需求压力;②推进系统要有宽工况适应性,确保电机、螺旋桨在较宽的高度和风速范围内均有较高效率;③能够在临近空间特殊环境下长期稳定工作。

3.4.3.2　高空螺旋桨技术

1. 技术难点分析

与常规航空螺旋桨相比,高亚声速/亚声速低雷诺数问题是高空螺旋桨的特有基础难题与挑战,气动效率显著降低约3%~5%。临近空间的低密度环境是形成螺旋桨设计难点的主要原因之一,高度 20km 的大气密度约为地面1/14,高度 30km 密度约为地面 1/68,此时桨叶翼型基本处于 104~105 低雷诺数范畴,甚至处于 103 范围,比低空翼型低至少一个量级。对于这样一个量级的低雷诺数流动,翼型的附面层转捩、分离等问题较为突出,如图 3-25 所示,传统航空螺旋桨翼型在小迎角下非定常流动特征显著,极易出现层流分离,升力系数出现静态滞回现象,而阻力系数迅速增大,导致螺旋桨气动效率严重下降。另外,平流层飞艇驻空或巡航时的相对来流速度一般很低(10~30m/s),根据螺旋桨的理想效率公式,来流速度越低,螺旋桨效率越低。因此,为了弥补平流层大气密度低、来流风速小导致的螺旋桨效率下降,保证推进系统有足够的抗风推进能力,高空螺旋桨的设计直径往往比较大,而高空声速相对低空又有所降低,就可能会导致桨尖局部马赫数较高甚至出现激波,从而加剧了气流分离损失,使得螺旋桨的效率损失更大。

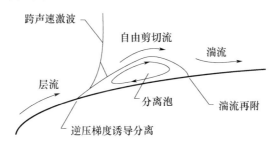

图 3 - 25 高亚声速低雷诺数复杂流动状态

综合考虑 20km 以上高度大气环境以及螺旋桨效率、推力需求等诸多要素,高空螺旋桨桨叶一般具有大尺度细长体几何特征,如图 3 - 26 所示,从桨根到桨尖涵盖了低速 – 亚声速或高亚声速范畴。

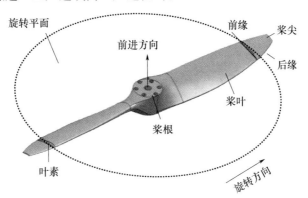

图 3 - 26 高亚声速低雷诺数复杂流动状态

2. 高效螺旋桨设计

桨叶翼型是螺旋桨设计的基础,高空螺旋桨要求翼型在低雷诺数下有更好的设计升力系数和升阻比特性。同时,考虑到大直径的螺旋桨从桨根到桨尖涵盖了低速 – 亚声速或高亚声速范畴,因此在高空高效螺旋桨的气动设计过程中,首先要选择或设计满足设计工况要求的低雷诺数高升力翼型系列,然后通过工程方法(如叶素理论、动量叶素理论等)或数值仿真(如雷诺平均 Navier – Stokes 方法等)进行螺旋桨气动外形设计,包括叶片数、直径、弦长和扭转角分布等设计参数的优化。如图 3 - 27 所示,为某型临近空间螺旋桨的优化后的气动外形。

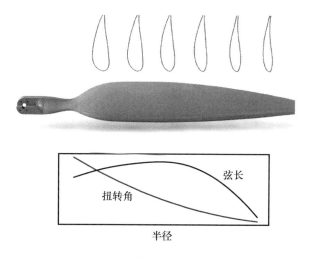

图 3 - 27　高效螺旋桨参数优化设计

3.4.3.3　电机技术

1. 技术难点分析

高性能电机装置是平流层飞艇动力推进系统的重要组成部分。平流层极端的环境条件和平流层飞艇复杂的飞行工况,对电机装置提出了兼具高效率、高功率密度、高可靠性的性能指标需求。平流层电推进系统所用电机装置分为"减驱"和"直驱"两种方式。"减驱"通过减速器进行电机与螺旋桨之间的转速、功率匹配,使电机和螺旋桨分别工作在各自的高效点,进而可以减小电机的体积和重量,提高功率密度;但由于减速器的存在,减驱电机系统的长期工作可靠性问题和复杂工况下的能量损失问题制约着"减驱"方案的效率和可靠性指标的进一步提升。直驱方式采用电机直接驱动螺旋桨,系统结构简单,传动效率损失小,可靠性高,但因平流层螺旋桨特有的低速大惯量特点,使得直驱电机转速很低,进而牺牲了体积和功率密度指标。

高性能电机装置的技术难点综合起来主要包括:①平流层飞艇能源、体积和重量有限,对推进电机系统的效率和功率密度要求很高,如何提高系统效率和功率密度成为电动推进系统的首要问题;②电机及其负载随临近空间环境的剧烈变化而变化,系统控制的稳定性和可靠性受到严重影响,如何使系统稳定运行的高效驱动和高精度控制是第二个关键技术问题;③平流层环境温度低、空气密度低,对流传输热量能力差,系统散热条件差,低温低气压下的润滑和散热性能直接影响电机及减速器运行的可靠性和寿命,如何解决电机系统的环境适应性和可靠性是另一关键技术问题。

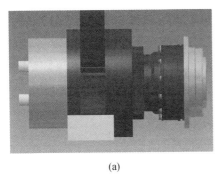

(a)　　　　　　　　　　　　　　　(b)

图 3－28　国内外动力电机对比

(a)国内某减驱动力电机图;(b)美国 HALE－D 飞艇动力电机。

2. 高性能电机设计技术

1) 高性能电机本体多场优化设计

永磁同步电机具有效率较高、重量较轻、运行平稳及控制性能良好等优点,是平流层飞艇动力装置的较好选择。相对常规应用的永磁同步电机,用于平流层飞艇的动力电机需要同时提高效率、功率密度和散热性能。提高电机的效率必须降低电机的损耗,可以通过降低定子电流、减小铁芯磁密、降低气隙磁密实现;提高电机的功率密度必须减小电机的质量,可以通过增大定子电流、增加气隙磁密实现;提高电机的散热性能,可以通过减少电机损耗、增大电机散热面积实现。三个指标是相互耦合甚至相互矛盾的,提高电机的效率会降低散热难度但同时会引起功率密度的降低,增大电机散热面积可以提高电机散热性能进而提高电机效率,但亦会引起功率密度的降低。因此,不能单纯从效率或者功率密度指标衡量电机装置的性能水平。

研究电机系统内部多物理场耦合演化机理,综合考虑平流层环境约束、外电路结构等因素下电机运行机理和损耗机理的分析和精确计算,以高效率、高功率密度为目标开展电磁场、温度场、流体场、应力场的多物理场耦合设计,进而实现最优的电机本体设计。

2) 电机系统控制策略优化设计

从系统的角度来看,电机本体与驱动器组成的电机系统综合效率最优才是工程应用的基础。因此,研究效率最优的控制算法,才能实现高效率的电机本体和驱动控制器的有机结合。从目前研究情况看,永磁同步电机系统效率优化控制策略可以分为最大转矩电流比策略、基于损耗模型的最优磁场调节策略、输入功率最小的策略以及直接功率控制策略四种类型。

上述每种策略均有各自最佳的适用工况,应用于平流层飞艇动力电机系统时,将基于损耗模型的效率最优控制和最小输入功率的在线搜索方法相结合,采用损耗模型计算当前状态小的最优电流和最优磁链,在计算出的最优电流附近进行在线搜索,大大缩短效率寻优时间,加快系统收敛速度,同时又避免了电机参数变化对结果的影响,从而集成两种控制策略之优势,是一种具有竞争力的电机系统效率最优控制方式。

通过半物理仿真平台、模拟负载以及螺旋桨负载验证控制策略的有效性,进而解决电机系统实际运行过程中的高效驱动和高精度控制问题。

3）可靠性设计

可靠性问题是影响电机系统在平流层飞艇推进领域应用的一个重要因素,开发出高可靠性的动力电机及其控制系统是一个必须解决的重要难题。高可靠性的动力电机单机系统应具备的基本特点:电机的结构设计以及驱动控制电路相间的电耦合、磁耦合、热耦合达到最小,使得故障发生时能够对故障部分进行有效的电、磁、热和物理隔离,把故障相对其他工作相的影响降低到最低程度,即一个或多个故障发生时,电机仍可以在满足某种技术指标的前提下带故障运行而不至于失效,从而提高其可靠性。

第4章

航空对地观测系统技术

 ## 4.1 航空对地观测系统概述

4.1.1 系统组成

    高分专项航空系统主要是指利用飞机搭载任务载荷构建的对地观测系统，可获取可见光和微波等各类高分辨率数据，经数据处理形成对地观测信息，用于基础测绘、灾害监测、公共安全、资源和环境调查等重大应用领域，是保障国防安全的基础性和战略性资源。

    飞机是航空对地观测中最常用也是应用最广泛的一种航空平台。根据机上是否有人驾驶可分为有人机和无人机两大类：有人机具有体积空间大、承载重量大等特点，可同时携带多种载荷，提高作业效率；无人机对载荷体积、重量、外形结构等要求严格，一般要求载荷小型化、轻量化，相对有人机来说适合于执行长航时、恶劣气象条件和危险环境下的对地观测任务。

    有人机平台空间大、安全性高，允许有人上机操作，是航空对地观测的主要搭载平台，国内使用的典型代表平台有运 – 12、新舟60 遥感飞机等。运 – 12 是哈尔滨飞机制造公司在运 – 11 基础上进行深入改进的发展型号，属轻型多用途飞机，具有使用简单、机动灵活、用途广泛等特点，并衍生出多种型号，广泛应用于客货运输、海洋监测、航空摄影、地质勘探、农林作业等领域。新舟60 飞机是中国航空工业集团公司下属西安飞机工业（集团）有限责任公司研制的新一代涡桨支线客机，经改装可形成具有多种观测窗口的高性能航空飞行平台，满足多种设备同时安装、工作等要求。

在无人机方面,我国拥有中低空、中近程无人机,典型代表如 ASN – 206 无人机、鹞鹰、彩虹无人机等。ASN – 206 无人机由我国西北工业大学所属爱生技术集团公司研制,是一种轻型、近距、多用途无人机,最大载荷 50kg,飞行高度 5000 ~ 6000m,可搭载多种载荷,广泛应用于航空摄影、地球物理探测、灾情监测等民用领域。鹞鹰 I 无人机是我国中航贵州飞机有限责任公司研制生产的一型中空、低速无人机,负载 60 ~ 100kg,巡航高度 500 ~ 7000m,国家"863"计划地球观测与导航技术领域"无人机遥感载荷综合验证系统"项目选择该型无人机作为遥感载荷性能指标综合飞行验证平台,完成了光学和微波成像载荷双装载科学飞行试验。目前,随着无人机相关技术发展,无人机逐渐向大型、高空、长航时方向发展,以更好满足不同领域应用需求。

根据国内有人机、无人机平台情况,结合各领域应用需求,高分专项航空系统主要由空基高分辨率光学观测系统、空基高精度微波观测系统、通用载荷支撑系统等组成,如图 4 – 1 所示。

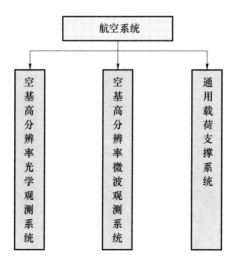

图 4 – 1　航空系统组成图

1. 空基高分辨率光学观测系统

主要包括高光谱成像仪、高分辨率可见/红外双波段相机、三维激光雷达和面阵摄影测量相机等光学对地观测载荷。其中,高光谱成像仪、高分辨率可见/红外双波段相机主要用于高空对地观测,适用于国民经济建设、反恐维稳等任务;三维激光雷达、面阵摄影测量相机为高精度测绘载荷,适用于国内基础测绘领域,为国内各行业应用提供高精度基础测绘保障。

2. 空基高分辨率微波观测系统

主要包括高分辨率多功能微波成像雷达、高分辨率三维成像 SAR 等微波对地观测载荷。高分辨率多功能微波成像雷达具备高分辨率二维成像、高精度高程测量、运动目标检测等功能;高分辨率三维成像 SAR 具备高分辨率三维成像、高精度高程测量等功能。两型载荷既适用于国民经济建设任务,同时又具备一定的测绘能力,可用于国内基础测绘领域。

3. 通用载荷支撑系统

主要包括惯性稳定平台、位置与姿态测量系统等辅助任务载荷开展高精度对地观测的设备。其中惯性稳定平台用于承载各种航空对地观测设备,有效隔离飞行平台的各种姿态误差;平台位置与姿态测量系统可准确同步获取航空对地观测设备位置和姿态信息,用于后续的图像处理和校正。

4.1.2　技术特征

飞机平台机动灵活且技术成熟,便于搭载各类任务载荷。因此,航空系统具有观测手段齐全、分辨率高、机动性强、时效性高、低成本、可重复观测、综合集成能力强等优势,与天基和临近空间系统各有侧重、相辅相成,共同完成高分辨率对地观测数据获取任务。

航空系统主要基于国内现有或在研飞机平台,重点突破一批技术体制先进的高分辨率任务载荷及配套通用载荷,是获取国内高分辨率对地观测数据的主要系统,也是开展新型任务载荷研发、为天基和临近空间提供载荷技术基础的重要途径之一。目前,航空系统任务载荷具有高分辨率成像、手段丰富多样、综合一体化、三维成像等明显特征。

（1）高分辨率成像。分辨率是评价载荷性能和遥感信息的重要指标之一,也是获取被观测对象信息的重要依据。高分辨率成像可获取地物更丰富的细节信息、光谱特征、反射或辐射信息,满足不同领域对地物精细化观测需求,拓展新的应用。

（2）手段丰富多样。发展可见光、红外、激光、微波等多种观测手段,丰富国内航空对地观测手段,满足不同用户部门需求。

（3）综合一体化发展。通过一体化设计,实现多手段综合或具备多种工作模式,获取目标多种信息,增加对目标的解译能力。

（4）由二维成像向三维成像发展。三维成像能够同步获取地面目标的三维位置和遥感光谱信息,实现定位、定性数据的一体化获取,为重建客观三维世界提供了有效手段。

4.1.3　工作模式

根据应用需求不同,航空系统工作模式分为常规和应急两种。常规模式主要是开展有计划的、周期性的高分辨率数据获取任务,满足用户日常应用需求,并积累数据。应急模式主要用于抢险救灾、反恐维稳等突发情况,对数据时效性要求较高,需要系统快速反应、机动灵活。

1. 常规模式

常规模式即根据用户日常应用需求,选择合适的任务载荷和飞行平台,制定飞行计划,在指定的测区上空开展高分辨率数据获取任务,完成飞行任务后,将机载数据记录设备带回地面数据处理中心,回读所有数据至地面系统并进行编目管理,经自动化数据预处理后,生成初级图像产品进行分发,或根据需要进行专业数据处理,生成标准图像产品,供用户使用。

常规模式下,可针对一些面向我国经济建设和国家安全重大需求的典型应用,形成重点数据获取系统并有序组织飞行,积累不同目标在不同观测设备、高度、角度、季节、背景、状态下的有效数据,形成目标数据库和历史数据集。

2. 应急模式

应急模式主要用于执行抢险救灾、反恐维稳等有应急保障需求的对地观测与数据保障任务。该模式下主要以地面机动站作为临时指挥控制中心,通过机载数据传输系统、机上实时处理和地面机动站数据处理相配合,提高任务响应和数据处理时效性。具体工作流程为,根据紧急任务需求,选配合适的任务载荷和具备应急响应能力的飞行平台,制定应急飞行计划,在指定的测区上空开展高分辨率数据获取任务,经机上实时成像处理和快速数据处理后,提取有效数据降低数据量,通过"机-地"数据链,下传至地面机动站,进行进一步数据处理,支持现场情况分析和决策服务,提高任务时效性。待飞机落地后,将机载数据记录设备数据回读至地面机动站数据处理分系统,对原始数据进行精处理,支持后续的应用分析工作。

4.2　空基高分辨率光学观测技术

4.2.1　高光谱成像技术

光谱成像技术是一种将光谱学和成像学一体化的新型光学遥感技术,可同时获得景物目标的二维几何信息和一维光谱信息,形成一个三维数据立方体(Data Cube)。与传统光学成像技术相比,成像光谱仪每个图像像元能够在电磁波谱的紫外、可见光、近红外和短波红外区域,获得几十甚至几百个窄波段光谱信息。

根据光谱分辨率方式不同,光谱成像技术可以分成多光谱(Multispectral)、高光谱(Hyperspectral)和超光谱(Ultraspectral)三类。其中多光谱成像仪谱段数为几个或几十个,光谱分辨率一般为100nm;高光谱成像仪谱段数为百个至几百个,光谱分辨率一般为10nm;超光谱成像仪光谱范围最窄,谱段数为上千个或几千个,光谱分辨率一般小于1nm。根据光谱分光方法不同,光谱成像技术可以分为色散型、干涉型等。色散型主要包括棱镜色散型和光栅衍射型两类,干涉型主要包括时间调制型、空间调制型及时空联合调制型三类。

棱镜色散型光谱成像仪(图4-2)由前置光学系统、狭缝、准直镜、色散棱镜、成像镜和探测器六部分组成,其成像过程是:地面目标发出的光进入光谱仪的光学系统,经成像镜后成像于狭缝处,狭缝后的准直镜使得通过狭缝的光平行出射,进入色散元件。棱镜作为色散元件将目标发出的光按照特定的光谱间隔进行色散,向不同的角度偏斜,从而使通过狭缝的光变成扇形单色平行光,成像镜将它们会聚到焦平面上,获得目标的光谱。这样就可以获得目标的一维空间和一维光谱信息,通过平台的运动,获得另一维空间信息。将色散棱镜换为光栅,即为光栅色散型光谱成像仪(图4-3)。

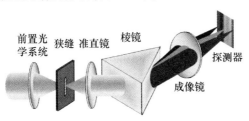

图 4-2　棱镜光谱成像仪原理图

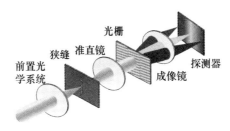

图 4-3　光栅光谱成像仪原理图

干涉型光谱成像仪通常由前置成像系统、干涉仪和成像镜/会聚镜组成。其中空间调制型含有狭缝,时间调制型和时空联合调制型没有狭缝,三类干涉型成像光谱仪原理图如图4-4所示。

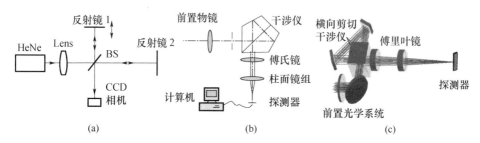

图4-4 三类干涉光谱成像仪原理图

(a)时间调制型;(b)空间调制型;(c)时空联合调制型。

时间调制型干涉仪使用迈克尔逊方法,通过动镜的移动,产生目标光谱像元的时间序列干涉图,其优点是容易获得较宽的光谱信息以及高的光谱分辨率,缺点是成像时需要进行二维扫描,探测器的积分时间相对较短,不利于信噪比的提高,并且由于目标面像元的干涉图是通过时间调制获得的,所以不能测量迅速变化的空间和光谱。

空间调制型干涉仪按分光元件的不同可分为两种,一种是以变形的Sagnac干涉仪为分光元件,另一种是以双折射晶体为分光元件。其光路与色散型类似,为了能够一次曝光获得目标的全部干涉光谱信息,系统中存在入射狭缝。该类成像光谱仪没有运动部件,稳定性强、实时性好,可同时获取每个点的干涉图;但由于存在狭缝,会降低进入光谱仪的光通量。

时空联合调制型干涉仪的光程差产生方式属于空间调制类型,但是其点干涉数据获取又属于时间调制类型。该技术原理如图4-4(c)所示,相当于在普通相机中加入一个横向剪切干涉仪。这种方案具有极高的光通量,具有与照相机相当的高探测灵敏度,比空间调制型成像光谱仪的探测灵敏度高两个数量级,可实现高空间分辨率、高光谱分辨率、高信噪比数据的获取;但由于在全光程差干涉数据获取过程中存在姿态误差,数据处理过程较为复杂。

由于成像光谱仪获得的数据具有"图谱合一"的特点,能提供目标的二维空间信息和一维光谱信息,直接反映出被观测物体的几何影像和理化信息,实现对目标特性的综合探测感知与识别,具有其他遥感技术不可取代的优势,在航空航天遥感、生物医药、宇宙与天文探测、环境与灾害监测、大气探测以及国防安全等领域得到了十分广泛的应用。在某些遥感领域具有更为重要的应用价值。例如,在物质分类、目标识别和定量遥感方面这种价值的体现尤为突出。

4.2.2　高分辨率可见/红外双波段相机技术

可见/红外双波段成像技术就是可见光波段和红外光波段共用一个光学系统的成像技术。可见光载荷成像分辨率高、图像中目标的纹理信息比较清晰、直观性强,但易受光照和天气影响,使用时间受限。红外成像仪可识别热目标、探测距离远,受天气影响较小,能够昼夜工作,但其图像分辨率低、细节表现不丰富。两种载荷各有优缺点,如果相互配合使用,可以各取所长、互补其短。通常情况下,可见光和红外波段光学系统分开独立设计,要实现高性能,则体积、重量都比较大。在机载空间和载重受限的情况下,将可见光、红外波段融合在一个光路里,通过一组光学系统实现可见、红外共光路是一种很好的解决方案。

可见/红外双波段共光路成像技术工作原理如图4-5所示。地面景物反射的可见光/辐射的红外光经过大气传输,通过经主镜、次镜、折转反射镜、分色镜后分为可见光和红外两路,每路光线分别经可见/红外小系统后,分别成像在可见/红外焦面组件的探测器感光面上,通过探测器转换为图像电信号,图像电信号通过图像处理系统处理后,形成图像产品提供应用部门使用。可见光成像部分通过调焦分系统调整因温度、压力及照相距离改变引起的离焦,通过调光分系统调整探测器曝光时间和增益的方式,使图像曝光适度,通过姿态稳定系统补偿成像时飞机飞行过程中的姿态变化和前向像移。

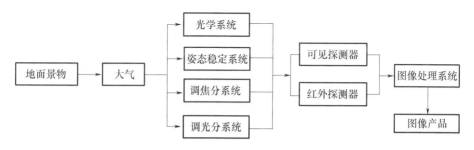

图 4-5　工作原理示意图

实现可见/红外双波段共光路成像技术需要重点解决以下关键技术。

1. 可见/红外共光路非球面光学系统设计技术

可见光、红外二光合一系统,波段宽、共孔径,且受装机条件约束,光学系统设计具有一定的难度,须综合考虑分光方式、结构安排、像移补偿、校正像差、红外谱段探测器冷栏效率、杂散辐射抑制及可见光系统杂散光抑制等诸多因素。从整体结构尺寸布局和光学设计的角度考虑,一般选择同轴反射式两镜系统作为相机共孔径的主系统,采用折反混合式设计思想完成整个可见光/红外双波段共光路系统的设计。在实现可见与红外波段的分光方面,一种常用的设计方法是在共用光路中设置一块反可见、透红外的分色镜。在考虑加工难易程度及其可实现性的前提下,在折反射式系统中适当使用非球面,提高设计质量,可从三个方面着手:①主、次镜面形采用简单非球面,保证非球面的陡度有利于加工、检测所需要的精度,保证光学面形精度要求,在可见光路中的透射镜头中避免使用非球面;②红外光路中,选择适合加工、有利于像差校正的光学表面,在该表面上采用适当的非球面高次项系数,最大限度的发挥所用非球面的像差校正功能,实现非球面加工检测;③主次镜采用高精度补偿器辅助加工、检测,红外高次非球面采用数控金刚石车床进行精密加工,使用轮廓仪多点检测。

2. 相机光机结构轻量化设计制造技术

相机光机结构轻量化设计制造技术主要包括光学元件的材料选择、轻量化结构布局、关键结构件轻量化等三方面内容。

(1)在材料选择方面。由于相机所处的环境条件(如冲击、振动、温度、压力等)复杂,需综合考虑强度、刚度、环境适应能力等多种因素。目前,可选择的材料主要有微晶玻璃、熔石英等玻璃材料,铝、铍等金属材料,以碳化硅(SiC)为代表的新型陶瓷材料等。碳化硅具有很高的弹性模量和比刚度,单位载荷下,结构变形量最小、尺寸稳定性好、镜面抵抗重力及振动带来的变形能力较强,是实现光学元件轻量化的较好选择。

(2)在轻量化结构布局方面。轻量化结构布局主要有三角形、四边形、六边形、圆形和扇形等多种形式(图4-6)。扇形孔一般应用于带有中心孔的圆形反射镜的轻量化,但在越靠近反射镜边缘时,扇形孔就越大,影响反射镜刚度。圆形孔是六边形轻量化孔的简化,加工工艺性很好,但轻量化率低。六边形轻量化孔适用于前后对称封闭式的对称或非对称结构。三角形孔在与六边形、四边形孔保持相同几何尺寸的情况下,增加重量相对较小,面型精度高。因此,扫描反射镜、主镜和次镜主要采用三角形孔形式。

(3)在关键结构件轻量化方面。主要运用 MSC. Patran/Nastran、I-DEAS 及 CODEV 等软件,分析重力、加速度及温度等载荷对光学系统性能的影响,从光

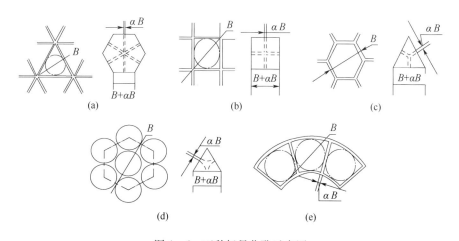

图 4 - 6　五种轻量化孔示意图

（a）三角形孔；（b）四边形孔；（c）六边形孔；（d）圆形孔；（e）扇形孔。

学元件与支撑结构的材料选择和轻量化结构布局、光学元件的支撑方式以及结构参数等方面进行优化设计，在满足光学镜面面形要求及结构强度、刚度的基础上，实现光机结构的轻量化设计。

3. 光学系统温度控制技术

载荷工作在复杂、严酷的环境中，为保证相机的成像质量，应确保相机的温度水平和温度梯度在允许范围内，因此需要采用被动温控措施为主、主动温控措施为辅的方案予以保证。

（1）被动温控措施主要包括：相机内表面贴附聚氨脂绝热材料保温层，阻断相机与外界环境的热交换；所有光学组件的支撑结构形式和材料选择均考虑温度变化的影响，光学元件支撑结构材料的线膨胀系数与光学元件的线膨胀系数相一致，以减小温度变化而引起的热应力；为使得相机内部各组部件的温度均匀，各零件相关部位进行表面发黑处理；将相机内部电气元器件发出的热量通过导热带、热管、风扇传递到相机外部。

（2）主动温控主要通过对载荷采用对流换热和分区加热的方法进行温度控制。对流换热主要是在相机内部相应位置分布若干个热风调节器，分布在相机四周，通过热风调节器吹出一定温度的热风，使相机内的温度均匀。分区加热一般在相机内表面的绝热材料上及相机表面贴附聚酰亚胺薄膜加热器。在加热膜下、相机内部发热区及光学系统温度敏感区，设置温度传感器，采用分区加温控制方式进行温控。

4.2.3　三维激光雷达技术

相对现有可见光学成像技术,三维激光雷达具有以下特点:①具备穿透伪装网及树林等稀疏障碍成像的能力;②支持全天时作业,不受光照条件和太阳角度的影响;③具有实时、高效的数据获取和处理的特点;④主动激光探测,抗电磁干扰能力强。激光雷达作为一种主动三维空间探测手段,由于具备几方面的独特优势,已在城市建设、灾害救援等领域获得了广泛的应用。

三维激光雷达的基本原理是利用激光器向目标发射一个或一系列激光脉冲,探测器接收目标反射的激光回波信号,系统记录激光脉冲从发射到接收的总时间,即可获得目标相对于雷达的空间距离信息,辅以激光指向角度信息可获得目标相对于雷达的空间位置;结合高精度位置和姿态测量系统测得飞机的位置和姿态信息,根据几何原理可计算出目标在大地坐标系下的三维空间坐标,进而获得地面目标的三维图像。

三维激光雷达系统一般由激光发射机、光学收发系统、高精度伺服扫描机构、探测器及控制处理系统等部分组成。当前激光雷达发展的技术趋势是工作距离远,回波信号微弱,且数据更新率要求高。机载激光雷达为提高信息获取速率,逐步从单元向多通道方向发展,探测器构成线阵或面阵等形式通过光机扫描获得更大的覆盖范围。由于多个探测器并行接收,考虑远距离应用,在激光器转换效率没有大幅改进的情况下,对探测器提出了光子量级的灵敏度要求。目前在激光雷达应用中,探测器主要有增强电荷耦合器件(ICCD)、条纹管(Streak Ttube)、光电倍增管(PMT)、雪崩光电二极管(APD)等。

(1)增强电荷耦合器件(ICCD)主要采用窄距离门选通或增益调制实现成像,利用距离门选通实现距离切片,通过多帧累积实现三维图像恢复,或者通过将探测器进行时变增益控制,利用增益与时间相关的方法恢复出距离图像。可借用成熟的CCD处理技术,同时信号处理技术简单,但存在成像速率慢、动态范围小等问题,不适用于高速运动目标或是平台移动场景。

(2)条纹管(Streak Tube)是将光电子聚焦、偏转加速和增强后,以高速线性扫描方式成像于荧光屏上,可同时获得光信号的持续时间和强度分布。激光雷达应用中,为了获得更多的通道数,通常采用光纤重排映射到多个狭缝。采用条纹管可以获得全波形数据,在可见光波段可实现光子量级的探测灵敏度。典型的激光雷达有美国的魔灯水雷探测系统。主要问题是中间环节多、受限于偏转尺寸、分辨率和探测范围相互制约等。

（3）光电倍增管（PMT）是基于外光电效应和二次电子发射效应的电真空器件,利用二次电子发射使光电子倍增,在可见光波段可实现单光子探测,器件响应速度快。典型的激光雷达 Leica SPL100 采用 532nm 激光照射的 100 通道的 PMT 探测。主要问题是外部需要高速电子学处理,不易实现集成,多通道应用系统复杂。

（4）雪崩光电二极管（APD）是一种经过内部特别制备的半导体结构,使器件内部形成一个高电场的雪崩区（倍增区）。光生载流子（电子或空穴）通过雪崩区时被高电场加速,与晶格碰撞产生更多的载流子,形成倍增的光电流信号。其中 Geiger APD 探测器,工作电压高于器件的击穿电压,当光激发产生的载流子通过雪崩区时,会激发持续的雪崩,增益可达百万倍,直至二极管的电压降低到击穿电压以下使得雪崩结束,探测灵敏度高,能实现单光子探测。盖革模式雪崩探测器的读出电路可设计为全数字电路,易于实现大规模集成。主要问题是探测器的死区时间较长,不能与 PMT 相比,不具备光子数分辨能力。

为实现远距离高精度三维激光探测,需在新体制激光雷达总体技术、小型化高效率固体激光技术、高灵敏度阵列探测技术及高速控制处理技术等几个方面突破相关的关键技术。目前国内开展了新体制激光雷达样机研究,开展了飞行试验,获取了原始点云和对应的光学影像图,从图 4 - 7 中可以看出此局域地貌典型特点是地势西高东低,西北部有相对密集的村庄房屋及高层建筑,东南部多平地、稻田、树木。

图 4 - 7　测区原始点云（3000m 航高）及影像图

图 4 - 8 为三维激光雷达获取的某典型建筑物原始点云数据和对应的光学影像图,可以看出该三维激光雷达高程测量精度、空间分辨率较高,与影像图中地物情况很好地匹配。

图 4 - 8　典型目标高程图和影像图

通过机载飞行试验,验证了新体制激光雷达工作原理在远距离高精度激光探测方面的技术可行性,为后续进一步的研究奠定了基础。该种新型激光雷达在国土测绘、水下探测等方面具有广阔的应用前景。

4.2.4　面阵摄影测量技术

面阵摄影测量主要采用大面阵成像技术,增大相机一次成像幅宽,提高作业效率。目前,主要有两种技术途径:一种是多相机捆绑拼接技术;另一种是单镜头单传感器技术。

国外典型大面阵成像相机有美国鹰图公司研制的 DMC 相机和美国威克胜 - 微软空间信息技术有限公司研制的 UltraCam 相机。DMC 相机已发展两代产品,第一代产品为 DMC I 相机,采用多相机捆绑拼接技术,由 4 架 7K × 4K 的面阵 CCD 数码相机按方形排列捆绑而成,光轴彼此向外侧倾斜;第二代产品采用单镜头单传感器技术,典型代表为 DMC II 250,其像元规模达到 17216 × 14656 即 2.52 亿像素。UltraCam 相机采用多相机捆绑拼接技术,典型代表为 UCX 相机,由 4 架面阵 CCD 相机沿直线等间隔排列捆绑而成,光轴彼此平行,在 4 架相机的焦平面上,总计放置了 9 块面阵 CCD,将成像区域分成 9 个方块;该相机的最新型号 UltraCam Eagle(神鹰),能够提供 20010 × 13080 即 2.61 亿像素的超宽幅面。

为实现产权自主,在大面阵 CCD 探测器件引进受限制的条件下,采用光学复合超大面阵 CCD 拼接的技术方案,实现利用多个中等规模 CCD 复合出等效的超大规模面阵 CCD。采用一个镜头,所获影像同时曝光,可做到相机内方位坐标系是唯一投影中心,符合摄影测量原理,满足不同比例尺航空摄影测量技术要求。

光学复合超大面阵 CCD 拼接技术是通过光学视场分割和光学复合来实现的。光学视场分割数由面阵大小总规模和单个 CCD 像元数决定,在此,介绍较为复杂的"12 合 1"面阵 CCD 复合拼接方法。图 4 - 9 为一个 1 分 12 的焦前视场光学分割器示意图,其中,4 个子视场直接透射,2 个子视场向上反射,2 个子视场向下反射,2 个子视场向左反射,2 个子视场向右反射,形成上、下反射和左、右反射及直接透射 12 个空间上彼此分离的子视场。

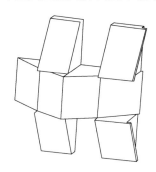

图 4 - 9   1 分 12 的焦前视场光学分割器

每个光学视场后,均对应一块带调整机构的面阵 CCD 数码后背,可进行前后、上下、左右和绕三轴微调,将 12 块带调整机构的面阵 CCD 数码后背与 1 分 12 的焦前光学视场分割器组合,并加装上下、左右和前后定位支架,以便与照相物镜装配。安装面阵 CCD 时,只要调整每个面阵 CCD 相机,使它们分别能够把子图像的轮廓线都成清晰的数字图像即可完成关键装调。"12 合 1"面阵 CCD 图像复合系统如图 4 - 10 所示。

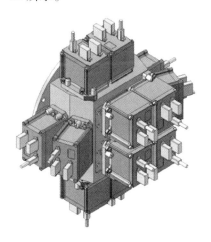

图 4 - 10   "12 合 1"面阵 CCD 图像复合系统

目前已完成该技术体制面阵摄影相机研制,基于国内平台开展了飞行试验,测区范围大小为20km×20km,测区内地形(地物、地貌)具有一定代表性,南部是山区,北部是河流,其中分布山地、居民地、公路铁路和水系河流。按照摄影测量相关规范的要求,完成了测区1:1000比例尺正射影像图(图4-11)和测区DEM(图4-12)等测绘产品制作。

图4-11 测区正射影像图

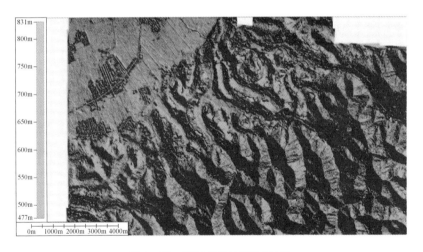

图4-12 测区DEM(部分区域)

飞行试验验证了光学复合超大面阵CCD拼接相机的性能及作业效率,从飞行试验整个过程来看,大面阵摄影测量技术提高了作业效率,获取了大面积、高精度地面影像数据,为后续使用部门开展航空测绘提供了一种有效手段。

4.3　空基高分辨率微波观测技术

4.3.1　高分辨率多功能微波成像技术

传统的合成孔径雷达只能获得静止目标方位向和距离向的二维信息,既无法获得目标的高程信息,也无法对运动目标进行探测与成像。然而,随着应用需求的不断拓展,使用部门对地形地貌、目标高程和地面运动目标检测都提出了迫切的需求,并希望多种功能综合在一起,可根据需要使用不同模式工作。因此在合成孔径雷达技术的基础上发展出了一些新体制雷达。例如,将合成孔径雷达技术与干涉测量技术相结合的 InSAR 技术,不仅可以获得目标的高分辨图像,还可以对目标的高程信息进行测量;将合成孔径雷达技术与 DPCA、ATI等技术相结合的 SAR/GMTI 技术,不仅可以对运动目标进行检测,还可以将运动目标标注在背景地貌的 SAR 图像中,明确该运动目标的地理位置。

高分辨率多功能微波成像雷达将 InSAR、GMTI 功能集成于同一雷达系统中,具有高分辨率聚束、宽幅条带、干涉 SAR、同时 SAR/GMTI、广域 GMTI 等多种工作模式,需重点解决以下关键技术。

1. 超宽带信号产生与分子带接收合成技术

分辨率与信号带宽成反比,分辨率越高,要求的信号带宽越大,信号带宽的获得可以直接产生一个超宽带的信号,也可以通过几个窄带信号进行合成。以 0.1m 分辨率为例,其信号带宽需要至少达到 1.5GHz 以上,直接实现如此大的信号带宽是相当困难的。因此,一般通过子带合成的方法实现超宽带信号产生。超宽带信号接收可采用先分子带接收后中频采样的方案,但子带通道幅相不一致、延时不一致和定时同步等问题均会对宽带信号合成产生不利影响。因此,需要对宽带信号的产生方式、分子带接收合成、子带通道不一致性补偿等技术展开深入研究和关键技术攻关。

2. 高精度运动补偿技术

为实现超高分辨率成像,系统不仅要方位波束展宽,还要再增加方位波束扫描范围,在斜距和载机速度恒定的条件下,合成孔径时间必然会加长,载机平台受气流影响而产生的运动误差将导致方位向脉压性能的恶化。运动误差的估计有两种方法:一种是基于回波数据的运动误差估计方法;另一种是基于惯性测量系统的运动误差估计方法。需要深入研究基于两种方法相结合的高精度运动误差估计,补偿由其引起的方位分辨率损失。

3. 通道一致性设计与补偿技术

检测地面慢速运动目标对雷达通道间的相位一致性要求很严格。多路回波信号分别被多个子波束接收,经过多通道接收机放大,最后由多路 A/D 变换得到数字视频回波。通道间相位不一致及其变化将严重影响固定杂波对消,从而影响动目标的检测。为此,必须在系统设计之初,对通道一致性设计和一致性监视与补偿进行深入论证,寻求最优的且工程可实施的通道一致性测试与补偿方法,并充分考虑通道一致性的在线监测与雷达正常工作方式分时工作的时序流程。

4. SAR 成像算法优选

成像算法是 SAR 信号处理的核心,目前已经有很多成熟的 SAR 成像算法,例如距离多普勒算法(RDA)、距离徙动算法(RMA)、线频调变标算法(CSA)、卷积反投影算法(CBP)和极坐标格式算法(PFA)等,这些算法的核心内容是 MTRC 的校正,但各算法在精度、复杂程度、运算效率等方面各有差异。由于在长的合成孔径时间内雷达平台的机动飞行难以避免,不仅要求算法具有非常高的精度,还要求算法具有自动补偿雷达平台非共面运动的能力。在实际运用中,可根据具体情况,而选择合适的成像算法实现超高分辨率成像。

5. 高精度干涉 SAR 基线测量技术

基线长度和基线倾角测量误差是除了干涉相位误差外,影响干涉高程测量精度的主要误差源。要实现高精度的高程测量精度,对基线测量的精度要求非常高。目前,主要有三种基线测量方案:第一种是刚性基线分布式 POS 测量方案,主要是在一根钢性杆上布设多个 POS,实现基线参数的高精度测量,但受刚性杆长度限制,基线一般较短;第二种是柔性基线分布式 POS 测量方案,其优点是基线长度较长,但受当前技术限制,基线参数测量精度不高;第三种是柔性基线光学测量方案,测量精度较高,基线长度也可较长,但环境适应性较差。因此,在实际应用中,需要结合平台的实际结构和运动情况,对基线配置的方式、基线测量方案和各种误差因素等进行深入的分析和仿真研究,保证高程精度指标的工程可实现性。

6. 高精度高程测量技术

高精度高程测量不仅要求非常高的基线测量精度,还要求干涉相位误差足够小,例如要获得 0.2 ~ 1m 的高程测量精度,需要干涉相位误差小于 1°,这意味着干涉处理过程中,由 SAR 成像(含运动补偿)、图像配准、干涉图滤波和相位展开等多个主要处理环节所累积引入的相位误差要小于 1°,因此,针对干涉

SAR 的每个处理步骤进行技术攻关。另外,干涉 SAR 成像运动补偿对于天线相位中心的改变,进而对基线参数估计的影响也需要开展深入的研究。

4.3.2　高分辨率三维成像 SAR 技术

SAR 三维成像技术是近年来国际上新兴的一种微波成像技术,解决了 SAR 二维成像在高度维成像混叠模糊问题,能够对观测区域目标的三维空间分布进行重建,在地形测绘、环境监测等领域具有巨大的应用潜力。

交轨向分布式阵列天线 SAR 凭借其对观测对象的三维分辨、多基线干涉高程测量以及高分辨率宽幅二维成像能力而受到国际上众多研究机构的广泛重视。美国 Sandia 实验室、美国佐治亚技术大学、德国宇航中心(DLR)、德国 FGAN - HR、法国国防研究计划署以及瑞士苏黎士大学等多个国际上在 SAR 成像研究领域具有重要影响力的研究所和大学都在积极开展与分布式阵列天线 SAR 相关的研究工作,并利用机载 SAR 重过航飞行实验证实了 SAR 三维成像的可行性和优越性。

高分辨率三维成像 SAR 载荷具有高分辨率二维成像、多基线干涉 SAR 高程测量、下视阵列 SAR 三维成像和圆周 SAR 三维成像等多种工作模式,如图 4 - 13 所示。与常规的 SAR 成像雷达相比,分布式阵列天线 SAR 具有以下显著优势:

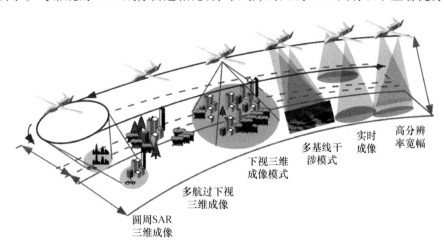

图 4 - 13　分布式阵列天线 SAR 成像模式示意图

(1) 实现对观测区域的高分辨率三维成像,精确获取观测对象的三维空间位置信息和三维散射特性信息,同时还能获取重点关注区域的全方位 360°微波图像。

（2）在干涉 SAR 高程测量中，可以形成多种交轨向干涉基线，同时获取多幅单视复图像，提高干涉相位精度，降低干涉相位解缠的难度，有利于快速获取观测区域的高精度 DEM。

（3）在二维高分辨成像中，可灵活实现方位向多波束和俯仰向多波束功能，在同样飞行高度和作用距离条件下，有利于实现高分辨率宽幅成像。

高分辨率三维成像 SAR 载荷以三维成像为核心，实现对观测区域的高分辨率三维成像，获取目标区域的三维空间位置及其散射特性分布信息；同时利用分布式阵列天线具有的多波束、多孔径、多相位中心等特点，使 SAR 具备高分辨率宽幅二维成像、多基线干涉高精度高程测量的能力，实现观测区域的高精度高程测量和远距离大幅宽高分辨率二维成像，大大提升 SAR 系统的能力。系统研制难度较大，需重点突破以下关键技术。

1. 分布式阵列天线设计技术

为便于交轨分布式阵列天线布设在飞机机翼上，阵列天线的子阵需实现小型化，为使系统具备多种工作模式，子阵应使用两维相扫天线，为缓解阵列延时对阵列方向图的影响并减少子阵间的连线便于工程实现，应进行信号产生、功率放大、数字接收处理、波束控制、内定标、数据传输和控制接口功能一体的雷达集成设计。主要研究内容包括：小型轻量化宽带有源相控子阵天线设计技术，集信号产生、功率放大、数字接收处理和波束控制功能一体的雷达模块技术，分布式阵列天线多收发通道幅相一致性技术等。

2. 基于稀疏采样的数据获取和信号处理方法

为减少系统体积重量，阵列天线需要设计成稀疏的，因此，研究稀疏阵列天线及其信号处理技术具有较强的现实意义。单次航过阵列 SAR 三维成像的交轨分辨率由交轨天线的长度决定的，在高空作业为了获得足够高的交轨分辨率，就需要较长的交轨天线，由此会产生大量的子天线和接收通道，使其应用受到限制。为此，迫切需采用稀疏阵列天线和先进的信号处理技术来降低系统的复杂性，重点研究交轨分布式阵列天线的稀疏优化和孔径综合方法、稀疏重复飞行航迹设计与信号处理方法、稀疏重复飞行高精度数据配准和拼接技术、重复飞行信号幅相一致性技术等。

3. 分布式阵列高精度误差测量与运动补偿技术

分布式阵列天线 SAR 成像时，阵列天线子阵相位中心不仅会影响阵列天线交轨干涉 SAR 高程测量精度，也会影响到高分辨率 SAR 三维成像质量。因此，交轨阵列形变高精度误差需要进行精确的测量，以保证成像所需的相位精度。

但由于天线阵列在飞行过程中不可避免造成天线子阵相位中心之间相对位置的变化,同时其测量设备不能过重,这就迫切需要开展交轨阵列形变高精度误差高精度测量方案的研究,提出阵列形变高精度误差测量方法。主要研究内容包括基于分布式 POS 的阵列天线相位中心误差测量与补偿技术、分布式阵列天线多重复轨道相位中心精确测量与补偿技术、基于地面定标的阵列天线多基线精确标定技术、基于回波数据的 SAR 三维成像运动补偿技术等。

4. 稀疏三维成像技术

分布式阵列天线 SAR 系统通过在交轨向增加多个天线,获得了高度向分辨能力,能够实现对观测区域的三维重建,拓展了 SAR 系统的应用范围,具有阵列和圆周两种三维成像模式。由于阵列 SAR 系统通常采用稀疏阵列天线,这种天线结构通道数量少、系统复杂度低,却同时带来了很强的栅瓣,严重影响了三维重建的效果,且 SAR 三维成像更是在本质上区别于常规成像模式,因此,需重点开展 SAR 图像配准与高分辨率三维成像处理、圆周 SAR 三维成像处理与相位补偿、圆周 SAR 三维成像副瓣抑制等技术研究。

目前国内开展了高分辨率三维成像 SAR 技术研究,并在航高 500 ~ 2000m 条件下进行了飞行试验,获得了建筑等复杂目标三维图像。试验获得某小区的三维成像结果如图 4 – 14 所示,由图中三维重建所得楼前地面、楼体侧面和楼

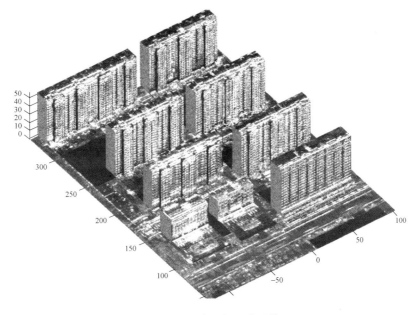

图 4 – 14　建筑物三维图像

顶各自的 SAR 图像可以看到楼前地面和楼体侧面一楼窗体实现了良好的分辨,验证了高分辨率三维成像 SAR 技术。

结合飞行试验情况可知,高分辨率三维成像 SAR 技术具有高精度城市三维测绘能力,可作为一项新的遥感手段为各行业提供更高精度的信息支持。

4.4 通用载荷支撑技术

4.4.1 高精度位置和姿态测量技术

位置和姿态测量系统(Position and Orientation System,POS),是航空对地观测系统中的一种通用载荷,可为各类无人机和有人机对地观测载荷提供高精度位置、速度和姿态基准以及非实时观测数据,满足载荷定位定姿、运动补偿等要求。因此,位置和姿态测量系统是实现高精度航空对地观测系统中必不可少的关键设备。

POS 系统是集全球导航卫星系统(Global Navigation Satellite System,GNSS)技术和惯性导航(Inertial Navigation System,INS)技术于一体的组合导航定位系统,将 GNSS 的长期高精度性能特性与 INS 的短期高精度相结合,很好地弥补两种技术的缺陷,形成性能互补,获得长期精度和短期精度兼顾,稳定可靠的定位定向结果。POS 系统主要由惯性测量单元(IMU)、POS 信息处理系统(PCS)、GNSS 天线三个独立可更换单元组成,如图 4 – 15 所示。

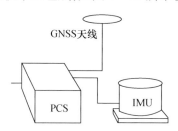

图 4 – 15   典型 POS 系统组成示意图

航空对地观测用 POS 系统与飞机、导弹导航制导的 GNSS/INS 组合导航系统存在一定差别,传统的 GNSS/INS 组合导航系统偏向于导航、制导应用,实时性要求较高,对精度要求不高,通常作为独立系统使用,不与其他载荷交互。而高精度 POS 系统主要用于精确测量任务载荷成像时刻的位置、姿态参数信息,需要和任务载荷固联,不仅需要较高的测量精度,还需要体积重量足够小,既需实时输出,又具有高精度事后处理能力。

国外在遥感载荷发展的牵引下,POS 研究取得了快速发展。美国、加拿大、德国、法国等发达国家具备自主的定位定姿技术及产品,较为知名的品牌有加拿大 Applanix 公司(后被世界最大的 GPS 生产商美国 Trimble 公司收购)的 POS/AV 610、德国 IMAR 公司的 iNAV – RQH – 0018、IGI 公司的 AEROControl、加拿大 NovAtel 公司的 SPAN 系列、法国 IXSEA 公司的 AIRINS。其中,POS/AV 610 代表此类产品的最高水平,其性能参数具体如表 4 – 1 所列。

表 4 – 1　POS/AV 610 产品技术指标(RMS)

模式	单点 GPS (C/A 码)支持	差分 GPS	RTK	事后处理
定位精度/m	1.5 ~ 3.0	0.5 ~ 2.0	0.1 ~ 0.5	0.05 ~ 0.3
速度精度/(m/s)	0.03	0.02	0.01	0.005
姿态精度/(°)	0.005	0.005	0.005	0.0025
航向精度/(°)	0.03	0.03	0.02	0.005
尺寸/(mm × mm × mm)	IMU:163 × 165 × 163,PCS:239 × 158 × 82			
重量/kg	IMU:4.49,PCS:2.54			
功率/W	78(最大,含 IMU)			
对准方式	水平飞行时进行姿态对准,转位 90° 后进行航向对准			

国内在 POS 技术方面,虽然起步较晚,但已经开展了相应的研究工作,并取得了一定的进展。"十一五"以来,国家从不同层次布置了 POS 相关基础理论研究、关键技术攻关及型号研制任务,在平台运动误差高精度估计理论与方法方面取得了创新性理论研究成果,为高分辨率成像对地观测系统的运动补偿提供了理论支撑;对 POS 研制的关键问题进行技术攻关,基于挠性陀螺、光纤陀螺、激光陀螺,研制出三类系列 POS 产品,并与多种成像载荷进行了联合成像应用。目前,虽然取得了阶段性成果,但与国际最高水平仍有一定差距。为实现高精度的 POS 系统,需重点从以下几个方面开展研究。

1. 高精度 POS 总体设计技术

首先,重点构建 POS 系统误差传递模型,研究 POS 系统算法结构及框架设计,结合不同应用环境,构建通用组合导航滤波器模型,满足松散/紧密不同组合方式需要。其次,设计 POS 系统总体架构,针对 POS 系统的总体指标要求对各个主要部件进行性能仿真分析和论证,确定各部件的性能要求。在此基础上结合国内的实际情况,选择合适的惯性器件(陀螺和加速度计)和 GNSS 接收机板卡;根据接口和计算量等因素,选择合适的嵌入式处理器芯片;设计 INS 与 GNSS 信号采集的精密时间同步机制和空间同步机制(即 INS 测量中心到 GNSS 天线中心的杆臂效应补偿);根据对地观测需求和 POS 误差特点,设计任务航线规划准则,以保证 POS 测量精度。

2. 小型高精度 IMU 技术

陀螺和加速度计作为 POS 系统的关键器件之一,其性能将直接影响 POS 系统的姿态和定位精度。依据总体设计中对惯性器件的性能要求,选型或研制满足要求的惯性器件(尤其是陀螺),设计安装支架和接口电路以及合适的壳体,将惯性器件集成为 INS,保证重量不超标;结合高分辨率航空对地观测的环境,以及不同类型惯性器件的具体使用特点,对温度控制方式、抖动控制方式进行设计论证及验证;重点研究高精度 IMU 标定、误差补偿方法,为提高 POS 系统各项精度指标奠定基础,以确保满足高分辨率航空对地观测需求。

3. 高精度 POS 实时信息融合技术

研究基于松散/紧密两种组合模式的组合导航算法及其机械编排,实现基于惯性辅助的载波相位差分模糊度搜索(IARTK)技术,提高 POS 系统差分定位精度及可靠性水平。

研究基于 POS 辅助的动态精密单点(PPP)模糊度搜索算法,解决 GNSS 动态精密单点易受载体大机动及多径干扰影响的问题,提高精密单点算法可靠性,减少模糊度搜索时间及 PPP 定位精度恢复时间。

针对高分辨率航空对地观测应用对 POS 后处理结果的需求,研究反向平滑技术,改善定位定姿结果;针对遥感飞机的运动特点,优化处理算法参数;开发一套完整的后处理数据检查、处理、分析显示和输出的集成应用软件。

4. POS 空中对准与在线标定技术

为提高惯性测量单元测量精度,传统的参数标定方法是在高精度转台上定期进行维护和检校。但是由于航空 POS 使用环境的特殊性,频繁拆卸及定期标定无疑会增加设备使用成本,更需要采用空中对准和在线估计的方法进行标定,这对提高航测效率,缩短 POS 系统的启动时间具有非常重要的意义。

POS 空中对准及在线标定技术主要研究:①利用高精度的 GNSS 位置、速度观测信息对 INS 加速度通道常值漂移进行估计,消除航向及姿态中的稳态误差,延长 POS 设备标定周期;②要研究重力异常引起的姿态误差及其补偿方法,提高 POS 在来回相邻两条航带间的姿态一致性;③结合任务航线规划,研究空中对准算法,并将其集成在 POS 实时导航算法中。

5. 高精度 POS 系统集成技术

基于 POS 总体设计,对各子模块(INS、GNSS 接收板、接口和信号处理板)进行系统集成,进行适当的功能共享,减轻重量、减小体积。各子模块的安装和电气连接要考虑应用现场的振动,保证牢固可靠,避免谐振,达到航空级标准。对系统整体进行抗振抗冲击、系统散热与热平衡、电磁兼容性等方面的设计和优化。由于是用于飞机上,系统的使用安全性要特殊考虑,最终实现 POS 系统的优化集成,保证安全、稳定、可靠。

4.4.2　惯性稳定平台技术

惯性稳定平台是航空对地观测系统中的一型重要通用载荷,其主要功能是支承成像载荷并隔离飞行载体三个方向姿态角运动及外部扰动,使成像载荷视轴在惯性空间内始终跟踪并垂直于当地水平,配合高精度位置和姿态测量载荷,提高成像分辨率。

惯性稳定平台一般采用多框架嵌套的结构形式,通过转轴相互正交的多个框架实现对载机三个转动自由度的运动隔离。航空遥感惯性稳定平台的一般结构如图 4-16 所示,主要包括横滚框、俯仰框和方位框。外框为横滚框,通过基座与飞机相连,其相对飞机的转动方向沿着飞机的主轴。中框为俯仰框,其相对外框的转动方向与飞机的主轴相垂直。内框为方位框,其相对中框的转动方向沿着相机的视轴。横滚框和俯仰框用于隔离飞机的横滚运动和俯仰运动,方位框用于保持相机的方位姿态,POS 为惯性稳定平台的控制系统提供姿态基准,同时记录成像时刻载荷的空间位置和姿态信息,用于遥感图像的后期校正和拼接。

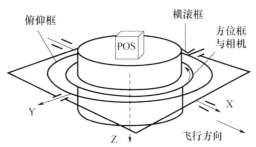

图 4-16　航空遥感惯性稳定平台一般结构形式

国外在惯性稳定平台技术方面一直处于领先地位,已形成系列产品并成功应用于军事和民用领域。具有典型代表性的产品有瑞士 Leica 公司的 PAV30

和 PAV80、德国 Somag 公司的 GSM3000、美国 Z/I imaging 公司的 T – AS,其中,PAV80 惯性稳定平台代表此类平台的最高水平,具体性能参数如表 4 – 2 所列。

表 4 – 2　国外惯性稳定平台主要性能参数

型号		PAV30	PAV80	GSM3000	T – AS
稳定范围/(°)	俯仰	±5	– 8 ~ +6	±5	±5
	横滚		±7		
	方位	±30	±30	±25	±6.5
光轴垂直指向偏差/(°)		±0.5	±0.02	±0.2	<0.5(RMS)
功耗/W	平均	150	30	90	140
	最大	400	250	300	–
供电/V		24.5 ~ 29.5	22.0 ~ 30.3	21 ~ 30	28
工作温度/(℃)		– 25 ~ 50	– 20 ~ 55	– 25 ~ 40	– 40 ~ 50
最大承载/kg		100	100	120	110
重量/kg		34	36	35	48
尺寸/(mm × mm × mm)		680 ×565 ×155	673 ×532 ×168	614 ×617 ×183	620 ×540 ×230

目前,国际上用于对地观测的惯性稳定平台均属机械式,存在机械轴系摩擦及传动系统误差等因素,难以实现高精度控制。而磁轴承支承技术可实现无摩擦、能有效主动抑制振动,具有高精度、长寿命等优点,可较好弥补机械轴承不足。用磁轴承替代框架间的机械轴承以消除摩擦力是提高稳定平台性能的一种有效途径。20 世纪 80 年代末,美国 Aura 公司制造出了单轴的混合磁轴承框架验证系统,实现了用 11kg 磁轴承承载 45kg 有效载荷,在基座摇摆 10Hz@2.2°的条件下,视轴稳定精度为 1″。后期进行减重改进后,研制出了航向永磁轴承 – 俯仰机械轴承的框架系统,实现了 0.157kg 的磁轴承承载 11kg 的载荷,并进行了试验验证。该研究表明,用磁轴承作为框架间连接轴承是消除摩擦干扰的有效方法。磁悬浮惯性稳定平台涉及的关键技术主要包括以下几个方面。

1. 磁悬浮惯性稳定平台结构优化设计技术

磁悬浮稳定平台是一个复杂的机电耦合系统,包含三个相互耦合的框架系统,其总体优化设计是在给定的最大负载、角速度、角加速度等主要性能指标的约束下,通过优化设计,使惯性稳定平台质量达到最小,性能指标最优。其中磁轴承优化设计和框架结构优化设计是系统总体设计的重点和难点。

2. 大承载力高性能磁悬浮支承技术

磁轴承作为载荷和方位框的支承系统,本身也是一个非常复杂的机械电气系统,其支承特性决定着整个稳定平台系统的动力学特性及功能实现。航空对地观测惯性稳定平台对磁轴承承载力要求高、体积和重量约束苛刻,其结构设计与装配难度大。此外,为降低系统功耗,要求磁轴承和控制系统功耗要小。因此,磁轴承结构设计与控制是磁悬浮惯性稳定需要解决的核心关键技术。

3. 大力矩高精度驱动技术

磁悬浮惯性稳定平台的动态性能对安装在其上的任务载荷的稳定精度有直接的影响,是决定任务载荷能否在行进间动态使用的关键问题之一。惯性稳定平台需要满足不同任务载荷和飞行平台的需求,其框架伺服系统需具备很好的适应性和通用性。特别是俯仰框与方位框通过磁轴承无接触连接,为避免影响磁悬浮系统的工作,方位框只能采用大力矩直接驱动形式,对驱动系统结构设计和伺服控制提出了更高的要求。

4. 二级稳定协同控制策略与耦合效应抑制技术

磁悬浮惯性稳定平台的二级稳定能力是基于磁轴承的主动可控性,框架与磁轴承之间的协同控制与耦合效应抑制的效果是决定平台系统二级稳定能力的根本。从宏观上讲,磁悬浮惯性稳定平台二级稳定原理似乎很简单,但是实际设计中这涉及到框架系统与磁轴承系统之间协同控制策略的问题。如果协同控制策略设计得好,可以有效提高稳定平台精度;反之,如果设计不合理,整体系统性能可能出现恶化,甚至不稳定。磁轴承的引入为惯性稳定平台性能提升提供了条件,但同时也使系统的工作原理发生了新的变化,系统的控制面临许多新的挑战。

5. 主动隔振技术

磁悬浮惯性稳定平台的主动隔振能力充分利用了磁轴承的主动可控性,这既是它的一大优点,同时也是难点。它难在进行主动隔振控制的同时,还要保持平台载荷的惯性姿态高精度稳定。此外,解决主动隔振控制参数对不同任务载荷和飞行平台的适应性也是一大难题。

6. 方位框锁紧技术

由于自由悬浮的需要,磁悬浮惯性稳定平台的方位框与俯仰框,即磁轴承的定子与转子之间存在缝隙。因此就需要锁紧机构在载体大角度机动时消除间隙、锁紧转子,减小磁悬浮惯性稳定平台及载荷在恶劣环境下所受的振动和冲击载荷。在载荷需要工作时通过指令解锁,使磁悬浮惯性稳定平台能正常工作。磁悬浮惯性稳定平台方位框(磁轴承)锁紧技术是保证稳定平台载荷安全的关键技术。

第5章

地面系统技术

 5.1 地面系统概述

5.1.1 系统组成

地面系统是高分专项对地观测体系的重要组成部分,在国家经济建设和信息安全保障方面,提供对天基、临近空间、航空等资源统筹管理应用的地面系统支撑。随着信息技术的飞速发展,云计算、大数据、人工智能、移动互联网等信息技术日趋成熟,地面系统利用人工智能、大数据、互联网、云计算等高新技术,统筹一体化天临空资源、构建网络化资源管控、实现自动化数据处理和专业产品生产、完善服务化数据共享平台,提供智能化多源信息整合分析应用,提升遥感对典型应用的支持能力。

地面系统主要由任务管控、数据接收、定标与质量评定、信息处理、资源共享与服务、机动接收处理和数据安全交换等七部分组成,通过国土资源、农林牧、海洋、军事等资源共享与服务建设,推动对地观测资源在各行业的共享应用,如图 5 - 1 所示。

其中,任务管控、数据接收、定标与质量评定和信息处理作为地面系统的基础组成部分,主要完成对遥感数据的需求筹划、任务规划、数据接收、基础数据处理、专题信息生产等服务。

机动接收处理主要为响应用户多样化任务及抢险救灾等提供应急信息服务,可独立完成对天基、临近空间、航空观测平台的应急任务管控、数据接收与测控、数据存储与管理、数据备份、信息处理、信息分发等任务的快速高效工作

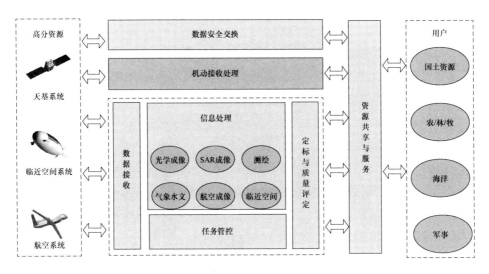

图 5 - 1　高分专项地面系统组成

模式,用于提高应急情况下信息保障的时效性。

数据安全交换主要是面向各行业用户需求,实现遥感数据的安全交换与互补,为我国数据安全和遥感应用提供必要的信息保障。

资源共享与服务是作为连接内部与外部其他系统的数据交换中枢,是一个用户共用、分布式部署的空间信息存储、管理、处理、分发、共享和服务平台,主要通过结合现有天地优势资源,建设天地资源一体化互连互通信息平台,实现天基信息与各业务信息网的互连互通和资源共享。

5.1.2　技术体制

地面系统主要是打造一个面向全国、分布式、可互联互通、互操作的信息资源综合应用体系,从技术体制上引领新一代对地观测地面系统的技术发展,并以对地观测信息为核心,建立实用化的具有"对等网络、通用平台、虚拟整合、有序共享、综合应用"等技术特点的信息资源综合应用系统,该系统可按需统筹任务规划,并接收、处理、分发来自于天基、临近空间、航空等对地观测信息获取平台的数据,通过分布式资源共享与服务,将各用户节点联系在一个信息栅格中,实现测绘、气象水文、灾害监测、环境监测、城市监测等多种信息的横向集成,以及各类信息面向全国的分级有序共享和应用支撑(图 5 -2)。

地面系统的建设将使我国对地观测信息保障和应用的技术水平提升到一个新的高度,主要体现在以下四个方面:

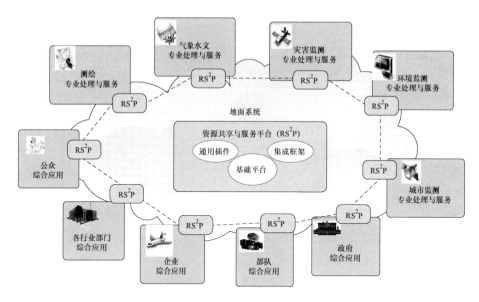

图 5-2　地面系统框架蓝图

（1）对等网络架构：地面系统采用分布式、多中心的对等网络体系架构，以资源共享与服务平台为基础，基于统一的标准和规范，构建一个通用、开放、可扩展的信息资源综合应用系统体系框架。

（2）数据虚拟整合：地面系统基于统一的时空基准和地理空间框架，对各类数据、产品、知识等数据资源进行统一组织、展现和分层管理，通过资源共享与服务平台，将物理上分散的各节点资源虚拟整合成统一、透明的全局资源视图。

（3）资源共享与服务：地面系统通过统一的资源共享与服务平台，提供便捷发现和使用高效的共享应用手段，支持授权用户的按需、分级、有序共享，优化数据资源的使用模式，提升各类资源的使用效能。

（4）信息综合应用：地面系统将基于统一的软件平台框架，实现资源调度、数据管理和综合应用的统一集成，并针对各用户等具体典型任务，支持多专业综合应用的定制、扩展。

5.1.3　工作流程

高分专项地面系统技术流程包括用户发起对地观测需求、需求受理、任务规划、计划生成、数据接收、基础数据处理、专业信息处理、数据组织管理、数据共享分发等主要阶段，主要工作流程如图 5-3 所示。

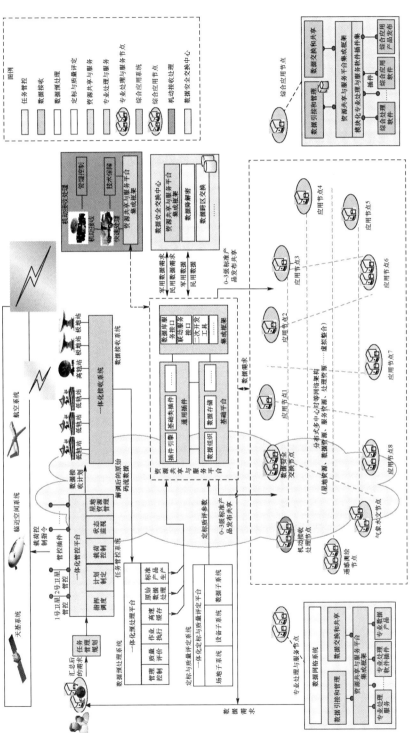

图5-3　地面系统框架视图

（1）用户节点登录,检索资源,当存档的各类各级数据资源未能满足需求时,用户通过资源共享与服务平台在线提出对地观测任务需求。

（2）综合各用户需求,形成需求规划提交到任务管控,任务管控根据载荷信息和中继资源,制定对地观测任务和地面接收计划,并反馈给相应用户节点。

（3）根据接收计划,中继资源和数据接收共同配合,统筹完成对地观测数据接收,数据接收完成数据解调处理后传送给基础数据处理,同时定期开展定标与质量评定。

（4）基础数据处理进行原始数据处理和 0～3 级数据产品生产,数据节点基于资源共享与服务平台统一框架,对标准数据产品进行统一组织管理,并对分布式资源进行虚拟化整合,向各用户节点进行发布共享。

（5）专业信息处理与服务生产高级信息产品,综合应用技术生产综合应用产品,各数据节点及时共享标准数据产品、高级信息产品、综合应用产品。

（6）应急任务情况下,机动接收处理在获得授权后,可直接接收天基、临近空间、航空对地观测数据,快速处理后分发区域内综合应用终端。

（7）数据建立业务化交换渠道,各部门地面应用利用数据交换技术,实现基础数据产品交换和观测资源互补调配使用。

5.2 任务管控技术

任务管控技术是任务指控系统和星地管控系统中重要处理技术,完成用户需求的多任务规划、星地资源使用的统一管理、协调和调度,星地资源状态及运行态势监视以及地面站资源智能化运维管理,实现星地资源的一体化规划、调度与运用,主要包括多星多任务筹划协同技术、基于分层协同任务规划架构的多星统筹规划与调度技术、应急任务动态调整规划等关键技术。

5.2.1 任务管控流程

任务管控面向各类任务的常规业务和应急业务,其技术流程具体实现步骤如图 5-4 所示。

常规业务流程具体实现步骤如下:

（1）受理汇总各类用户对地观测任务需求,进行观测需求分析与筹划,进行协同任务分配,形成对地观测任务。

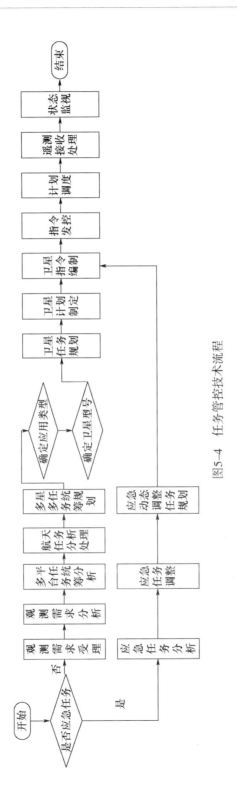

图5-4　任务管控技术流程

（2）对多平台任务进行统筹分析，综合考虑观测要求与平台观测能力，将观测任务分配到观测平台。

（3）综合对地观测任务、卫星运行状态及载荷资源使用、星地资源信息等情况，对航天对地观测任务进行分析和分解处理。

（4）进行对地观测任务综合统筹规划，根据任务需要和资源状态分配星地资源，消解星间任务冲突以及中继系统数据传输、地面站数据接收冲突。

（5）依据各卫星具体工作模式与使用约束进行单星任务优化调度，消解载荷任务冲突以及数据接收冲突，生成任务规划方案。

（6）依据任务规划方案，确定各卫星的载荷动作序列与工作参数，制定各卫星有效载荷控制计划、数据接收计划等工作业务计划，对各卫星任务计划进行检验。

（7）依据有效载荷控制计划，编制各卫星控制遥控指令，发送至测控模块实施上注。

（8）将各工作业务计划下达到相关部分，控制任务执行。

（9）进行任务执行状态、平台运行状态与卫星运行状态监视。

应急业务流程需要在卫星指令编制之前实现，具体操作步骤如下：

（1）受理应急对地观测任务。

（2）进行应急任务访问分析，综合当前任务安排情况与执行情况，进行应急任务使用的接收资源调整。

（3）基于已有任务规划方案，针对应急任务动态调整任务规划，生成调整后的任务规划方案。

（4）按照常规业务流程完成卫星指令编制之后的任务。

5.2.2　任务管控平台技术

任务管控平台是基于基础软硬件支撑环境，依托基础平台的各类管理能力，实现卫星任务管控的基础和框架支撑功能。任务管控平台技术由软硬件支撑环境、基础平台、集成框架技术和通用技术四个部分组成，如图 5 - 5 所示。

1. 软硬件支撑环境

软硬件支撑环境提供任务管控平台运行所需的操作系统、数据库、中间件、网络、存储、计算、安控等基础设施。

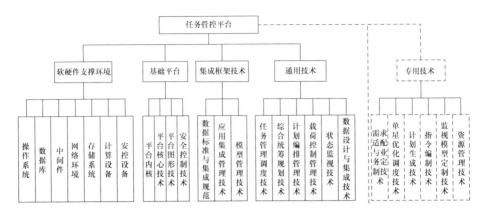

图 5 - 5　任务管控平台技术组成框图

2. 基础平台

基础平台按照统一标准、统筹共性的原则,提供任务管控平台底层基础共用功能,主要包括平台内核、平台核心技术、平台图形技术和安全控制技术。

1)平台内核

平台内核是构成任务管控平台最基础的公用功能,提供通用技术和专用技术调用,包括数据存取管理、消息收发处理、文件收发处理、数据交换、软件运行配置管理、日志记录、基础界面显示、模型管理、运行状态收集上报等。模型基于平台内核开发,具备良好的开放性、可集成性和可扩展性。

2)平台核心技术

平台核心技术主要为快速构建所必需的核心系统服务技术,在平台内核的基础上实现数据持久化访问、总线服务等技术。

3)平台图形技术

平台图形技术主要创建任务管控基础界面显示,在平台内核的基础之上实现二/三维 GIS 显示、报表显示、界面集成等技术。

4)安全控制技术

安全控制技术实现用户认证信息的统一加密管理和灵活的权限管理。

3. 集成框架技术

集成框架实现基础平台的平台内核和各模型的管理和集成,提供任务管控平台集成和操作使用的方法,为平台的界面框架集成、总线集成管理、流程定制扩展提供支撑。集成框架技术包括数据标准与集成规范、应用集成管理技术和模型管理技术。

1）数据标准与集成规范

提供平台运行所需的基础数据标准,以及支持操作使用及调用的统一集成规范。

2）应用集成管理技术

基于不同业务的操作使用特点,提供平台内核、通用技术及专用技术的集成方法,满足操作使用、系统定制、配置部署等使用要求。

3）模型管理技术

负责各类模型的统一管理,提供注册发布、查询浏览、更新提示、下载安装、集成运行等功能。

4. 通用技术

通用技术在软硬件支持环境基础之上,依托基础平台提供的各类管理能力,实现卫星任务管控的共性基础和框架支撑功能,任务管控平台技术支持扩展型号卫星专用技术,实现个性化的任务管控业务功能的定制和扩展。主要包括任务管理调度技术、综合统筹规划技术、计划编排管理技术和载荷控制管理技术。

1）任务管理调度技术

以服务国家为主体,面向全国各行业为精细观测、快速观测、连续观测、引导观测等任务提供航天信息支持,实现任务在线受理和智能分析,实时信息发布,并指挥调度卫星业务运行,协调中继和接收任务运行,包括任务受理与分析、业务调度、任务管理、业务监视、信息交换等。

2）综合统筹规划技术

进行多资源多任务综合统筹规划,优化分配星地资源,消除星间任务冲突、载荷任务冲突以及中继系统数据传输、地面站数据接收冲突,生成对地观测技术,并进行推演显示,提供各类任务规划算法,提供各类轨道计算。

3）计划编排管理技术

满足面向动态任务的实时运行要求与高分辨率卫星精确控制要求,依据各类卫星载荷特点、工作模式和使用约束,编制各类卫星工作业务计划,实现精细化确定卫星计划参数,包括计划制定流程管理、任务规划方案获取、计划制定基础数据获取、计划制定模式控制、计划精确计算、各类卫星通用计划约束检验、计划信息管理、计划生成、计划二维图形显示、计划推演、精细化成像控制参数服务等。

4）载荷控制管理技术

满足面向动态任务的实时运行要求与高分辨率卫星精确控制要求,依据各类卫星载荷特点、工作模式和指令编制准则,编制各类卫星遥控指令,确保卫星载荷全生命周期的动作精确控制与安全使用,依据卫星工作业务计划编制载荷控制指令,实现各类卫星载荷管理,包括载荷控制计划管理、载荷控制初始化、指令编制、链路维护、指令比对、指令反演、指令发控、指令模板管理等。

5）状态监视技术

保障星地资源的安全运行,保障任务的顺利执行与快速调整,实现实时监视卫星运行状态,精准监视设备和任务执行状况,随时掌控业务运行动态,为任务的快速动态调整与快速响应提供支撑,包括卫星运行显示、遥测数据处理、遥测模板管理、遥测数据管理、设备模型管理、业务模型管理、监控信息管理、监视数据处理、业务流程监视、状态显示等。

5.2.3　任务管控关键技术

1. 多星多任务筹划协同技术

多星多任务筹划协同技术考虑多用户多类型观测需求,基于对各类卫星的覆盖范围与观测能力的分析,各类卫星协同配合关系,考虑观测任务的应用类型、观测要求与时效要求,进行统筹分析匹配,解决多星任务协同配合、多类型任务与平台能力匹配等资源优化调配问题,将任务从顶层进行统筹分配,从顶层解决多用户多类型观测需求的协同配合等综合应用问题,一方面,提高了天地资源的综合使用效益,实现了综合应用任务的调配能力,另一方面,下层各应用类型任务规划按照各自的分工,各司其职。

用户提交任务后,根据任务观测要求与各卫星观测能力,进行多星任务统筹分析,解决卫星间任务冲突与协同任务观测资源分配,将观测任务预分配到确定的观测资源与观测时间窗口。首先进行任务分析分解,基于层级任务网络规划设计思想,建立多用户需求快速筹划模型,采用层级任务网络规划技术对复杂任务进行优化分解,对模糊需求进行智能化分析,转换为确定任务,对协同任务采用协同模式配合模板,匹配与规则推理方法进行多星协同配合任务分解,过程中要考虑各卫星的观测能力与粗略的使用约束,最终将待规划任务预先安排到适合的卫星与适合的观测时段,针对协同任务优化安排适合的卫星观测序列,针对区域任务优化安排适合的卫星观测条带序列,生成观测元任务,即卫星可一次观测完成并明确观测时间与观测方式的任务,作为后续任务规划工作的基础。

上层协同任务预规划主要依据任务观测要求、资源特性对任务、数传资源进行统筹分配,是进行底层任务规划的基础。任务分配将影响接收资源的分配,接收资源分配必须在任务分配基础上进行,接收资源的分配反过来又影响任务的分配,是一个反复迭代优化的过程。因此,将上层协同任务规划问题划分为任务协同分配和接收资源协同分配两个相互关联的子问题,以期最大化任务收益,具体如图 5-6 所示。

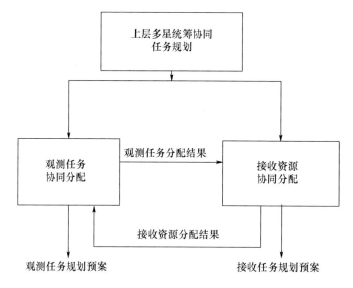

图 5-6 上层协同任务预规划问题组成

2. 基于分层协同任务规划架构的多星统筹规划与调度技术

为最优化资源利用,现有卫星系统一般都采用集中任务规划方式,对所辖资源进行集中统一规划调度。当卫星数量、任务数量、资源数量大幅增加时,集中任务规划问题的复杂程度将呈指数级增长。因此,面对复杂的多用户多类型需求卫星多样的观测能力与使用模式,需要对问题进行分层分解处理,并建立有效的分层和并行协同运行机制(图 5-7)。基于分层动态任务管控体系架构的多星统筹规划与调度技术采用分层规划调度的思想,完成集中式的任务统筹管理与分布式的并行协作任务规划架构设计,突破多星统筹规划技术,建立分层协作策略和机制,实现将任务需求合理分配到不同卫星或卫星系统。

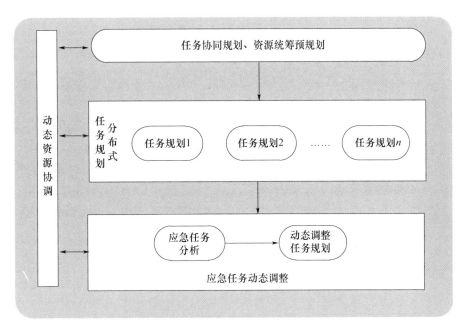

图 5 – 7　分层动态任务管控体系架构

　　任务管控采用分层分布式协作运行机制与统筹任务规划架构,可以实现多星协同任务分配、接收资源统筹分配与单星任务规划进行分层与逐级分解,并构建协调机制进行层级间的相互关联。

　　任务管控的协同规划过程分为上层的多星任务统筹预规划、接收资源统筹预分配,以及下层的各单星任务调度相互结合、松散耦合、相互协作的优化决策过程。在协同规划的上层,不关注具体卫星的个性化使用约束,只考虑各卫星通用的基本约束;主要关注卫星间任务的调配与接收资源统筹使用,集中统筹解决了多星多站资源的使用冲突,实现了各类天基资源统筹使用,并为后续测控资源、接收资源的融合共享使用奠定了技术基础。在协同规划的下层,各卫星间任务与资源的冲突已被上层消解。因此,利用分布式异步协作方式,实现了卫星进行分组或单星优化调度,且支持多名值班人员分工协作完成多星任务规划工作,提高了值班工作效率,发挥了各星的使用效能,减低了应急任务调整的影响范围,提升了任务动态调整效率。

3. 应急任务动态调整规划

　　在应急模式下,针对用户提出的应急观测需求,首先完成预规划,通过分析高分和主要卫星的观测能力,初步分配可由卫星系统完成的观测任务。对分配给卫星的任务,采用快速有效的动态调度手段,对突发任务进行快速响应。

1)应急调度问题的任务划分

在动态调度问题中,往往包含着多种任务类型。在每个突发任务调度决策点,拟将所有任务划分为已完成任务、已安排任务及新任务,如图 5 – 8 所示。已完成任务在后续时刻将不再考虑,已安排任务表示在当前调度方案中尚未执行的任务,新任务指的是新到达突发任务。

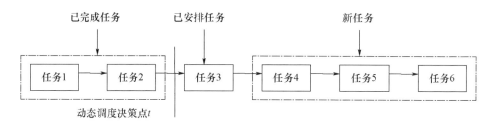

图 5 – 8 动态调度问题的任务划分

2)面向应急任务的应急调度模型

对面向应急任务的应急调度研究,关键是将应急调度的工程需求与调度的优化目标转化为数学化、规范化的描述模型。参考现有成像卫星应急调度问题的研究成果,面向应急任务的高分任务管控分系统应急调度问题,可以用动态约束满足模型进行建模,且是一个过度约束问题。

在对应急任务进行分析与描述的基础上,拟采用动态约束满足问题对面向应急任务调度问题的实现进行建模。在对问题的描述过程中,通过对应急任务进行描述建立调度问题的任务模型;通过对历史调度方案及使用约束的有效描述实现问题的资源模型;通过对应急任务的有效观测窗口进行充分的描述建立问题的活动模型。问题的任务模型、资源模型与活动模型共同构建一个完整的动态约束满足问题模型。

3)面向应急任务的动态调度方法

针对面向应急任务的动态调度问题的复杂性,结合动态规划相关的方法,参考动态约束满足问题的研究成果,拟采用基于局部修改的递进规划算法来求解面向应急任务的动态任务调度模型。该算法由问题初始化、确定冲突任务集、安排冲突任务、冲突检测等操作组成,其基本流程如图 5 – 9 所示。

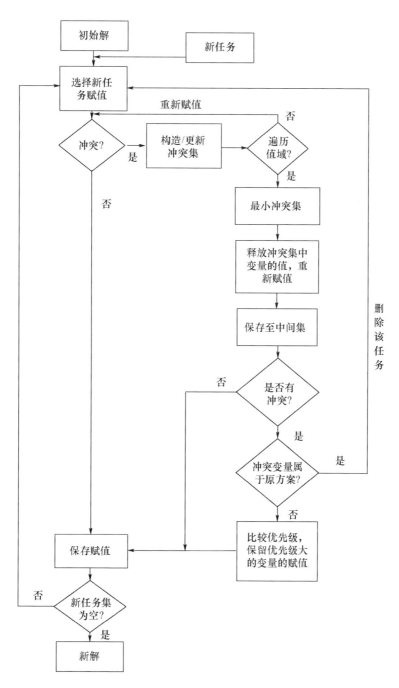

图 5-9　基于局部修改的递进规划算法基本流程

5.3 数据接收技术

数据接收技术主要基于统一的地面接收网,接收天基卫星、平流层飞艇以及无人机的原始数据,利用一体化跟踪接收技术、高码速率数据接收工程实现技术和多频段共用天线接收技术等关键技术实现接收各类高分资源对地观测数据的任务。下面以卫星数据 S/X/Ka 频段信号接收为例,阐述数据接收工作原理及技术流程。

5.3.1 数据跟踪接收原理

1. 天线系统组成

天线系统可对轨道高度大于 200km 的任何低轨卫星的 S/X/Ka 频段信号实现无盲区高性能跟踪和接收数据。天线系统主要由天馈分系统、机械结构分系统、伺服监控分系统、跟踪接收分系统以及天线罩(局部)组成。

天馈分系统主要包括卡塞格伦主副反射面、S/X/Ka 组合馈源。

机械结构分系统主要包括反射面背架结构、A-E-T 三轴式天线座架、方位驱动装置、俯仰驱动装置、倾斜驱动装置。

伺服监控分系统主要包括:天线控制单元(ACU)及软件、天线驱动单元(ADU)、方位轴角传感器、俯仰轴角传感器、倾斜轴角传感器、极化控制单元、安全保护链、监控接口、时统接口、人机接口以及整机结构。

跟踪接收分系统包括 S、X、Ka 频段低噪声放大器(LNA),S、X、Ka 频段和差通道合成变频器、L 频段接收单元、跟踪解调终端等。

天线系统的组成及原理框图如图 5-10 所示。

2. 天线系统工作原理

卫星下行的 S/X/Ka 频段电磁波信号,入射到天线主反射面后,聚焦反射到副反射面,又经副反射面聚焦反射后进入 S/X/Ka 频段馈源照射器(复合喇叭),进入馈源复合喇叭的 S/X/Ka 频段信号,通过各自的微波网络,传输到相应的输出端口。S/X/Ka 频段的能量信号输出分和信号与差信号,和信号与差信号的输出端口有左旋圆极化端口和右旋圆极化端口。当卫星偏离天线轴向后就会有差信号输出,跟踪接收机对差信号与和信号处理解调后,输出方位差信号、俯仰差信号到伺服单元,伺服单元驱动天线对准卫星。

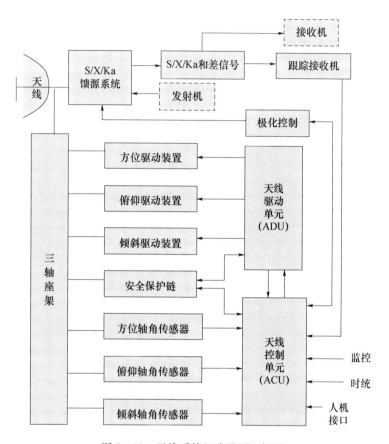

图 5 - 10 天线系统组成及原理框图

5.3.2 数据接收流程

数据接收流程如图 5 - 11 所示,具体实现步骤如下:

(1)数据接收系统的运行管理单元接收星地管控系统下达的数据载荷跟踪接收计划和瞬时轨道根数。

(2)运行管理单元经冲突检测和任务分配,并向星地管控和站网管理反馈跟踪接收计划确认信息。

(3)运行管理向天线跟踪下发天线引导数据,向原始数据记录下发设备配置信息,向原始数据记录下发数据接收计划。

(4)天线跟踪根据天线引导数据跟踪、接收卫星下传的 Ka、X 和 S 频段的射频信号,并将射频信号发送给信道。

(5)信道将接收到的卫星数据进行放大、变频等处理,将处理后的中频信

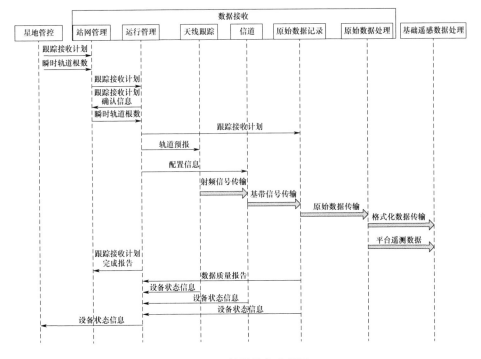

图 5－11 数据接收流程图

号送往解调器进行解调译码,并传输至原始数据记录。

（6）原始数据记录解调器输出的原始数据,并形成数据质量报告,将数据质量报告、计划完成报告上报给运行管理。

（7）原始数据处理进行原始数据的接收、解密、格式解析、解压缩、格式化数据记录等处理,并将格式化数据传输至基础数据处理。

（8）接收完成后,运行管理将跟踪接收计划完成报告发送给星地管控系统。

（9）天线跟踪、信道、原始数据记录、原始数据处理在跟踪接收卫星过程中,实时将设备状态信息上报给运行管理及站网管理。

5.3.3 数据高速接收关键技术

1. 一体化跟踪接收技术

一体化跟踪接收技术是利用跟踪接收机(工作原理如图 5－12 所示)和大中型的天线,采用室外多频接收解调加室内监控显示的结构形式,其中室外部分安装在天线高频箱内,室内部分安装在机房内伺服机柜上,中间通过屏蔽CAN 总线电缆连接。其中室外部分又分 Ka 频段载波信号跟踪解调通道、X 频段载波信号跟踪解调通道和 S 频段载波信号跟踪解调通道,三通道同时接收解调,最后由天线伺服控制扩展单元切换输出到伺服系统,这样能最大限度减小 Ka、X 频段和 S 频段切换时,天线捕获跟踪的时间。

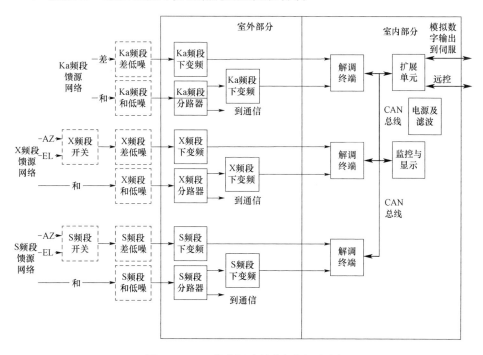

图 5-12　一体化跟踪接收机原理框图

　　S/X/Ka 频段馈源网络输出的差信号与和信号各自经低噪声放大器放大后进入接收下变频,输出和差中频信号送解调终端,解调终端通过双通道自跟踪解调,输出方位与俯仰误差电压,并同时实现校相。

　　室外的解调终端与室内的监控单元和扩展单元同在一个 CAN 总线网络上,室内外信息通过一个 CAN 总线传输。解调终端输出的误差信号、锁定信号及各种状态参数经 CAN 总线送到监控单元和扩展单元,进行状态显示、电平变换、D/A 变换、频段切换后输出到伺服。经面板输入和远控输入的控制参数经监控单元处理后,经 CAN 总线送到解调终端,其中 Ka 频段和 S/X 频段 BDC 的控制参数通过解调终端转发。

2. 高码速率数据接收工程实现技术

　　高码速率数据接收的工程实现应该是从射频、中频至基带的一体化解决,将从天线跟踪、变频通道、高速解调至原始数据记录等几方面开展工程化实现:

1）Ka 频段跟踪工程化实现

在继承高分专项 Ka 频段天线关键技术研究成果的基础上,优化 Ka 频段跟踪流程,完善天线自动测试及故障诊断设计,提升 Ka 频段稳定跟踪能力。

2）Ka 频段备份接收

在站址布局上,充分考虑 Ka 频段雨衰较大的情况,通过在同区域内部署两幅以上接收天线,利用暴雨覆盖区域不超过 20km 的气象特点,实现双天线备份接收,提高 Ka 频段卫星接收可靠性。

3）宽带信道工程化实现

利用 Simulink 仿真实现对系统解调损耗的合理分解,并据此确定信道主要参数设计指标,包括相位噪声、群时延及平坦度,并在系统联试前提前开展宽带信道仿真验证,根据验证结果开展信道参数调优。

4）高速解调工程化实现

结合信道开展中频解调联试,根据联试结果确定高速解调器均衡器设置参数,并验证信号多普勒变化率、比特同步捕获范围等工程化指标。

5）原始数据记录工程化实现

验证解调器与原始数据记录高速传输接口的稳定性,通过实际网络吞吐率优化缓存设置,并通过合理设计日志、质量分析报告实现记录过程的全方位监视。

3. 多频段共用天线接收技术

采用组合型 S/X/Ka 三频段馈源方案来实现多频段共用天线。通过优化设计,将四喇叭 S 频段馈源、四喇叭 X 频段馈源以及 Ka 频段单喇叭组合在一起,形成组合型 S/X/Ka 三频馈源。各频段馈电网络和喇叭相互独立,且可提供对副反射面边缘的理想照射,从而实现 S/X/Ka 三频段高性能同时工作。

Ka、X 频段负担高速数据传输,为进一步提高传输速率,需实行频谱复用也就是极化复用,双极化同时工作,为避免两极化间相互影响,天线要有足够的交叉极化隔离度,采用组合馈源,两频段几乎不相互影响,所以交叉极化隔离度几乎等于单频天线的值,采用提高反射面精度和反射体刚度,精密加工馈源网络,提高圆极化器的移相准确度和正交模耦合器的正交性,轴比值可达到 0.8dB,天线交叉极化隔离度可达到 26.7dB。

S、X 都是组合馈源,由于是多喇叭系统,所以在制造和安装上存在不一致的情况,可能造成相位不一致,导致差波束中心与其他频段不一致,X 波段由于频率较高,情况更加明显,需要在加工中控制精度,安装时进行准确定位,同时使用可调装置,进行调整保证全频带内方向图对称,和差一致,与 Ka 频段波束指向一致。

多喇叭系统的温度特性问题,由于元器件不一致,造成温度大范围变化时形变不平衡,影响电气特性。设计时尽量保证各部分对称性,馈源系统使用的都是无源波导器件,采用同样材质,膨胀系数一样,使得馈源相位特性一致,温度变化时性能维持不变。

5.4 信息处理技术

信息处理技术是实现对地观测遥感数据处理和应用的关键技术环节,主要包括数据产品分级分类体系、基础数据处理技术和专业信息处理技术三个方面。遥感数据处理通用平台技术实现业务流程驱动、数据回放、产品质量评价、生产业务管理、资源调度管理等数据的通用化处理。信息处理技术采用基础数据处理流程建模和统一调度技术,多源数据融合检测技术,基于 GPU/CPU 协同遥感数据加速处理技术等关键技术,完成对不同平台(卫星/机载/临近空间等)、不同类型(光学/微波/航空等)载荷基础数据的自动化基础数据处理。专业信息处理技术则需要根据不同的行业应用,开展不同专业应用方向的数据处理和应用,采用大气海洋参数定量反演技术和面向定制化服务的地理空间信息生产技术等关键技术,重点完成专业数据产品的生产。

5.4.1 数据产品分级分类体系

高分辨率对地观测系统数据产品根据不同产品分级可分为基础数据产品和专业处理产品。基础数据产品先分类后分级,根据不同生产阶段可划分为 0 ~ 3 级产品;专业处理产品先分类后分级,根据不同生产阶段可划分为 4 ~ 6 级产品。

基础数据产品分级分类体系如图 5 - 13 所示,专业处理产品分级分类体系如图 5 - 14 所示。

5.4.1.1 基础数据产品分级分类

基础数据产品按不同的传感器探测特性可分为可见光遥感数据产品、高光谱遥感数据产品、红外遥感数据产品、微波遥感数据产品和激光雷达数据产品。

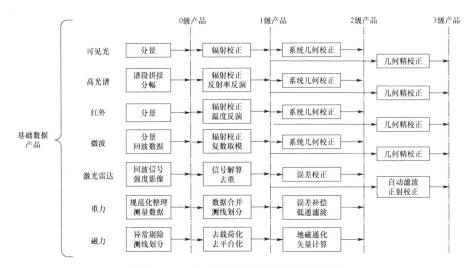

图 5-13　基础数据产品分级分类体系图

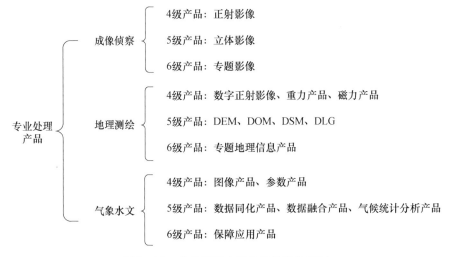

图 5-14　专业处理产品分级分类体系图

1. 可见光遥感数据产品

1) 0 级产品

对传感器接收的可见光遥感数据,经过条带数据分景(或逻辑分景)和辅助数据分离而形成的以景为单位的产品。

2) 1 级产品

在 0 级产品的基础上,利用辐射定标参数对图像数据进行相对辐射校正处理后得到的产品。根据处理要求可分为:

(1) 1A 级产品,在 0 级产品的基础上进行辐射校正处理得到的产品。

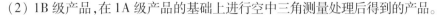

（2）1B 级产品,在 1A 级产品的基础上进行空中三角测量处理后得到的产品。

3）2 级产品

在 1 级产品的基础上,根据成像时平台(轨道、姿态)参数、传感器参数、地球模型及坐标系之间的转换关系,建立系统几何校正模型,并利用该模型对图像数据进行系统几何校正处理得到的产品。

4）3 级产品

在 1 级产品的基础上,根据几何校正模型,利用地面控制点数据,建立图像坐标和地面坐标之间的几何关系,进行几何精校正处理,按照地图投影模型重采样得到的产品。

2. 高光谱遥感数据产品

1）0 级产品

对传感器接收的高光谱遥感数据,经过谱段拼接、条带数据分景(或逻辑分景)和辅助数据分离而形成的以景为单位的产品。

2）1 级产品

在 0 级产品的基础上,对图像数据进行光谱处理、相对辐射校正、绝对辐射校正和反射率反演处理得到的产品。根据处理要求可分为:

（1）1A 级产品,在 0 级产品的基础上进行光谱处理和相对辐射校正处理得到的产品。

（2）1B 级产品,在 1A 级产品的基础上进行绝对辐射校正处理得到的产品。

（3）1C 级产品,在 1B 级产品的基础上进行反射率反演处理得到的产品。

3）2 级产品

在 1 级产品的基础上,经过系统几何校正处理得到的产品。根据处理要求可分为:

（1）2A 级产品,在 1A 级产品的基础上进行系统几何校正处理得到的产品。

（2）2B 级产品,在 1B 级产品的基础上进行系统几何校正处理得到的产品。

（3）2C 级产品,在 1C 级产品的基础上进行系统几何校正处理得到的产品。

4）3 级产品

在 1 级产品的基础上,采用地面控制点进行几何精校正处理得到的产品。根据处理要求可分为:

（1）3A 级产品,在 1A 级产品的基础上进行几何精校正处理得到的产品。

（2）3B 级产品,在 1B 级产品的基础上进行几何精校正处理得到的产品。

（3）3C 级产品,在 1C 级产品的基础上进行几何精校正处理得到的产品。

3. 红外遥感数据产品

1）0 级产品

对传感器接收的红外遥感数据,经过数据分景(或逻辑分景)和辅助数据分离而形成的以景为单位的产品。

2）1 级产品

在 0 级产品的基础上,对图像数据进行相对辐射校正、绝对辐射校正和温度反演处理得到的产品。根据处理要求可分为:

（1）1A 级产品,在 0 级产品的基础上进行相对辐射校正处理得到的产品。

（2）1B 级产品,在 1A 级产品的基础上进行绝对辐射校正处理得到的产品。

（3）1C 级产品,在 1B 级产品的基础上进行温度反演处理得到的产品。

3）2 级产品

在 1 级产品的基础上,经过系统几何校正处理得到的产品。根据处理要求可分为:

（1）2A 级产品,在 1A 级产品的基础上进行系统几何校正处理得到的产品。

（2）2B 级产品,在 1B 级产品的基础上进行系统几何校正处理得到的产品。

（3）2C 级产品,在 1C 级产品的基础上进行系统几何校正处理得到的产品。

4）3 级产品

在 1 级产品的基础上,采用地面控制点进行几何精校正处理得到的产品。根据处理要求可分为:

（1）3A 级产品,在 1A 级产品的基础上进行系统几何精校正处理得到的产品。

（2）3B 级产品,在 1B 级产品的基础上进行系统几何精校正处理得到的产品。

（3）3C 级产品,在 1C 级产品的基础上进行系统几何精校正处理得到的产品。

4. 微波遥感数据产品

1）0 级产品

对传感器接收的 SAR 遥感数据,经过条带数据分景(或逻辑分景)和辅助数据分离而形成的以景为单位的产品。

2）1 级产品

在 0 级产品的基础上,对数据进行运动补偿成像、辐射校正和复数取模等处理得到的产品。根据处理要求可分为:

（1）1A 级产品,在 0 级产品的基础上进行成像处理和辐射校正的单视复数图像,InSAR 数据产品包含复数像对。

（2）1B 级产品,在 1A 级产品的基础上进行复数取模得到的幅度图像,In-SAR 数据产品包含辅助测量数据。

（3）1C 级产品,在 1B 级产品的基础上进行噪声滤波得到的幅度图像,In-SAR 数据产品包含辅助测量数据。

3）2 级产品

在 1 级产品的基础上,进行像素定位、斜地变换处理等,按照相应地图投影模型重采样得到的地理编码产品;InSAR 数据产品包含在 1 级产品基础上经过配准、滤波、多基线解缠等处理后得到的相位数据。

4）3 级产品

在 1 级产品的基础上,根据几何校正模型,利用地面控制点数据,建立图像坐标和地面坐标之间的几何关系,进行几何精校正处理得到的产品。

5. 激光雷达数据产品

1）0 级产品

对传感器获取的激光雷达数据,经整理而形成的激光雷达原始回波信号数据和强度影像数据的产品。

2）1 级产品

在 0 级产品的基础上,对数据进行去重、编目等处理得到的产品。根据处理要求可分为:

（1）1 级点云产品,激光雷达原始回波信号经过解算生成点云数据后对其进行去重、编目处理后得到的产品。

（2）1 级影像产品,激光强度影像经去重、编目处理后得到的产品。

3）2 级产品

在 1 级产品的基础上,进行系统误差校正、物理分景、大地坐标系转换等处理得到的产品。根据处理要求可分为:

（1）2 级点云产品,在 1 级点云产品基础上经系统误差校正、物理分景、大地坐标系转换后得到的产品。

（2）2 级影像产品,在 1 级影像产品的基础上经系统误差校正、物理分景后得到的产品。

4）3 级产品

在 2 级产品的基础上,进行数据分类、正射校正等处理得到的产品。根据处理要求可分为：

（1）3A级点云产品，对2级点云产品经自动滤波处理后得到的用于描述地球表面形态的产品。

（2）3A级影像产品，利用3A级点云产品对2级影像产品进行正射校正处理后的产品。

（3）3B级点云产品，对2级点云产品经自动多回波波形处理后得到的用于描述地球高程的产品。

（4）3B级影像产品，利用3B级点云产品对2级影像产品进行正射校正处理后的产品。

5.4.1.2　专业处理产品分级分类

专业处理产品根据不同的行业应用专业处理领域可分类如下：遥感专业处理产品、测绘专业处理产品、气象水文专业处理产品。

1. 遥感专业处理产品

1）4级产品

4级产品指正射影像，是在航空、航天遥感影像基础上，对图像数据进行相对辐射校正和几何精校正，在几何精校正过程中引用DEM或DSM消除倾斜误差和投影误差，配以km格网、图廓内外整饰和注记，以标准图幅或以目标中心一定区域为单位得到的平面图。

2）5级产品

5级产品指立体影像，是由正射影像按地理空间坐标与同一区域的数字高程模型叠加和套合，从特定观察方向和视角模拟形成的地球表面三维影像。

3）6级产品

6级产品指专题影像，是在经过几何校正的航空、航天遥感影像基础上，按照一定的投影法则，将已有的或是解译出的基础性地理信息或导航信息，按照一定的要素表达方法进行表示，并添加相关的制图要素得到的产品。

2. 测绘专业处理产品

1）4级产品

（1）4A级产品指数字正射影像，是采用航摄像片或其他遥感图像上的微小面积为纠正单元，逐像元进行纠正，以获得具有正射投影性质的数字影像。

（2）4B级产品是利用空中测线重力扰动通过测线网平差、向下沿拓等处理，生成地面一定分辨率的重力扰动矢量产品，精度满足导弹发射首区、重力场辅助导航等对于地球重力场精度要求的重力产品。

2）5 级产品

（1）5A 级产品是指 DEM 产品，利用光学立体像对、InSAR 复影像对或激光雷达点云数据经过定向、匹配、滤波、人工编辑、内插等步骤得到的标准地理信息产品。进行去建筑物高、树高的处理，精度满足相应比例尺地形图的精度要求。

（2）5B 级产品是指 DOM 产品，利用光学立体像对、SAR 幅度影像以及相应地区 DEM 经过正射处理得到的标准地理信息产品，精度能够满足相应比例尺地形图的精度要求或高精度制导武器对于测绘保障精度的要求。

（3）5C 级产品是指 DSM 产品，利用光学立体像对、InSAR 复影像对或激光雷达点云数据经过定向、匹配、滤波、人工编辑、内插等步骤得到的数字表面模型产品。不进行去建筑物高、树高的处理，精度满足相应比例尺地形图的精度要求。

（4）5D 级产品是指 DLG 产品，利用影像数据，经过定向、地形提取、地物要素提取、人工编辑、整饰等步骤得到的标准地理信息产品，精度满足相应比例尺地形图的精度要求。

3）6 级产品

6 级产品指专题地理信息产品，是着重表示自然和社会经济现象中的一种或几种要素，集中表现某种主题内容的地理信息产品。

3. 气象水文专业处理产品

1）4 级产品

（1）4A 级产品指在 1 级产品的基础上，进行投影变换、图像增强、图像拼接等处理生成的图像产品。

（2）4B 级产品指在 1 级产品的基础上，通过物理或统计的方法定量推算反演出来的气象水文参数产品。

2）5 级产品

（1）5A 级产品指数据同化产品，是在 4 级产品的基础上，根据一定的优化标准和方法，将不同空间、不同时间、采用不同观测手段获得的观测数据产品与数学模型有机结合，纳入统一的分析与预报系统的产品。

（2）5B 级产品指数据融合产品，是在 4 级产品的基础上，把多种对地观测技术所获取的关于同一地物的不同遥感数据产品，按一定的规则、算法进行运算处理后将其汇集到统一的空间坐标系，生成的具有新的空间、波谱、时间特征的产品。

（3）5C 级产品指气候统计分析产品，是在 4 级产品的基础上，对气象水文参数产品进行年、旬、月、侯平均等各种统计分析生成的产品。

3）6 级产品

6 级产品指保障应用产品，是在气象水文 4 级产品及 5 级产品的基础上，为满足各行业用户主要作战应用需求而处理生成的产品。

5.4.2 基础数据处理技术

1. 基础数据处理技术

基础数据处理技术需要支持光学载荷、SAR 载荷、临近空间载荷和航空载荷等载荷的处理。各载荷处理方法各不相同，如多/高光谱载荷需要波段配准处理和彩色校正处理，红外载荷需要红外大气校正、红外波段高温计算和温度反演；高分辨率卫星具有同轨立体成像能力，还可以获取具有系统级几何定位精度的 DEM 产品；SAR 影像需要条带模式和扫描模式成像处理；航空影像需要点云数据，还可构建 DEM、DOM 产品等。（图 5 – 15）。

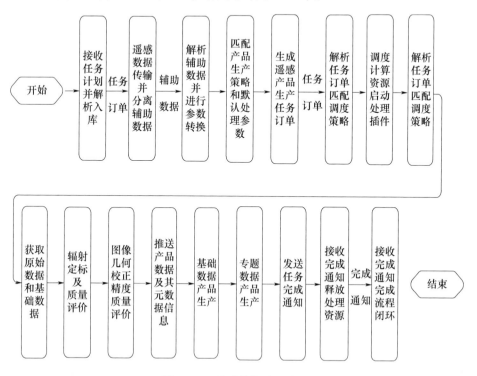

图 5 – 15　基础数据处理流程

技术流程描述如下：

（1）生产业务管理过程接收卫星的跟踪接收计划，生成遥感数据接收订单发送给数据回放传输过程。

（2）数据回放传输过程启动遥感数据传输任务，接收发送的数据并缓存，实时提取辅助数据并发送给生产业务管理过程。

（3）当缓存的数据达到处理单元(如景)的要求时，生产业务管理过程根据基础数据处理预设流程和处理参数生成一个新的处理流程，并将流程分级为多个原子任务，并将任务订单发送给资源管理调度过程。

（4）资源管理调度过程根据当前的资源调度策略分配相应的处理资源并进行遥感基础数据处理。

（5）遥感数据与处理经过辐射定标及质量评价、图像的几何校正精度质量评价(光学卫星包括大气校正)后，推送数据产品及元数据信息进行产品生产。

（6）在产品生产的过程根据流程配置的需要，可以调用原始数据质量评价和产品质量评价对数据和产品进行自动化的质量评价，相应的评价结果作为产品元数据的一部分。

（7）完成相应的产品生产任务后，产品生产过程将标准产品及其元数据自动推送给数据回放传输过程，并由其推送给外部模块。

（8）最后产品生产过程发送完成通知，资源调度管理释放资源，生产管理过程更新流程的状态信息并完成流程闭环。

2. 基础数据处理关键技术

1）基础数据处理流程建模和统一调度技术

基础数据处理需要集成天基、航空、临近空间平台上可见光、微波、红外、高光谱等各种传感器的基础数据处理，支持多级标准数据产品输出，且要求具有动态扩充及变化的能力。这使得遥感数据处理通用平台需要集成和管理大量的处理算法和数据处理流程。解决这种复杂性的有效方法是分离处理流程和处理算法，使处理流程和算法都可以独立地升级、扩展。

针对以上技术特点，基础数据处理使用流程定义语言对处理流程进行规范化的描述，提供了可视化的算法技术注册和流程建模工作，保证处理平台能够灵活地对处理流程进行动态扩展和管理；在流程执行时，工作流引擎自动根据流程定义调用处理算法模块和处理参数，以流程驱动的方式实现各类传感器数据处理、多级标准数据产品输出。通过将基于工作流的基础数据处理流程建模和统一调度技术应用于遥感数据处理通用平台,实现多平台多传感器一体化生产的能力。根据具体的流程定义创建流程实例,实现流程的启动、运行及任务的发起。流程驱动在工作流技术的基础上实现,采用基于工作流的流程驱动可以通过流程定义建模实现过程的自动化,使得流程的改变不需要把全部的代码重新部署,而只需要更改对应流程的描述文件。流程驱动实现了应用处理逻辑和过程逻辑相分离,可以实现更加灵活的控制业务流程,使流程可以按照业务的需要重新设计,提高技术流程管理的效率。

流程驱动由以下部分组成。

(1)工作流引擎是流程驱动模块的核心。工作流引擎实际上是流程处理过程的任务调度器,在某种程度上还是资源的分配器。处理流程在工作流引擎的管理、监控之下运行,因此工作流引擎的性能和可靠性直接决定了遥感数据处理通用平台的运行性能和安全性。

(2)工作流执行服务能够对工作流在整个组织内部的流动状况进行监视,并提供一系列的管理功能服务,实现安全性、过程控制和授权操作等方面的管理。

(3)流程控制接口是流程驱动部分对外提供的流程操作功能接口,以Web服务的形式对外提供流程创建接口,流程暂停、继续、状态查询和取消接口。

(4)流程监控软件部分对处理过程中所有的流程信息、节点信息、节点任务信息、任务执行情况、资源占用情况和流程错误信息等进行监控,并将各类信息以直观的形式向用户展示。

(5)用户对业务流程进行建模后,通过流程配置工具,创建需要的流程定义,形成流程定义文件,并将定义的流程和各类参数信息保存到流程与参数配置库中。流程执行服务和流程引擎从流程与参数配置库中提取流程定义信息并实例化。

2)多源数据融合检测技术

由于季节、光照、传感器等诸多因素的影响,单纯依赖光谱数据的信息融合和变化检测是一个非常困难的任务。在高分辨率遥感图像中,由于可以获得目标网络,而两幅图像目标网络的节点之间又存在本质的对应关系,为解决问题提供了新的途径。基于上述原因,需要进行目标变化起因分析、基于图像对象的配准模型、基于小波变换的多尺度融合分析等方面的研究。

在对高分辨率遥感卫星反演降水产品、雷达估测降水产品质量和误差分布特征系统评估的基础上,研究不同站网密度和时空分辨率下产品的系统误差订正方法;重点研究地面和雷达、地面和卫星、地面、雷达和卫星的融合技术,研究国际上常用的几类多源降水融合技术在我国不同站网密度及不同时空分辨率下的可用性,特别是在海洋地区的应用效果,研究并确定适用于我国的逐小时降水资料融合技术。开展卫星降水产品的质量评估,评估降水融合产品与国际上同类型卫星产品的质量,提交卫星产品在不同时空分辨率下的质量评估报告;将中国多源降水融合产品与国际上先进的融合降水产品进行多时空尺度的对比分析,评估融合产品的误差订正效果,以及在不同季节、不同尺度、不同区域的适用性。特别关注台站稀疏区域融合产品的精度评价和分析;给出融合降水产品的精度和适用性分析评估报告。

运用影像自动配准、融合等多种技术,整体上认识地表生态环境要素从可见光到微波波段的主、被动对地观测信息机理,揭示气象水文目标环境模拟时的时空尺度效应与尺度转换规律,解决多源遥感数据对气象水文目标检测鉴别与分类问题。

图像配准技术是图像几何精校正和多源数据融合的关键点,研究开展不同时相图像之间、不同传感器图像之间以及图像与矢量数据之间的自动/半自动配准技术,试图研究一套自动化程度较高、适应性较广、稳健性较强、计算较简单的图像配准方案。

影像自动配准是一种利用全局特征通过搜索获取影像之间的几何变换关系的方法。这种方法利用全局特征能够抑制局部特征变化的影响具有较强鲁棒性。针对特定影像配准模型,相对于点匹配方法其能够更有效获取配准参数,如 RST 配准模型。该方法主要有以下两个方面的应用:作为初始配准参数的估计,以减小下一步局部特征匹配的搜索空间;直接应用于局部特征存在较大差异的影像配准中,如 SAR 与光学的城区影像等。

应用配准模型参数搜索的方法可分为两类。遍历式搜索通过对每一个可能参数进行测试,选取最优参数。在参数空间包含 $N \leqslant 2$ 个参量且范围不大的情况下,可以利用遍历方法进行解决。在参数空间仅包含 $N \geqslant 3$ 个参量或参数空间为连续型,即在配准中需要获取亚像元精度时,遍历法由于计算量过大而一般不予采用。启发式搜索又可分为局部搜索和全局搜索。如果配准模型参数空间具有凸性连续可导特征,利用局部搜索如梯度下降法、牛顿法、L－M 法等搜索策略可以高效解决。这种方法的一般过程为给定初始状态,沿着测试函数能量变化最快的方向进而不断搜索,直至满足迭代条件或获取最优值。这种算法依赖于参数空间的连续可导性,在参数空间非凸或无法用数学描述时性能不稳定。在不依赖于影像几何参数的情况下,遥感影像配准参数空间大多属于这种情况。针对这个问题,在智能算法领域涌现出随机搜索方法表现出更好的性质。随机搜索算法的一个特点为:算法搜索不需要知道参数和目标量之间明确的函数关系。同时全局随机搜索算法如遗传算法、模拟退火算法、人工免疫网络算法等为解决大规模、非凸、多极值优化问题提供了解决办法。

人工免疫系统(Artificial Immune System, AIS)是借鉴、利用生物免疫系统各种原理和机制而发展的各类信息处理技术、计算技术及其在工程和科学中应用而产生的各种智能系统的统称。人工免疫系统通过对生物免疫系统进行数学建模和程序实现,是一个高度并行、分布、自适应和自组织的系统,它具有很强的学习、识别、记忆和特征提取能力。自20世纪70年代,Jeme首先提出人工免疫系统的网络假说以来,人工免疫系统很快成为学术界研究的热点,并被不断扩展应用到诸如模式识别、协同控制、优化设计、机器学习等领域。

人工免疫网络是在人工免疫系统思想基础上,通过结合克隆选择、高频变异及免疫网络等原理实现的随机全局搜索算法。它在用于解决大规模、非凸、多极值优化问题时表现出优良性质。人工免疫网络算法模拟了免疫网络原理,人工免疫网络由网络细胞组成,网络细胞通过克隆、高斯变异等操作进化,当网络趋于稳定时,网络细胞之间相互作用,通过阴性选择对亲合力小于预设抑制阈值的细胞进行抑制。

开展可构建式、自适应的气象水文专业数据处理的研究,减轻相关领域的工作量,提高技术的实用性。重点研究不同传感器之间的可融性问题、融合策略、融合性能评估、特征描述、特征提取、目标识别及其置信度评估等。

3)数据预处理产品自动化几何精度检验技术

预处理技术的核心任务是向资源共享服务、数据专业处理提供高质量的各级标准数据产品,因此保证预处理产品质量是预处理建设效益的一个关键因素。而另一方面,预处理生产的产量类型多样,性质各异,因此必须要针对各级产品建立自动化的质量评价,能够对预处理产品进行规则的质量评价,为预处理的不断改进提供依据。其中,成像类载荷的几何处理精度是用户非常关心的技术指标,传统上需要人工选点来进行检验。由于人工确认同名点的过程极其耗时,因此难以大量采用,无法对各种区域的产品精度进行全面的检验。因此,本项目采用同源和异源图像匹配的数据预处理产品自动化几何精度检验技术。

数据预处理产品自动化几何精度检验技术根据图像的地理位置自动从GCP 控制点库中搜索可控制点并与待检验图像进行精确匹配,从而利用控制点切片的位置信息来检验图像自身的几何精度。对于光学图像与同源控制点切片间的匹配技术比较成熟,因此实现起来比较容易。但对于高分辨率星载 SAR 图像,目前可用于几何精度检验的 GCP 切片基本为光学图像,与待检验 SAR 图像属异源数据,这些光学图像切片的分辨率与 SAR 图像的分辨率也不尽相同,通过前期的仿真实验,在实现控制点自动匹配过程中,需要重点解决不同分辨率参考影像与待检验 SAR 图像的尺度差异问题,异源数据的高精度匹配问题以及匹配所得控制点的错误点剔除问题。通常情况下,异源数据的匹配步骤包括:

(1)多尺度控制点数据的分辨率调整。

用于高分辨率 SAR 图像几何精度检验的 GCP 切片往往与待校正图像不是同源数据,在目前 SAR 图像的校正应用中,用到的 GCP 切片多数为光学图像,这些光学图像的分辨率一般来说和 SAR 图像存在一定差异,甚至这些同为 GCP 切片的光学图像的分辨率也彼此不同,所以在匹配控制点之前,需要先对分辨率进行调整,分辨率接近时,才能采用合适的匹配算法进行较高精度的自动匹配处理。

本项目中,分辨率调整可以采用两种方式:①先把两幅图像插值到它们分辨率的最小公倍数,然后抽样到接近于初始两个分辨率中较小的一个;②把两幅图像分辨率插值或采样到一个固定的分辨率,但这种方法在自动化匹配处理中不太灵活。使用的插值算法可采用双线性内插法。

(2)基于 ROA 算子的梯度特征提取技术。

对 SAR 图像的梯度信息进行提取是后续控制点匹配处理的基础。由于SAR 图像相干斑噪声特性,传统梯度求取算法受限严重,故在本项目中拟采用ROA 算子对其进行梯度特征提取。ROA 算法主要思想是通过计算邻域均值比逐点计算梯度值。此方法较传统的梯度计算能较好的突显图像真实的梯度信息。通过对一块 SAR 图像仿真处理,图 5 – 16 给出 ROA 算子的提取结果与 Sobel 算子以及原始图像的对比图。

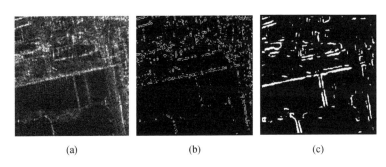

图 5 - 16　Sobel 和 ROA 算子计算结果

(a)原始 SAR 图像;(b)Sobel 算子结果;(c)ROA 算子结果。

图 5 - 17 为 SAR 图像和光学切片图像相对应的一维示意图,图 5 - 17(a)表示的两幅图像的原始灰度信息,图 5 - 17(b)表示的是两幅图像的梯度信息。可以看出,采用此方法处理后的梯度图像具有较强的可匹配性。

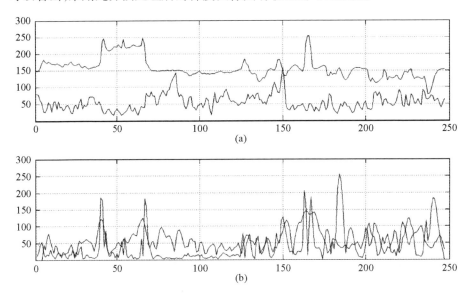

图 5 - 17　SAR 和光学图像一维对比图

(3)基于归一化互相关算法的异源图像匹配处理。

在梯度图像的基础上,本项目拟采用归一化互相关(NCC)及相关改进算法对图像进行匹配运算。NCC 是以统计相关原理进行匹配的思想,将 GCP 图像片视为模板窗口,将待校正图像的粗匹配裁切的图像作为匹配窗口,让模板窗口在匹配窗口上滑动,主要检测两对应同尺寸的窗口的相关性,互相关系数最大的地方即为最佳匹配位置。NCC 算法本质上是度量图像间的相关性,具有平

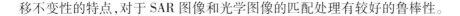

移不变性的特点,对于 SAR 图像和光学图像的匹配处理有较好的鲁棒性。

5.4.3　专业信息处理技术

1. 专业信息处理技术

专业信息处理在基础数据处理基础上,根据专业应用开展进一步的处理,得到更高级的增值和应用产品。下面介绍专业信息处理技术。

(1)专业信息保障调度系统部署在用户单位,负责调研汇总、分析、评估各用户的专业信息保障需求,制订专业信息保障计划。

(2)各用户通过资源共享与服务平台,访问一体化的对地观测信息数据目录,浏览执行专业信息保障任务所需的各类基础遥感产品、最新专业信息等数据产品。如果存在所需、现实性强的可用数据产品,可直接请领、下载、应用;否则,可以通过资源共享与服务平台终端预览遥感载荷任务队列、轨道等载荷状态信息,查询载荷资源占用情况,进行任务规划的预推演,综合自身的专业信息保障任务需求,形成并提交任务规划请求,提交给资源共享与服务平台。

(3)在专业信息保障调度系统统一协调下,各级专业信息保障调度系统组织实施专业信息保障,进行专业信息保障过程管理和专业信息保障效果评估、反馈。

(4)完成数据获取和基础数据处理后,处理得到基础数据产品,根据应用需求开展专业数据处理,对各级各类用户提供专题遥感产品应用服务。

(5)若为跨部门数据交换与服务需求,则按照共享要求,一方面通过特殊处理和数据管理与维护,为相关部门提供正常化、规范化的数据和应用服务;另一方面,获取高分专项数据中心的数据,进行数据管理和维护,为本部门用户提供数据服务。

2. 专业信息处理关键技术

1)大气海洋参数定量反演技术

利用高分辨率遥感卫星气溶胶光学厚度产品及大气辐射传输模型,充分考虑成像光谱仪波段设置、信噪比等特点,完成高分辨率遥感卫星 CCD 成像仪反射率图像产品的算法、技术流程,进行产品的真实性检验。

遥感图像的反射率反演是定量遥感的基础性工作。主要在于根据大气状况对遥感图像测量值进行调整,以消除大气影响进行大气校正进而得到地表反射率,这就要求估算地气系统的辐射状况及大气的光学参数。大气状况可以是标准的模式大气或地面实测资料,也可以是由图像本身进行反演的结果。所以理论方法包括基于求解大气辐射传输方程、基于图像本身的统计方法和基于 BRDF 理论的方法。

利用基于复杂的辐射传输原理建立起来的地表反射率反演方法是精度较高的一种方法,基本原理是利用电磁波在大气中的辐射传输原理建立起来的模型对遥感图像进行大气校正。应用辐射传输方程来估算地气系统辐射场,关键是选择合适的大气物理参量,如大气温度、气压及水汽、臭氧等气体成分。应用广泛的大气较正模型有近 30 个,著名的如 6S 模型、LOWTRAN 模型、MORTRAN 模型、大气去除程序 ATREM、紫外线和可见光辐射模型 UVRAD、空间分布快速大气校正模型 ATCOR 等。

常用的地表反射率反演方法包括:

(1)暗目标法(Dark Object Method,DOM),基本原理是在假定待校正的遥感图像存在黑暗像元区域、地表朗伯面反射、大气性质均一,忽略大气多次散射辐照作用和邻近像元漫反射作用的前提下,反射率很小的黑暗像元是由于大气的影响,而使得这些像元的反射率相对增加,可以认为这部分增加的反射率是由于大气程辐射的影响产生的。

(2)不变目标法(Invariable – Object Methods,IOM),假定图像上存在具有较稳定反射辐射特性的像元,并且可确定这些像元的地理意义,称这些像元为不变目标,这些不变目标在不同时相的遥感图像上的反射率将存在一种线性关系。当确定了不变目标以及它们在不同时相遥感图像中反射率的这种线性关系,就可以对遥感图像进行大气校正。

(3)直方图匹配法(Histogram Matching Methods,HMM),指如果确定某个没有受到大气影响的区域和受到大气影响的区域的反射率是相同的,并且可以确定出不受影响的区域,就可以利用它的直方图对受影响地区的直方图进行匹配处理。

考虑到反演精度及高分辨率遥感卫星配套产品比较齐备的情况,利用基于复杂的辐射传输原理建立起来的地表反射率反演方法。首先利用大气辐射传输模型 MODTRAN 模拟出大气参数和表观幅亮度;然后建立适合高分辨率遥感卫星数据大气校正的通用查找表(LUT),通用查找表的作用是对不同状态下成像的 CCD 数据进行大气校正,从而得到 CCD 数据的地表反射率。利用高分辨率遥感多星、大幅宽的成像方式,可以获得较高分辨率的多角度观测,进而得到地表反照率产品。针对产品在大气纠正效果预判、多种地表覆盖类型使用同一核驱动模型反演等方面的不足,采用基于大气质量指数迭代反演及基于地表分类的核函数组合方案对此进行改进。

反照率定义为经表面反射后的上行辐射占总下行辐射的比例。下行辐射又包括直射辐射和漫射辐射,据此定义的黑半球反照率和白半球反照率为总下行辐射仅为直射辐射和漫射辐射的情况,分别代表了仅有太阳直射光及天空漫射光时地表的方向 – 半球以及半球 – 半球反射率,它计算的前提是地表二向性反射特性,二向性反射与物体的表面结构特征及物质组成有密切关系。二向性反射分布函数(BRDF)的精确概念在 70 年代出现,对二向性反射的研究主要有以下几种。

对于反照率反演而言,由于基于线性核驱动模型可以很好地模拟半球空间地表的 BRDF 特性,从而通过半球积分方便地得到地表反照率。因此该算法被广泛地采用于 MODIS、AVHRR 以及 MISR 等卫星的反照率产品之中。鉴于上述卫星产品在大气纠正效果预判、类型使用统一和驱动模型反演等方面的不足,采用基于先验知识反演及基于地表分类的核函数组合方案对此进行改进。

水体指数产品拟在经过大气校正后的初级产品基础上生成,对于做了大气校正的数据,由于地表 BRDF 特征更加突出,NDWI 更多的受到观测角度影响,因此需要进行角度规一化处理,再计算水体指数。对于由于厚云造成地表水体无法识别情况,可采用高分辨率遥感 SAR 卫星的 S 波段合成孔径雷达进行水体识别作为补充。

各类地物由于具有不同的物质结构和组成成份而具有不同的电磁波特征,且具有三个主要辐射特性:

(1)地物的总辐射水平的高低是地物的第一重要的遥感特征。

(2)可见光和红外的辐射平衡关系是地物第二重要的遥感特性,即光谱曲线整体趋势。

(3)辐射随波段变化的方向和强度,是地物的第三个重要遥感特性。

作为环境独立因子而存在的水体,同样也具有以上阐述的不同于其他环境因素的三个遥感特性。其具体表现为:

(1)大气海洋水体对 $0.4 \sim 2.5 \mu m$ 电磁波的吸收明显高于绝大多数其他地物,因此水体的反射率很低即总辐射水平远低于其他地物,在彩色遥感影像上表现为均匀的暗色调。

(2)大气海洋水体对近红外波段的吸收更高于对可见光波段的吸收,因此水体的可见光辐射 – 近红外辐射的平衡对比关系表现为负方向(光谱矢量方向为逆时针方向)。

（3）在可见光波段，水体的反射率随泥沙含量的增加而增强，但反射曲线基本相似。反射峰亦随之往长波移动，但水体强烈吸收 $0.93\mu m$ 和 $1.13\mu m$ 附近的红外辐射，所以当反射率移到 $0.8\mu m$ 附近后就停止移动。

利用遥感信息提取水体信息的方法一般可分为单波段法和多波段法。单波段法主要选取遥感影像中的近红外波段并辅于阈值来提取水体。单波段法很难去除水体中杂有的阴影。多波段法则主要利用多波段的优势综合提取水体信息，并可分为谱间分析法和比值法。比值法可抑制植被信息，增强水体信息，但是无法彻底抑制与水体无关的背景信息，因此研究归一化差异水体指数以解决这一问题。但事实上此方法只是改善了以上现象，在很多情况下，用 NDWI 提取的水体信息中仍然夹杂着许多非水体信息，特别是在提取城市范围内的水体方面很不成功。因此，对构成 NDWI 的波长组合进行了修改，提出改进的归一化差异水体指数，并将该指数在含不同水体类型的遥感影像进行了测试。

气溶胶光学厚度是一个能够表示气溶胶总含量的参数，可以体现大气的混浊程度，它能够反映大气污染的程度。气溶胶光学厚度是气溶胶辐射特性的主要指示器，一般通过太阳光度计测量。气溶胶光学厚度是波长的函数，气溶胶光学厚度随波长变化的特点反映了气溶胶的特性。

大气气溶胶通过以下几个方面来影响地球的辐射平衡：散射和吸收太阳辐射、吸收和散发红外辐射（直接效应）；与水态云相互作用以改变其散射特性；对云的覆盖率和生存周期产生影响（间接效应）。

2）面向定制化服务的地理空间信息生产技术

需要根据不同的任务需求，实现对功能、任务相关数据的组织、提取、打包，并采用交互式方式实现多样式综合的遥感产品生产、定制与展现，通过设计基于定制服务的地理空间遥感产品生成，解决在离线状态下，提高功能和数据的定制服务，遥感产品的展示，以及遥感信息交互功能：

（1）面向定制服务的离线数据包有效组织技术：面向定制任务进行数据包和功能包的组织管理，构建文件管理系统时充分考虑数据的存储技术以及快速索引技术，将任务与相关数据包、功能包的时间、空间和属性等方面的快速关联，实现数据的快速信息检索。

（2）离线数据的导入、导出：构建合适的文件管理系统和数据接入系统，利用高速带宽局域网进行数据传输，实现与数据服务器上的数据的互相传递。

（3）遥感产品的可视化和人工交互技术：实现遥感产品的浏览、全屏、放大、缩小、动态切换、目标对象的标注、目标对象资料的查询、显示（播放）、编辑和存储等功能;针对任务关联要素的不同关联,提供不同的展示方式,并随任务过程的需求升级改造提供全新的展示方式。

（4）离线数据包的更新:设计有效的版本控制方案,当需要更新数据时,采用有效的版本控制机制,实现数据的及时更新。

▶▶▶ 5.5　定标与质量评定技术

定标与质量评定技术实现遥感、测绘、气象等多业务方向的装备定标与质量评定业务,具备光学、SAR/InSAR、电子、重力等各类卫星载荷定标、数据质量评定、载荷性能评估等功能,能够为数据预处理和专业处理提供几何校正、辐射校正等参数。获取遥感数据前,必须对传感器各种辐射特定的不确定度和误差进行全面而准确的定量化,以确保所获取数据的科学可信度及最大限度的定量化应用,特别是载荷运行后,由于仪器本身变化和外界因素干扰的不可知性,传感器的辐射性能往往与上天前的试验结果之间存在一定的偏差。因此,国际上普遍将遥感载荷的在轨测试与定标视作遥感数据定量化应用的前提,并给予了极大的重视。定标与质量评定可对载荷数据进行处理,得到载荷的辐射定标参数、几何定标参数、影像分辨率评定结果、MTF 评定结果等,这些定标产品可提供给基础数据处理、专业信息处理应用。

5.5.1　定标与质量评定流程

定标与质量评定在进行在轨卫星/飞行载荷定标与质量评定时,先提出定标与质量评定观测需求,统一协调任务管控平台及载荷对预设地面场区和靶标进行作业,并将数据下传给数据接收,再提供给定标与质量评定;定标与质量评定对下传数据进行处理,得到载荷的辐射定标参数、几何定标参数、影像分辨率评定结果、MTF 评定结果等,再进行基础数据处理、专业信息处理等。定标与质量评定的业务流程如图 5 – 18 所示。

1. 光学成像卫星数据处理流程

光学成像卫星数据定标与质量评定处理需要支持全色载荷、多光谱载荷、高光谱载荷和红外载荷等载荷的处理。各载荷处理方法各不相同,例如,多/高光谱载荷需要波段配准处理和彩色校正处理,红外载荷需要红外大气校正、红外波段高温计算和温度反演;高分辨率卫星具有同轨立体成像能力,还可以获取具有系统级几何定位精度的 DEM 产品。数据预处理模块完成光学成像卫星

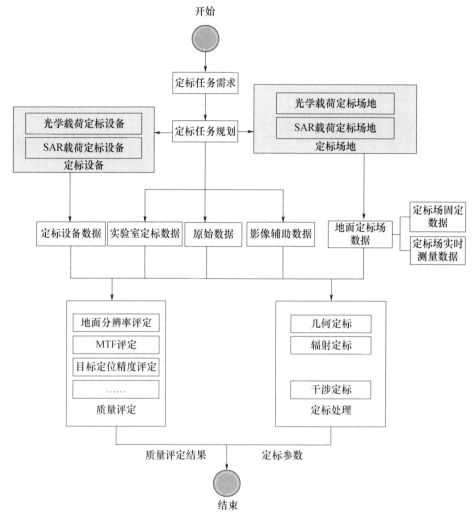

图 5 – 18　定标与质量评定业务流程

数据处理的典型流程如图 5 – 19 所示。

光学成像卫星数据处理技术流程描述如下：

（1）在数据预处理模块上注册光学成像卫星数据处理插件，并利用流程建模工具创建处理流程，并配置产品生产策略、资源调度策略和默认处理参数。

（2）生产业务管理过程接收跟踪接收计划，生成数据接收订单发送给数据回放传输过程。

（3）数据回放传输过程启动光学数据传输任务，接收数据接收模块发送的数据并缓存，实时提取辅助数据并发送给生产业务管理过程。

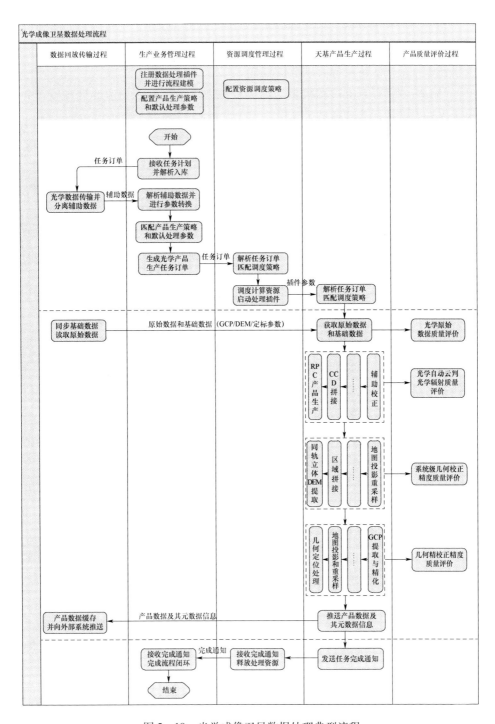

图 5 – 19　光学成像卫星数据处理典型流程

（4）当缓存的数据达到处理单元(如景)的要求时,生产业务管理过程根据预处理预设流程和处理参数生成一个新的处理流程,并将流程分级为多个任务,并将任务订单发送给资源管理调度过程。

（5）资源管理调度过程根据当前的资源调度策略分配相应的处理资源并提供光学卫星数据处理插件。

（6）一级产品生产插件利用零级数据、定标数据进行综合处理,生成全色/多光谱/高光谱/红外图像数据,主要包括相对/绝对辐射校正、图像退化校正、图像增强处理、CCD拼接缝消除、多光谱波段配准处理、多光谱彩色校正处理、红外大气校正、红外波段高温计算、红外温度反演和RPC生成。

（7）二级产品生产插件利用一级数据、轨道数据获取几何初定位的图像数据,主要包括:内/外方位元素标定、几何定位处理、地图投影和重采样;对于同轨立体成像模式,还可以进行同轨立体DEM提取和区域视觉拼接处理。

（8）三级产品生产插件利用一级数据、轨道数据、控制点数据、全球DEM数据获取几何精定位的图像数据,主要包括GCP提取与精化、几何精校正模式构建、几何精定位处理、地图投影和重采样。

（9）在产品生产的过程根据流程配置的需要,可以调用原始数据质量评价插件和产品质量评价插件,对数据和产品进行自动化的质量评价,相应的评价结果作为产品元数据的一部分。

（10）完成相应的产品生产任务后,产品生产过程将标准产品及其元数据自动推送给数据回放传输过程,并由其推送给外部模块;最后产品生产过程发送完成通知,资源调度管理子系统释放资源,生产管理过程更新流程的状态信息并完成流程闭环。

2. 雷达成像卫星数据处理流程

雷达成像卫星具有条带和扫描模式。每种模式进行数据预处理时,调用不同数据的数据预处理插件实现。雷达成像卫星数据处理流程如图5-20所示。

雷达成像卫星数据处理流程描述如下:

（1）操作人员首先在数据预处理平台上注册SAR卫星和对地观测雷达卫星数据处理插件,利用流程建模工具创建处理流程,并配置产品生产策略、资源调度策略和默认处理参数。

（2）生产业务管理过程接收资源共享服务模块任务计划,根据计划中的处理模式(全条带模式、目标模式等)生成SAR数据接收订单发送给数据回放传输过程。

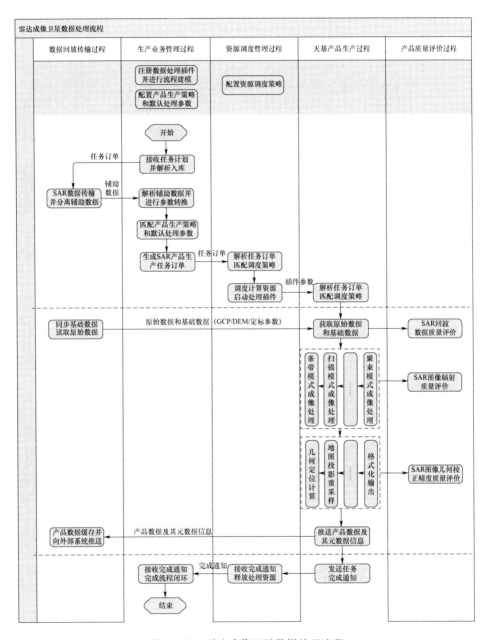

图 5 - 20　雷达成像卫星数据处理流程

（3）数据回放传输过程接收 SAR 数据接收订单,启动 SAR 数据传输任务,接收数据接收模块发送的原始数据并缓存,实时提取辅助数据并发送给生产业务管理过程。

（4）当缓存的数据达到处理单元(如景)的要求时,生产业务管理过程根据预处理预设流程和处理参数生成一个新的处理流程,并将流程分级为多个原子任务,并将任务订单发送给资源管理调度过程。

（5）资源管理调度过程根据当前的资源调度策略分配相应的处理资源并调用数据处理插件。

（6）一级产品生产插件利用雷达回波数据、辅助数据和定标数据进行综合处理,生成雷达图像数据。

（7）二级产品生产插件是在一级产品数据的基础上进行系统级几何校正,主要包括距离多普勒方程建立、几何定位计算、地图投影、数据重采样和格式化输出几部分。

（8）在产品生产的过程根据流程配置的需要,可以调用原始数据质量评价插件和产品质量评价插件对数据和产品进行自动化的质量评价,相应的评价结果作为产品元数据的一部分。

（9）完成相应的产品生产任务后,产品生产过程将标准产品及其元数据自动推送给数据回放传输过程,并由其推送给外部模块;最后产品生产过程发送完成通知,资源调度管理子系统释放资源,生产管理过程更新流程的状态信息并完成流程闭环。

3. 光学测绘卫星处理流程

光学测绘卫星携带多种载荷,不同载荷特点不同,其处理方法也各不相同,例如高分辨率相机采用 8 片 CCD 机械拼接成像,需要进行虚拟 CCD 拼接处理;多光谱相机需要波段配准处理和彩色校正处理;对于三线阵相机的立体测绘的高精度要求,需要进行奇偶探元拼接处理和严格的畸变校正处理。数据预处理模块光学测绘卫星处理流程如图 5 – 21 所示。

光学测绘卫星处理工作流程描述如下:

（1）操作人员首先在数据预处理平台上注册光学测绘卫星数据处理插件,并利用流程建模工具创建处理流程,并配置产品生产策略、资源调度策略和默认处理参数。

（2）生产业务管理过程接收资源共享服务模块任务计划,生成光学测绘数据接收订单发送给数据回放传输过程。

（3）数据回放传输过程接收光学数据接收订单,启动光学数据传输任务,接收数据接收模块发送的光学数据并缓存,实时提取辅助数据并发送给生产业务管理过程。

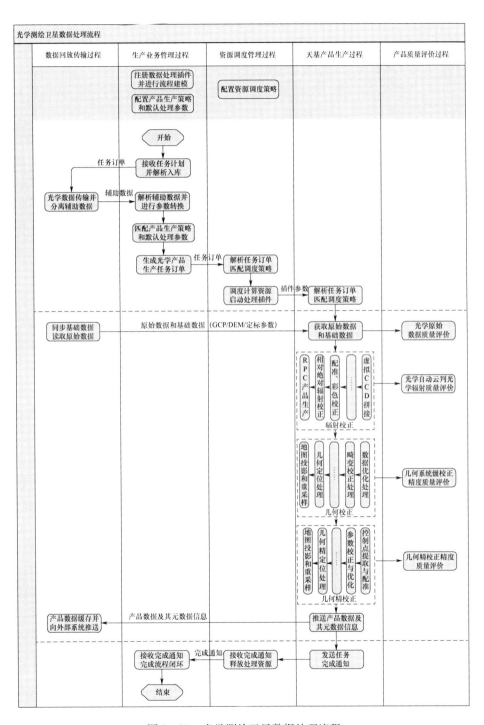

图 5－21　光学测绘卫星数据处理流程

（4）当缓存的数据达到处理单元(如景)的要求时,生产业务管理过程根据预处理预设流程和处理参数生成一个新的处理流程,并将流程分级为多个原子任务,并将任务订单发送给资源管理调度过程。

（5）资源管理调度过程根据当前的资源调度策略分配相应的处理资源并启动光学测绘卫星数据处理插件。

（6）辐射产品生产插件利用零级数据或原始条带数据、定标数据进行综合处理,生成高分辨/多光谱/三线阵图像数据,主要包括相对/绝对辐射校正、图像 MTF 处理、虚拟 CCD 拼接、多光谱波段配准处理、多光谱彩色校正处理、三线阵数据一致性处理和 RPC 产品生产。

（7）几何产品生产插件利用辐射产品数据、轨道数据获取几何初定位的图像数据,主要包括:内/外方位元素数据优化与标定处理、探元畸变标定处理、几何定位处理、地图投影和重采样。

（8）三级几何精校正产品生产插件利用一级数据、轨道数据、控制点数据、全球 DEM 数据获取几何精定位的图像数据,主要包括控制点提取与配准、参数的优化与重新标定、几何精校正模式构建、几何精定位校正、地图投影和重采样。

（9）在产品生产的过程根据流程配置的需要,可以调用原始数据质量评价插件和产品质量评价插件对数据和产品进行自动化的质量评价,相应的评价结果作为产品元数据的一部分。

（10）完成相应的产品生产任务后,产品生产过程将标准产品及其元数据自动推送给数据回放传输过程,并由其推送给外部模块;最后产品生产过程发送完成通知,资源调度管理子系统释放资源,生产管理过程更新流程的状态信息并完成流程闭环。

4. 机载毫米波 InSAR 处理流程

毫米波干涉合成孔径雷达具有二维成像和 InSAR 成像两种工作模式。在二维成像模式时,发射天线和接收天线共同安装在伺服稳定平台之上,该天线阵可二维机械调整角度,多接收天线接收回波信号,利用子带拼接合成技术,实现大带宽信号采集和高分辨率实时成像处理;在 InSAR 成像模式时,系统利用设备舱内交轨方向排列的多接收天线接收回波信号,实现三通道 InSAR 高程测量,在不同入射角条件下进行多基线干涉处理,实现高精度高程干涉测量。数据预处理模块集成毫米波干涉合成孔径雷达数据处理算法插件后的工作流程如图 5 - 22 所示。

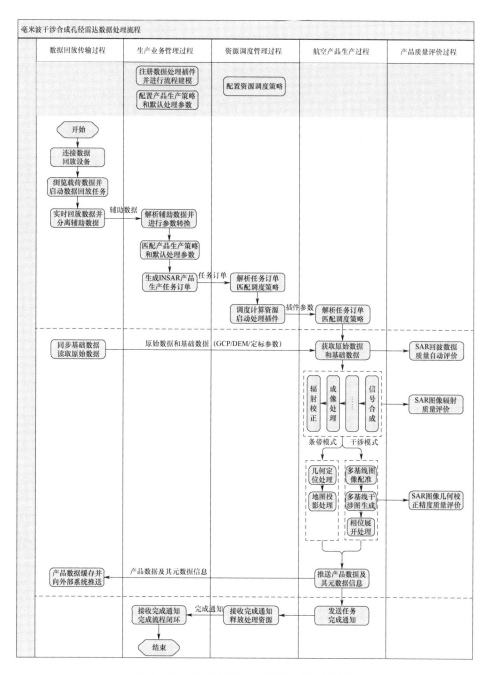

图 5‐22　机载毫米波 InSAR 数据处理流程

毫米波干涉合成孔径雷达数据处理工作流程描述如下：

（1）操作人员首先在数据预处理平台上注册毫米波干涉合成孔径雷达数

据处理插件,并利用流程建模工具创建处理流程,并配置产品生产策略、资源调度策略和默认处理参数。

(2)系统操作人员将数据记录设备接入到地面数据预处理模块中,对数据进行浏览并提交回放任务。

(3)数据回放传输过程对机上存储的原始数据进行持续读取、缓存,实时提取辅助数据并发送给生产业务管理过程。

(4)当缓存的数据达到处理单元(如景)的要求时,生产业务管理过程根据预处理预设流程和处理参数生成一个新的处理流程,并将流程分级为多个原子任务,并将任务订单发送给资源管理调度过程。

(5)资源管理调度过程根据当前的资源调度策略分配相应的处理资源并启动毫米波干涉合成孔径雷达数据处理插件。

(6)一级产品生产插件利用雷达回波数据、POS数据和定标数据进行综合处理,生成单通道的雷达图像数据,主要包括信号合成、通道校正、运动补偿、成像处理、自聚焦处理和辐射校正。

(7)毫米波干涉合成孔径雷达具二维成像和InSAR成像两种工作模式,二维成像的二级产品生产插件主要完成系统级几何校正处理,而InSAR成像的二级产品生产插件主要得到高精度的解缠相位。

(8)在产品生产的过程根据流程配置的需要,可以调用原始数据质量评价插件和产品质量评价插件对数据和产品进行自动化的质量评价,相应的评价结果作为产品元数据的一部分。

(9)完成相应的产品生产任务后,产品生产过程将标准产品及其元数据自动推送给数据进行回放传输流程并由其推送给外部模块;最后产品生产过程发送完成通知,资源调度管理过程释放资源,生产管理过程更新流程的状态信息并完成流程闭环。

5.5.2 定标与质量评定平台技术

定标与质量评定平台基于基础软硬件支撑环境,依托基础平台提供的底层支撑能力和集成框架提供各型载荷的定标与质量评定能力,实现相对辐射定标、绝对辐射定标、几何定标、极化定标等功能。

定标与质量评定平台技术由软硬件支撑环境、集成框架、基础平台和通用技术组成,并能够支撑专业技术,如图5-23所示。

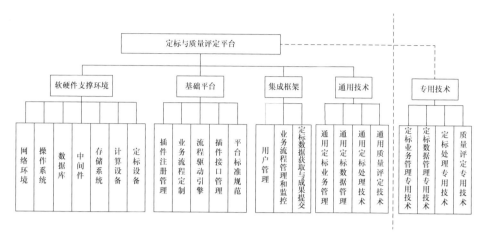

图 5 – 23　定标与质量评定平台组成

1. 软硬件支撑环境

软硬件支撑环境提供定标与质量评定平台运行所需的操作系统、数据库、中间件、网络环境、存储、计算设备、定标设备等定标与质量评定所需的通用和专用基础设施。

2. 基础平台

基础平台实现用户管理、业务流程管理和监控、定标数据获取与成果提交等。

1）用户管理

用户管理对定标与质量评定的用户及其权限信息进行统一存储和管理，提供用户登录认证服务，主要包括新增用户、删除用户、修改用户信息、密码初始化、显示用户信息、刷新用户列表、用户信息查询、用户角色管理等。

2）业务流程管理和监控

业务流程管理和监控主要实现定标与质量评定业务配置管理功能和状态监视分析。业务流程管理和监控功能提供载荷定标与质量评定配置策略工具，允许用户对生产过程进行个性化定制；对各类载荷定标与质量评定流程提供取消、删除、停止、继续等人工干预能力；为定标与质量评定平台提供软硬件设备状态监视服务，保障定标与质量评定基础平台的可靠执行，为定标与质量评定平台的故障检测提供依据；具备定标与质量评定任务执行的状态和日志等信息。

3）定标数据获取与成果提交

高分载荷定标与质量评定需要利用定标场数据、定标设备数据、实验室定标参数、定标原始数据等数据，定标数据获取功能实现从资源共享平台下载定标与质量评定所需数据,为后续定标与质量评定工作提供数据基础。定标成果提交功能完成定标处理结果、质量评定结果和任务执行状态的提交,将所有相关成果提交至资源共享平台,实现定标成果的有效存储与共享。

3. 集成框架

集成框架由模型注册管理、业务流程定制、流程引擎驱动、接口管理和平台标准规范组成,为各类技术算法模型的开发与集成提供统一的规范。

1）模型注册管理

模型注册管理允许用户对载荷定标与质量评定专用模型进行注册,并对模型接口信息进行配置;提供业务流程定制工具,将各类模型组合为满足业务需要的处理流程,并以流程定义的方式进行存储;对处理模型和流程定义统一的管理,支持删、减、改、查等操作,并提供版本管理的功能。

2）业务流程定制

定标与质量评定平台采用图形化界面的方式通过勾选任务模块轻松构建业务流程,并依据标准流程定义规范保存为标准 XML 文件,方便进行流程的保存和传输。业务流程定制包含流程定义管理、算法工具栏和流程可视化编辑。

3）流程驱动引擎

流程驱动引擎接收外部系统和内部系统下达的定标与质量评定任务,负责对各种类型定标与质量评定任务进行解析和检验;根据任务类型获取对应的流程定义文件,将复杂的定标与质量评定流程分解为能够通过算法模型进行调度执行的任务;在任务执行过程中,实时获取作业任务的状态信息并更新到状态库中。流程驱动引擎包含流程调度服务接口、流程任务解析、任务完成通知解析、任务进度消息解析、流程驱动引擎和任务状态跟踪。

4）模型接口管理

定标与质量评定平台提供多种类型的模型接口供各载荷定标与质量评定通用技术与专用技术调用,实现各类模型的引接与集成。平台模型接口管理主要实现对定标业务管理接口、定标数据管理接口、定标处理接口、质量评定接口的统一管理。

5）平台标准规范

定标与质量评定平台标准规范具体规定了定标与质量评定通用技术、专用插件的开发规范、平台集成规范。

4. 通用技术

定标与质量评定平台统筹研制了定标业务管理、定标数据管理、定标处理技术和质量评定技术四大类通用技术,为各型载荷的定标处理和质量评定提供技术基础。

1）通用定标业务管理

通用定标业务管理针对测绘卫星、环境卫星、海洋卫星、新型试验卫星和航空毫米波合成孔径雷达定标业务管理过程中的共性处理部分开发通用算法插件,为载荷定标业务管理提供相对应的任务规划功能,建立通用技术库,统筹管理各载荷业务管理过程中的共性功能,方便平台的拓展与维护。

2）通用定标数据管理

通用定标数据管理针对测绘卫星、环境卫星、海洋卫星、新型试验卫星和航空毫米波合成孔径雷达定标数据管理过程中的共性处理部分开发通用算法技术,为载荷提供数据预处理功能,完成相机文件的格式转换与不同坐标下姿轨数据的转换,建立通用技术库,统筹管理各载荷数据管理过程中的共性功能,方便平台的拓展与维护。

3）通用定标处理技术

通用定标处理技术针对高分专项天基、航空载荷和主战场光学卫星、环境卫星、海洋卫星、星载荷定标处理过程中的共性处理部分开发通用算法插件,为光学、SAR 载荷定标处理提供相对辐射定标、绝对辐射定标、几何定标、极化定标的通用插件库,统筹各载荷定标处理过程中的共性功能,方便插件的升级和维护。

4）通用质量评定技术

通用质量评定插件为高分载荷质量评定提供通用的质量评定算法功能,主要包括两大类:光学载荷质量评定技术、SAR 载荷质量评定技术。

5.5.3　定标与质量评定关键技术

1. 多平台载荷交叉辐射定标技术

定标作为一种测量手段,其自身的系统性不确定度必须通过其他独立手段进行评价和校正。多星交叉辐射定标已被国际遥感界公认为验证定标有效性的基本手段之一。交叉定标的基本方式是将相似载荷的观测辐射量以及数据产品进行多次比较,分析规律性的差异,发现和校正系统性的定标不确定度。

多平台载荷交叉辐射定标的技术难点主要包括以下几方面:①高分系统中不仅包括了星载载荷,还包括了机载载荷,机载载荷由于飞行机动性强、飞行前后的定标方便,避免了星载载荷的一旦发射即脱离溯源链路的缺陷,采用机载载荷交叉定标星载载荷以及星载载荷之间的互定标,有效提高定标频率、时效、精度;②由于成像原理不同和技术条件的限制,多星多传感器的视场、波谱特性、空间分辨率都不尽相同,需要解决光谱匹配和视场匹配的算法难题;③不同载荷之间存在辐射、光谱响应特性以及过顶指定场地的时相差异,这些因素是实施交叉辐射定标时必须考虑的关键要素,也是保障交叉辐射定标精度的难点。

多平台载荷交叉辐射定标的解决途径为:

(1)研制高稳定自动观测设备对定标场地长期自动观测,提供不同过顶时刻场地实时大气参数、地表参数,为校正交叉定标的时相差异提供数据支持。

(2)利用长期观测场地的长序列、高精度观测数据建立场地特性模型,研究多要素匹配算法,提高交叉定标精度。

(3)采用改进的"反射率基法"交叉定标不同平台载荷,消除不同传感器观测时刻太阳天顶角余弦的影响并补偿由于波段不同而引起的大气外辐照度的差异。

2. 光学载荷高精度定标技术

高分载荷包括了多个新型光学载荷,如高空间分辨率、高光谱分辨率、大斜视、低照度等载荷。这些载荷的物理结构、成像方式、应用方向具有很大差异性,成像器件既有面阵 CCD,又有线阵 CCD;成像方式包括面阵静止成像、面阵摆扫成像、线阵机动摆扫成像、线阵推扫成像等。

一方面,这些载荷由于成像条件更加苛刻,观测误差对应的辐射传输计算误差就会增加。为了保证和提高新型载荷的辐射定标精度,就需要提高相应的溯源、定标、校验精度。高分光学载荷高精度辐射定标的技术难点主要体现在两方面:①目前基于辐射源的标准传递技术,基本可以满足全色和多波段载荷的辐射量值传递精度要求,但宽波段范围、高光谱分辨率的溯源技术仍难以满足新型载荷的定标要求;②载荷的辐射定标精度直接取决于现场参数的观测精度与辐射传输计算精度,新型载荷的辐射定标精度的提高要求高精度观测定标场地的地表、大气、环境等参数,以及辐射传输计算算法的改进。

新型高分光学载荷高精度辐射定标的解决途径为:

(1)基于超分辨宽调谐光源和标准探测器的辐射传递技术,建立从紫外-热红外波段的外场观测设备辐射定标基准,建立溯源于国家和国际标准的量值溯源途径,满足新型载荷外场定标观测仪器的周期性定标精度要求。

(2)现场观测数据精度由观测设备保证,研制高精度现场观测设备获取场地参数,改进辐射传输算法。

（3）敏捷型无源点阵、多级灰阶靶标的应用,实现高分辨遥感器在轨无源定标与质量评价。

（4）以彩色靶标为参照的多光谱传感器的光谱响应函数漂移、畸变检测与校正。

另一方面,新型光学载荷新的物理结构与几何成像方式,使得常规的几何定标模型难以满足新型载荷的定标需求,因此需要研究针对新型光学载荷的高精度几何定标技术。

（1）在深入理解新型载荷物理结构与成像机理的基础上,理论分析成像过程中的误差来源,建立相应的系统误差补偿模型,并在此基础上构建新型载荷的成像几何模型,再对模型中各参数进行相关性分析与显著性检验,合并强相关的参数、剔除不显著的参数,从而建立一套针对新型载荷特点的成像几何模型;然后,结合新型载荷的定标需求,明确载荷定标参数的物理意义,在成像几何模型的基础上构建适合于新型载荷特点的定标模型。

（2）结合定标参数的物理意义及其显著性,采用分步求解的策略,循环迭代求解显著性高的定标参数与显著性低的定标参数,直至获得精确、可靠的定标参数。

3. SAR 载荷高精度定标技术

合成孔径雷达（SAR）属于主动式遥感,能够不受日照天气条件限制,全天候、全天时对地观测,某些地物具有一定穿透能力,图像数据已经在地质、农业、水文、林业、海洋、制图测绘等方面应用具有独特的优势,在某些情况能起到其他遥感器起不到的作用。SAR 载荷定标模型的构建是实现 SAR 载荷定标的关键,精确的 SAR 定标模型能够很好地描述影响干涉 SAR 和极化 SAR 测量精度的各方面因素。对 SAR 载荷定标时,需要构建一套适应新型 SAR 载荷结构特点与成像机理、并能够全面反映 SAR 载荷成像过程的模型,这样才能够全面地改正相关的系统误差。

SAR 载荷定标的技术要点如下:

1）干涉 SAR 载荷定标模型构建

由于干涉 SAR 载荷成像时存在多种误差源,例如两个干涉通道之间存在的相位差、基线长度、基线角、轨道高度和干涉相位等参量的测量误差和时延误差等,这就需要精确测定这些误差才能保证干涉 SAR 载荷的定位精度。因此,可以先构建三维重建模型,并在此基础上构建出敏感度模型,再根据敏感度模型构建出目标点高程关于干涉相位、基线长度、基线水平角、轨道高度等参数的敏感度模型,由此利用已知控制点等数据,解算出这些误差参数,从而完成对干涉 SAR 载荷的定标。

2)极化 SAR 载荷定标模型构建

对于多极化 SAR,由于每个极化通道之间存在耦合以及通道之间的幅度和相位不平衡等因素,导致不同极化通道得到的 SAR 影像存在差异,因此,需要对这些极化参数进行定标。在构建极化定标模型时,由于地物对不同极化的响应不同,可以利用多个已知散射矩阵的地物,构建极化测量矩阵,由此解算出 SAR 平台的发射和接收失真矩阵,从而完成极化 SAR 定标。极化定标模型有很多个,例如三个 PARC 模型、Whitt 算法、Vanzyl 算法、STCT 算法等模型。还可以做适当的假设,如极化 SAR 系统发射和接收失真矩阵满足互逆特性等,就可以简化算法。另外,可以根据实际情况,将相关定标算法结合起来并在已有算法的基础上进行改进,以更好地适应新型 SAR 载荷的成像特点。

3)SAR 载荷几何定标模型构建

根据 SAR 图像的定位原理可知,几何定位精度主要受卫星平台位置测量误差、速度测量误差、系统脉冲回波延迟测量误差以及地面高度测量误差等的影响。各种误差对定位的影响各不相同,因此,需要深入分析不同误差对 SAR 图像几何定位精度影响的大小及规律,在此基础上构建出几何定标模型,进而利用已知控制点等数据,解算出这些误差参数,从而完成对 SAR 载荷的几何定标。

5.6 资源共享与服务技术

资源共享与服务技术作为地面系统各类资源存储、组织管理和共享服务的主要处理技术,结合现有天地优势资源,建设天地资源一体化互连互通信息平台,其中的关键是要实现卫星遥感系统与地面信息网的互连互通和资源共享。利用基于时间、空间、属性与目标体系的自动关联组织技术、跨网分布式资源虚拟化整合技术、广域网分布式数据高效传输技术和分布式多中心的安全管理技术等关键技术,结合用户需求筹划与跟踪、资源管理与维护、流程驱动与闭环、资源虚拟化整合共享与分发等处理步骤,实现数据自主分析、智能处理以及动态精准服务。

5.6.1 资源共享与服务流程

资源共享服务平台主要实现了用户需求筹划、提交、跟踪与任务闭环管理,

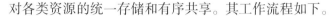
对各类资源的统一存储和有序共享。其工作流程如下。

1. 用户需求筹划与闭环管理

分布在各个网格节点的资源共享服务平台接收用户的卫星监测需求,并对用户所有的需求进行汇总和分级分析,完成初步冲突消解后将用户需求提交给控制中心节点。资源共享服务平台针对每一个用户需求,创建一个任务闭环管理任务,持续跟踪该用户需求的处理流程,记录每一次的处理结果。当用户需求处理结束时,资源共享服务平台将用户需求的最终状态及时发送给对应的用户。

资源共享服务平台的用户需求筹划与闭环管理功能服务全国用户。以业务用户为例,资源共享服务平台的用户需求筹划与闭环管理工作流程如图 5 – 24所示。

(1)业务用户,包括信息生产人员、信息应用人员、数据分析人员,通过身份验证登录资源共享服务平台。

(2)用户操作统一资源视图,根据任务需要提出监测需求。资源共享服务平台创建用户需求追踪与闭环管理任务,记录用户的监测需求。

(3)各用户总部汇集各系统内用户的监测需求,进行需求归并和初步的冲突消解,形成各观测需求集,并提交给业务总部节点。各业务总部向各用户返回需求处理情况,资源共享服务平台记录该用户需求处理情况。

(4)总部节点对各业务部门提交的监测需求进行进一步的需求归并和冲突消解,形成最终的监测需求。各业务总部节点同时将用户需求的处理情况返回给各业务总部,各业务总部向各用户返回需求处理情况,资源共享服务平台记录该用户需求处理情况。

(5)总部节点调用任务管控平台进行用户需求的统一筹划,并形成最终的监测任务。总部节点同时将用户需求的规划处理情况返回给各业务总部,各业务总部向各用户返回需求处理情况,资源共享服务平台记录该用户需求处理情况。以上就完成了用户需求的统一筹划,而资源共享服务平台还需要继续跟踪后续的用户需求处理情况,并及时通知用户。

(6)任务管控平台将需求统一筹划形成的监测任务进行编码,通过地面站上注到执行任务的卫星上,并将该任务执行信息反馈给总部节点。总部节点将任务执行情况返回给各业务总部,各业务总部向各用户返回需求处理情况,资源共享服务平台记录该用户需求处理情况。

(7)各任务执行卫星完成监测任务后,将获取的数据下传至地面站,任务管控平台将接收的数据发送给数据预处理平台和专业处理平台进行对应的处

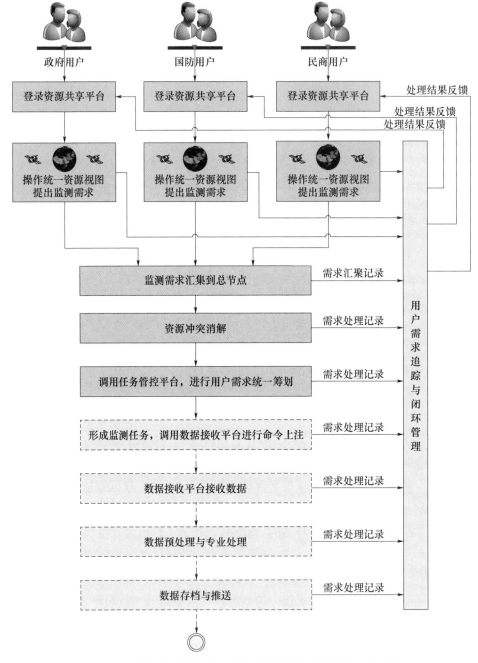

图 5-24   资源共享服务平台用户需求筹划与闭环管理工作流程

理;同时将任务执行信息反馈给总部节点。总部节点将任务执行情况返回给各
业务总部,各业务总部向各用户返回需求处理情况,资源共享服务平台记录该

用户需求处理情况。

（8）预处理平台和专业处理平台将处理后得到的产品通过资源共享服务平台进行发布，资源共享服务平台进行数据产品的存档和发布，并向对应的用户推送数据产品信息。资源共享服务平台完成用户需求处理的结果，完成用户需求的闭环管理。

2. 资源统一存储与有序共享

资源共享服务平台采用多中心、分布式数据存储方式，以云存储架构组织全国各类数据等资源，为全国各级用户提供统一的全局资源视图。各级用户登录资源共享服务平台之后，可以浏览、检索全局的所有资源，并根据用户的访问权限下载对应的数据资源。

资源共享服务平台的共享服务工作流程如图 5 - 25 所示。

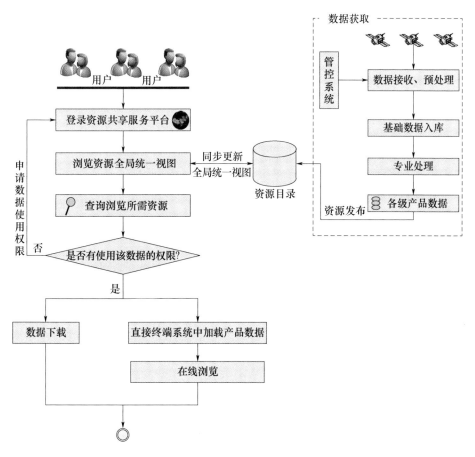

图 5 - 25　资源共享服务平台共享服务工作流程

（1）数据预处理和专业处理完成各级标准数据产品和专业处理产品的生产后,通过资源共享服务平台进行数据产品的存储和发布。

（2）资源共享服务平台在网格系统各节点间完成全局统一视图的更新,供用户检索、浏览和下载,实现数据产品的共享。

（3）总部或各行业用户,包括信息生产人员、信息应用人员、数据分析人员,通过身份验证登录资源共享服务平台。

（4）用户操作统一资源视图,对资源目录进行浏览、查询。

（5）当用户操作某一资源时,首先进行用户的使用权限验证。如果用不具备该资源的使用权限,需要向上一级节点申请资源的使用权限。

（6）具有资源操作权限的用户可以选择直接在终端系统中加载对应的资源,并进行在线浏览和使用。

（7）如果用户选择下载对应的资源,则启动资源下载任务下载该数据资源。

5.6.2　资源共享与服务平台技术

资源共享与服务平台基于基础软硬件环境,依托通用技术的底层支撑技术和集成框架提供资源的管理、共享分发等服务。资源共享与服务平台技术提供数据组织、存储与服务的基础平台技术,提供工具级和系统级共用功能的通用技术以及供用户进行业务开发、集成扩展的集成框架三个部分,其组成如图5-26所示。

1. 软硬件支撑环境

软硬件支撑环境提供资源共享与服务平台运行所需的操作系统、数据库、中间件、网络、存储、计算、安控等基础设施。

2. 基础平台

基础平台提供了一套在统一的时空基准和地理空间框架下实现空天数据存储、组织、管理、分布式虚拟化整合到共享服务等。

1）资源管理与服务

实现星地资源、数据资源、软件插件资源、远程服务资源的一体化管理,实现各类资源的共享与服务。提供星地资源的需求、任务、流程状态等相关的信息管理与信息更新服务,提供数据资源的检索、分发、订阅、传输、下载、质量评价、统计分析、数据挖掘等基础服务,提供软件插件资源与远程服务资源的注册信息管理、检索、下载、申请、评价、统计等服务。

2）数据存储

基于大规模、分布式存储体系架构,构建开放的海量数据存储支撑环境。

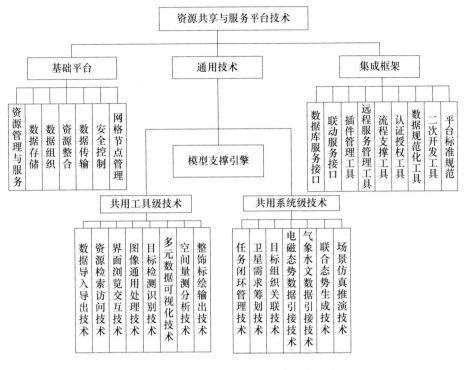

图 5-26 资源共享与服务平台技术组成

通过共享文件实现分布式数据资源的统一存储访问,通过多级存储体系架构实现数据资源全生命周期的管理,通过动态自适应存储调度机制保证高效的数据存取服务,通过容错抗毁和自适应恢复技术实现数据存储的可靠性与高可用性。

3)数据组织

基于统一时空基准与框架,建立全球海量异构数据组织模型,完成平台数据库设计,实现基础数据产品、专业处理产品、应用支撑数据、数据工程数据等四大类数据资源及其元数据的统一组织管理。基于统一数据库建库规范,实现与用户数据库的集成。通过数据分级分类体系、时空属性描述、语义标签等多个层面构建数据关联关系,支撑海量数据的高效检索与信息挖掘。

4)资源整合

提供分布式资源统一注册、发布、发现、更新和维护,将物理上分散的各网格节点资源虚拟整合成统一、透明的资源视图。星地资源的整合形成统一的需求与任务信息视图,支撑全流程闭环管理。数据资源的整合形成统一元数据资源视图,实现面向全国用户的数据资源共享分发。软件模型资源的整合形成面向全国综合应用的功能集合视图,供用户按需进行功能定制与裁剪。远程服务资源的整合形成统一的专业处理服务集合视图,满足用户在监测、测绘、气象等领域专业处理服务的需求。

5)数据传输

提供统一的数据传输接口,能够适应卫星、光纤等不同传输链路,解决高延时、高丢包等复杂网络条件下的传输效率问题,实现空天信息数据在分布式多节点间高效、可靠的传输,为资源共享服务平台中各类数据服务模式提供数据传输技术支撑。

6)安全控制

提供数据传输加密、数据存储加密、授权管理、访问控制、应用安全审计、入侵检测、漏洞扫描、密码管理、证书管理、用户身份认证等技术手段,形成保护资源与服务安全、网络安全和计算环境安全的系统级防护能力,为实现大规模信息共享提供安全控制技术支撑。各类技术手段为可选配置项,应根据建设需求适当选用。

7)网格节点管理

提供网格节点的运行管理和维护功能,包括节点接入、节点配置、节点状态监视、节点故障诊断、节点状态分析等,保障平台的可靠运行与容错恢复。各数据中心节点通过网格节点管理提供的功能实现本中心的自主管理与维护。

3. 通用技术

通用技术为可直接使用的一系列共性功能技术集。包括三个组成部分:提供模型接入、运行和调度的技术引擎;提供界面交互、算法模型等可直接安装使用、无需二次开发的共用工具级技术;提供完整特定功能、支持二次开发的共用系统级技术。

1)模型支撑引擎

模型支撑引擎提供平台各类通用模型、专业处理模型和综合应用模型的接入及运行功能,是平台模型机制的核心组成部分。模型支撑引擎提供已使用算法模型的加载、启动、停止、卸载等基本功能,提供算法模型间的数据交换、消息传递等通信机制,完成模型的运行、调度和管理。

2)共用工具级技术

(1)数据导入导出技术。是平台与外部系统或外部数据源之间进行数据交换的集合。将外部系统或外部数据源按照高分标准规范和资源共享服务平台要求导入平台,或者将资源共享服务平台已有的数据按照特定的格式和规范导出,供外部系统使用,实现资源共享服务平台与外部数据共享与交换。

（2）资源检索访问技术。提供对平台管理的数据资源、星地资源、软件模型、远程服务等各类资源进行检索与访问的集合。检索方式包括常规条件检索、空间可视化检索、时间轴检索、全文检索、关联检索等,对检索到的各类资源提供在线浏览、实时下载、语义标注、资源评价等多种模式的访问。

（3）界面浏览交互技术。平台为支持上层应用所提供的与具体业务无关的界面交互基本功能集合。包括可定制图层管理、渲染场景管理、坐标系及坐标转换、标题栏、工具栏、信息条、鸟瞰图、相机控制、画中画、鼠标键盘交互操作以及界面配置管理等。

（4）通用图像处理技术。针对光学、SAR、高光谱等遥感图像的基本处理功能集合。提供图像增强、色彩调整、图像降噪、格式转换、影像裁切等基本图像处理功能,以及图像粗配准、图像精校正、图像融合、图像比对分析等分析处理功能,结合行业应用,提供初步的图像变化检测、图像信息和电子信息融合、图像立方体分析和图像序列分析等。

（5）目标动态监测技术。主要通过集成、调用高分结果经过测评、择优的目标检测识别关键技术攻关成果,以及集成行业应用支撑设施的目标特性库、知识库、模型算法库、软件组件库、样本库等来实现典型目标动态监测功能。

（6）多源数据可视化技术。实现多源数据与场景的渲染及展现功能。主要提供栅格、矢量等基础地理信息数据的可视化,提供测绘、成像、气象水文等专题数据的可视化,提供三维模型、三维地物符号及三维场景的可视化。

（7）空间量测分析技术。实现行业应用相关的量测与空间分析功能。提供包括距离、面积、像素点、角度、高度、坡度、坡向、坡面等量测方法,提供量测结果记录、编辑、统计等量测辅助分析功能,提供通视度、剖面、可视域等空间分析功能。

（8）整饰标绘输出技术。实现基于二维/三维场景的标注、整饰功能。提供图标、模型、文字等符号标绘工具,提供线、多边形、圆锥、圆柱等几何体标绘,提供雷达、波束、标牌等业务标绘,提供比例尺设定、图饰添加、样式修改等整饰功能,提供场景编辑、输出功能。

3）共用系统级技术

（1）任务闭环管理技术。提供对用户提交的高分卫星对地观测需求、产品下载、订阅等各类任务的管理功能,包括计划生成、流程发起、流程状态跟踪、任务准备与发起、任务状态跟踪、任务统计分析、任务闭环与反馈等全流程的闭环管理。

（2）卫星需求筹划技术。提供卫星监测计划筹划功能。通过访问平台提供的星地资源管理服务，根据规定的时间和卫星轨道参数等信息，进行指定区域的卫星过境时间分析，进行卫星轨道、卫星模型、可监测范围的模拟仿真，实现任务推演，生成监测需求并根据预定策略进行需求消解。

（3）目标组织关联技术。实现目标体系管理维护、目标要素提取与语义标签标注、基于目标体系的数据关联等，根据目标分类体系从数据资源中提取与目标相关的要素，按照时间、空间、属性、事件等不同纬度，建立数据资源与目标之间的、基于目标数据资源之间的关联关系，并实现对关联关系的更新维护。

（4）气象水文数据引接技术。实现各类典型气象、海洋数据及产品（如风场、温度、降雨率、大气含水量、海浪等）的引接和管理，支持以栅格填图、等值线绘制、场矢量、垂直廓线、断面和剖面、演变动画等多种显示方式，实现各类气象水文环境的综合展示，支持专业处理和综合应用。

（5）联合态势生成技术。通过汇集陆地、海洋、天空、气象水文、目标和实时态势信息，进行综合展示和分析，生成服务于联合应用的"资源虚拟整合"综合态势，根据制定的应急预案，按需向各级指挥员、各行业、系统平台分发态势图表，为应急部队监测、管控、防御、打击、评估一体化精确行动提供支撑。

（6）场景仿真推演技术。提供对态势综合分析后形成的综合态势和应急预案进行数据引接、场景展示和仿真推演功能。管理应急方案、应急行动能力、专家知识和历史案例等基础数据，通过预案匹配、空间分析和智能检索对综合态势发展趋势进行预测分析，对行动预案推演结果进行动态场景展示，对推演效果和可执行情况进行综合评估，支持行动决策的辅助规划和推演优化。

4. 集成框架

集成框架用来支持各用户利用平台进行专用模型开发，实现各业务系统与资源共享服务平台的集成。集成框架由若干独立的标准规范、软件接口框架和软件工具组成。包括数据库服务接口、联动服务接口、插件管理、远程服务管理、流程支撑、认证授权、数据规范化、二次开发和平台标准规范等组成部分。

1）数据库服务接口

数据库服务接口是平台提供的数据库公共访问接口，实现了针对多源异构数据库的统一访问。用户通过数据库服务接口完成所有与后台数据库相关的操作，包括数据检索、增加、更新、删除，以及数据库对象的创建、修改与删除。

2）联动服务接口

联动服务接口是用户调用平台联动机制的接口。平台联动机制为一维图表、二维影像判读、二维矢量地图、三维数字地球等应用与资源共享服务平台之间的多个维度的应用界面联动提供底层支撑,支持数据联动、位置联动、视角联动、结果联动。联动接口提供了规范的联动形式、功能和接口,支持本地、网络环境下多应用界面之间的联动。

3)插件管理

插件管理提供对平台中通用插件、专业处理插件以及综合应用插件等插件资源的管理功能。实现插件的注册发布、查询浏览、下载、安装、更新、集成运行和评价等功能。

4)远程服务管理

远程服务管理提供对平台中专业处理、综合应用等远程服务资源的管理功能。实现服务资源的注册发布、查询浏览、访问使用和服务评价等。

5)流程支撑

流程支撑提供统一的流程定义、驱动和管理功能,为用户实现自定义业务流程提供技术支撑。流程支撑提供流程的定义、提交、启动、挂起、继续、取消、状态查询、管理等。

6)认证授权

根据平台安全保密总体规范要求,认证授权配备适用于网络系统环境的安全保密与权限控制硬件设施及软件模块,实现用户登录认证,实现用户资源访问和资源操作授权管理,提供权限管理。

7)数据规范化

数据规范化支持各类数据产品加工、数据整理和格式化输出。主要包括地理测绘、气象水文等多种专业处理数据产品的输出模板,支持栅格数据、矢量数据、DEM 等相关数据的导入和导出,同时提供格式转化功能。

8)二次开发

二次开发提供平台二次开发需要的 SDK、开发手册、开发编译环境、示例代码、集成环境安装包等。支持用户使用平台提供的通用插件库快速组装应用软件,支持通用模型的二次开发扩展,支持用户业务数据接入、管理、可视化、量测标绘操作等功能模型的二次开发。

9)平台标准规范

资源共享服务平台形成并提供各类技术标准规范,包括资源共享服务平台对外接口要求、资源共享服务平台集成要求、资源共享服务数据交换标准规范以及资源共享服务二次开发规范等。

5.6.3　资源共享与服务关键技术

1. 基于时间、空间、属性与目标体系的自动关联组织技术

地面系统需要处理数据来源不一、类型繁多、数据量巨大的多源数据。现有的空间信息服务达不到自动化、实时化和大众化的智能服务水平，面对这些海量异构数据，如果不加以有序组织与高效管理，将使得数据之间相互孤立、相关度低，不利于数据价值的挖掘和增值应用，数据利用率低下。建立有效的数据组织与关联方式面临诸多难点，具体如下：

（1）数据组织与关联方式要能容纳、支持多种类型的、不同来源的数据，应便于数据类型的扩展与更新。

（2）数据组织与关联方式应便于数据的逐步积累，便于发挥数据内容的应用价值，能够关联历史数据，保持数据的持续性、有效性。

（3）数据组织与关联方式要便于支持实现多种手段的高效数据检索，为用户提供数据检索服务。

（4）数据组织与关联方式要为数据的可视化提供良好的支撑。

（5）数据组织与关联方式要便于在多个用户之间进行数据的虚拟整合与共享，方便进行数据分发。

（6）数据组织与关联关系应便于更新和维护。

针对上述难点，深入分析数据来源、数据类型和数据应用特点，在统一时空基准与框架下，构建基于时间、空间、属性与目标体系的数据组织与关联模型。具体解决思路如下：

（1）建立高分数据分级分类体系，针对不同体系建立相应的元数据可扩展定义组织模型，引入面向对象的继承、泛化、衍生等思想，完成数据类型的扩展定义与定义更新。

（2）建立全球重点目标体系，建立目标体系的构建及目标体系要素的分解，为基于目标体系的数据组织关联提供支撑。

（3）建立基于统一地理编码框架的时空模型，时间可以用数据的获取时间、事件时间来精确标定，基于时间信息可以方便地构建数据的连贯性；空间信息可以是精确的空间位置、遥感图像的分辨率、矢量地图的比例尺等，通过统一的时空基准来关联、组织海量数据。

（4）建立基于时间、空间、目标体系的多源数据组织关联，支持目标元数据定义、目标间的关联关系的调整、扩充，便于基于目标及基于空间的历史数据关联和积累。

（5）建立分层次的目标关联策略。针对不同目标探测手段的特性,构建分层次的目标关联策略,借助数据的时间、空间信息、目标的图像特征、辐射源特性等不同的属性特征,结合目标的识别信息进行智能动态关联,保证关联的可行性和准确性。

（6）建立关联关系的主动发现、自动更新策略,并支持手工建立、人工确认和修改,便于关联关系的维护和更新。

（7）建立基于关联关系的数据组织模型,支持基于时间轴的目标数据组织。

2. 跨网分布式资源虚拟化整合技术

高分地面系统是一套分布式体系架构,每个数据中心或数据节点各自维护各自的资源。为了更好地管理分布式存储的各类空天信息资源,使各部门的信息资源得到更为高效的利用,突破分布式、异构、异地存储的限制,实现高分数据资源的统一共享,急需构建一种符合高分资源存储与管理方式的信息共享与整合架构,形成统一的全局资源视图,保证每个节点都能够看到其他节点的数据资源,从而进一步实现数据资源的共享应用。分布式资源虚拟化整合技术正是为了解决数据分布式资源的注册、同步更新、整合的问题,对于高分各节点的资源共享与服务至关重要。

多源数据的分布式虚拟化整合、分布式共享本身就是开创性的,在这一点上,必须通过关键技术攻关和平台的建设一步步解决,实现高分地面系统顶层构想中规划的技术创新带动体制创新,实现多源数据资源虚拟整合。由于各节点规模大小不同,所管理的数据资源种类、数量也各不相同,这给资源整合策略的制定带来了一定的难度。

高分地面系统管理的资源不仅包含数据资源,还包括星地资源、服务资源、算法资源等,要实现多种类型的资源的整合,需要设计良好的技术框架。尤其是数据资源,是高分地面系统所占比重最大的资源,数据来源多样,保证这些数据资源信息的准实时同步难度非常大。同时,由于网络异常、系统异常带来的节点数据不一致的问题,也是分布式资源虚拟化整合面临的重要技术难点。

针对不同的高分资源类型,设计不同的元数据同步更新视图,制定对应的同步更新策略,保证每类高分资源都能够按照业务的需求进行不同频次、不同属性的数据同步。通过基于改进 OGG 方案的元数据统一注册、组织、管理与同步更新技术,既保证各节点数据资源同步更新的稳定性,又能保证同步更新的效率。

通过分布式资源同步调度策略,自动触发资源信息同步更新检查请求,检查各节点之间所共享的数据资源的一致性,保证全局资源视图的一致性。从技术角度保障由于各类网络异常、设备异常、软件异常导致的数据不一致的问题。

3. 广域网分布式数据高效传输技术

资源共享与服务需要管理的数据种类多样,在各节点之间传输面临以下难点:

(1)资源共享与服务分系统不仅管理包括 GB 级的大文件,也包括 KB 级的小数据块。前者要求端到端的传输具有良好的网络服务质量,保证传输带宽,具备在传输会话中断时能够重新续传的能力;后者对于传输会话的压力不大,但频度较高,需要保证传输的可靠性,在传输会话中断时应该能够重传。针对不同的数据类型,数据传输能够自适应调整。同时提高传输效率,又保证传输的稳定性的难度很大。

(2)要实现高效能、低延迟传输是一个难点。传统 TCP 延迟大、效率低,这就需要设计端到端数据高效能远程传输协议,从而确保一个端节点的数据完整、可靠、及时地传输到另一个端节点。

(3)数据服务模式多(数据下载、在线服务、在线处理、实时广播、订阅推送),需要支持多种通信样式和多种数据格式(流式数据、大文件)的传输。

(4)要适应复杂的网络环境。开展试验试用所基于的网络,在地理位置上具有分散型、网络环境复杂等特点,有些传输链路具有高延时、高丢包率、高误码率、远距离传输的特点,在这种网络环境下保证数据传输的高效性与可靠性是相当困难的。

针对上述难点的解决途径是:

(1)建立符合高分地面系统数据和服务特点的多源数据自适应传输模型,建立传输模型的体系结构,设计传输模型的总体流程,提供统一的高效数据传输接口,保证信息资源的高效、可靠传输。

(2)采用基于 UDP 内核的自定义传输协议,从而避免 TCP 反复握手导致的网络拥堵,瞬间的高延迟率对于整体速度的降低可以忽略不计,从而提高整体传输效率。针对不同数据类型,采用自适应传输机制,不断调节控制参数,保证网络服务质量,提高传输效率,实现自适应数据类型的渐进式传输。同时适应大数据块的持续传输,又适应小数据块的频繁传输。

(3)采用点对点传输机制,适应高分地面系统数据中心的分布式特点。保证数据的副本能够参与并行传输,从而提升传输性能,实现下载最多的"热点数据"传输速度也最快,解决网络丢包和延时的问题。

(4) 针对分布式并行传输,实现串行传输、并行传输、部分传输、断点续传、第三方传输、多路径传输等传输模式。

(5) 实现符合高分典型应用的数据传输加速方法,主要包括断点续传、压缩传输、分布式分块传输、分布式多路并行传输、分布式多源自适应选择优化、TCP/UDP 自适应选择等加速传输方法。

(6) 对传输过程进行监控与评估,一方面,通过加强的控制机制保证数据传输的质量,建立网络应用层的可靠性保障机制,确保每一个数据包都能到达目的地;另一方面,对整个传输网络中通过平台传输的任务进行管控,能够停止、暂停或延缓部分传输任务的执行,以满足紧急任务的执行,并不断优化传输过程,实现多源海量空天信息高效、可靠传输。

4. 分布式多中心的安全管理技术

高分专项地面系统具有一系列新的特点,主要有分布式多中心、对等互联、承载多类多级的海量数据资源、服务多类多级的用户节点和用户、"开放共享"和"授权共享"数据资源并存等;同时,资源共享与服务平台技术在业务(应用)层面上提出了灵活部署、跨域访问、即插即用、服务可扩展等需求。这些不同于以往共享分发的新特点和业务需求,对资源共享与服务平台技术身份认证、授权管理和访问控制提出了新的要求。

(1) 在用户身份管理和认证方面,资源共享与服务需保证用户命名空间及身份的唯一性,同时支持全网用户身份信息的同步,需要支持分布式环境下的多种类型的认证方式,是一个难点。

(2) 在授权和访问控制方面,资源共享与服务需实现授权策略表达和管理,实现面向应用协议的透明访问控制,是另一个难点。

针对上述难点的解决途径是:

(1) 在身份统一管理与认证方面,通过构建统一身份管理技术,基于数字证书建立用户层次化命名机制;支持多节点间的用户信息同步与共享,在按照属地建立管理的基础上通过数据聚合构建全局的用户管理视图,实现全网的统一用户信息管理;在各个节点间部署互信跨域的认证服务,利用认证服务同用户管理服务间的相互查询验证及认证之间的信任关系,使得在某一认证节点颁发的身份令牌全局有效,实现用户在各个信息节点间自由访问,从而达到全网统一自动漫游和单点登录。

(2) 在授权管理方面,首先,设计统一的具有高伸缩描述能力的分布式授权策略语言及相应的基于策略的授权决策机制,实现全局统一的分布式授权策略管理。其次,在分布式授权管理的基础上,实现基于属性的动态访问控制方法和基于标识的分级分类访问控制方法,以及分布式环境中策略决策方法,为高分数据全生命周期的访问控制提供支撑。

(3)在访问控制方面,针对高分应用系统技术体制和应用协议多样化的特点,实现应用协议解析和还原,保证业务系统的无缝接入,实现高效的访问控制决策方法,提高决策效率,满足系统的需求。

▶▶▶ 5.7 机动接收处理技术

机动接收作为小型机动式信息节点,面向我国应急救灾用户的空天信息需求,实现区域空天信息快速增强服务保障。

5.7.1 机动接收处理功能组成

机动接收处理由任务管控、数据接收与测控、快速处理、信息集成与服务和技术保障 5 个部分组成,如图 5 - 27 所示。系统装载于方舱车和天线车上,其中任务管控、快速处理、信息集成与服务三部分集成装载于一辆方舱车中,数据接收与测控按 1.2m、2.4m、4.5m 三种天线口径,分别独立集成装载于三型天线车中,每型天线车与方舱之间通过光缆相连接,相互兼容。根据不同用户需求,系统可组合编配为一辆天线车和一辆方舱车、两辆天线车和一辆方舱车或三辆天线车和一辆方舱车的装备形态,天线车和方舱车也可分别独立使用。

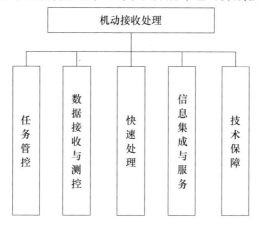

图 5 - 27　机动接收处理功能组成图

1. 任务管控

任务管控通过获取用户需求,进行任务解析和仿真推演,生成数据接收、测控、快速处理和信息集成与服务计划,生成控制指令,向其他组成部分下达任务,统一调度天/临/空多平台及载荷观测资源,完成多任务、多平台快速协同规划;统一管理调度全系统设备,协调各部分按分工执行任务。任务管控通过技术保障各部分构建无线或有线通信链路完成数据与信息的交互。

任务管控主要由任务管控平台、多平台协同规划、卫星任务规划、无人机任务规划、站控管理及数据网格管控等 7 部分组成。任务管控平台主要为系统多平台、多任务、多用户快速响应的任务管理控制建立基本软、硬件使用环境,各类任务规划主要对卫星、无人机进行任务规划和多平台任务规划统筹,管控管理主要完成各部分所属设备工作状态监控。

2. 数据接收与测控

数据接收与测控是航空航天一体化数据接收与测控的无线传输通道。能够快速展开与撤收,对目标进行跟踪和捕获,对下行数据进行接收、解调和译码,将遥感数据实时传送至快速处理,将遥测数据送至综合基带单元处理;同时根据要求,生成对目标的上行控制指令,完成指令的编码、调制、比对及发送。

数据接收与测控主要由天伺馈、接收信道、发射信道、测控与跟踪和高速数据处理与记录回放共 5 部分组成,集成装载于天线车,通过光缆与方舱车连接。天线按口径大小分为 4.5m、2.4m 和 1.2m 三型,可一键展开、一键对星、一键收藏,4.5m、2.4m 天线各配备 S/X、S/Ka、S/Ku 三种双频段馈源,1.2m 天线配备 L、S、X、Ku、Ka 五种单频段馈源。

3. 快速处理

快速处理根据任务管控下达的任务计划,完成对快速处理与数据处理通道检测与动态重构;完成对数据接收与测控、信息集成与服务的原始数据、定标数据、基础数据和辅助数据采集;完成对原始数据解密、解压缩、解格式等操作;完成对已处理数据的存储、记录、编目、存档和管理;根据用户任务需求生成产品快速处理业务流程,对不同数据快速任务加载处理,实现对数据的分级、分类快速处理;向信息集成与服务自动推送快速处理后的各类信息产品。

快速处理主要由遥感数据处理通用平台、处理通道管理、应急处理和信息产品生产四个部分组成。遥感数据处理通用平台主要对原始数据进行解密、解压缩和格式化处理,处理通道管理部分主要完成数据采集、阵列处理通道注册、调度管理、专用算法加载、生产任务执行等任务,信息产品生产部分主要完成用户 0~3 级基础数据产品、高级信息产品和综合应用产品的生产,应急处理部分主要是建立应急任务快速数据处理通道,完成应急信息产品生产。

4. 信息集成与服务

信息集成与服务预装所需的基础数据产品、高级信息产品和综合应用产品;按要求建立与用户通信链路,按需要向用户推送预装的基础信息产品、高级信息产品和综合应用产品;在快速处理的配合下,以查询下载、订阅推送、实时广播等服务方式,将生成的各类信息推送至用户使用。

信息集成与服务由资源共享与服务平台、信息服务、网络通信和系统维护等四个部分组成。资源共享与服务平台主要提供数据管理和分发、模型二次开发和集成的基础环境;信息服务部分负责在野外环境下接入各类网络,响应服务区内多个用户并发服务请求,并按需推送数据、提供个性化信息服务;网络通信部分主要完成对不同通信网络的接入和数据通信;系统维护部分主要完成数据库维护、用户管理、设备监测等。

5. 技术保障

技术保障主要是根据野外环境使用要求,提供时间频率标准、快速定位、通信、供配电、测试标校、车辆、方舱和人机工作环境等基础性保障。

技术保障主要由时频定位、通信、测试标校、供配电、天线车与方舱等五个部分组成。时频与定位部分负责向系统提供符合 IRIG – B 码标准时间与频率基准信号;通信部分根据用户要求选择使用,完成各类控制流、信息流数据的传输与交互;测试标校部分负责天线、射频环路、中频环路及自检环路性能和功能快速测试和标校;供配电部分主要提供供电保障;天线车与方舱等主要是为系统提供装载与机动工作环境。

5.7.2　机动接收处理流程

根据对机动接收处理不同任务要求,可将机动接收处理的流程划分为机动伴随、应急和试验训练三种工作模式。

1. 机动伴随模式

机动伴随模式作为最主要的应用模式,是指在野外环境下,伴随用户机动行动,为各级用户独立执行各类任务服务,向其关注范围内快速提供天基、临近空间、航空观测平台高分辨区域信息保障的使用方式,机动伴随模式工作流程如图 5 – 28 所示。

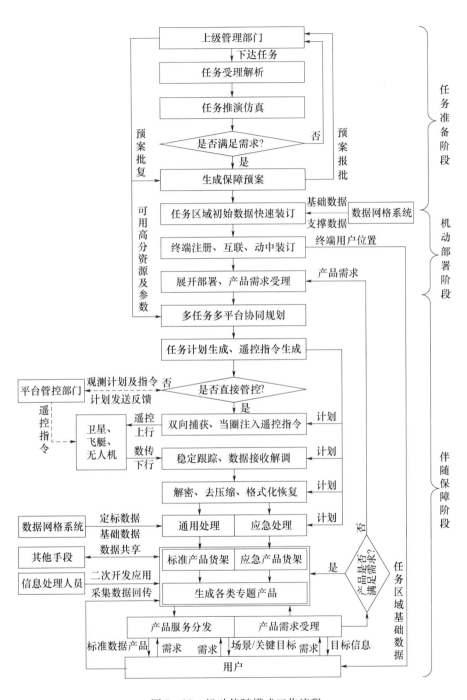

图 5 - 28　机动伴随模式工作流程

如图 5－28 所示,系统受理用户/数据网格任务要求,机动伴随各类用户至指定区域,整个应用模式按顺序可分为任务准备、机动部署和伴随保障三个阶段。

2. 应急模式

应急模式是指在地面系统工作异常或发生抢险救灾等突发事件情况下,在上级管理部门授权下,系统在其配置的能力范围内,取代地面系统的部分功能,独立完成对天基、临近空间、航空观测平台的应急任务管控、数据接收与测控、数据存储与管理、数据备份、信息处理、信息分发等任务的工作模式,其工作流程如图 5－29 所示。

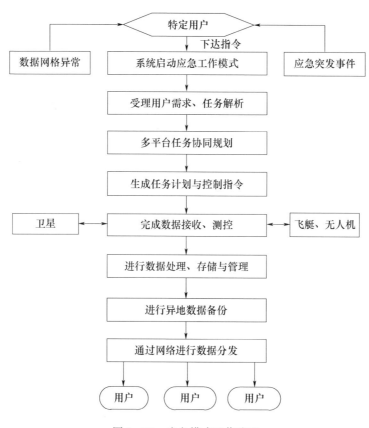

图 5－29　应急模式工作流程

3. 试验训练模式

试验训练模式是指根据上级管理部门的任务,为达到给定的试验训练目的,依靠搭建试验环境或通过数据网格系统提供的真实或模拟数据,完成系统试验验证和操作使用人员日常训练的工作模式,该模式工作流程如图 5 – 30 所示。

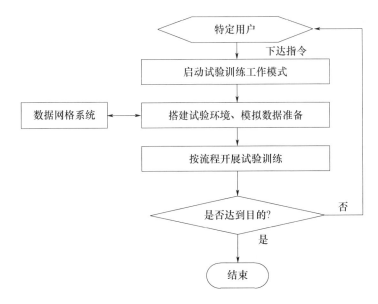

图 5 – 30　试验训练模式工作流程示意图

(1)进入试验训练模式,切换到训练模式,采用模拟数据用于当前任务的训练。

(2)根据训练方案,确定模拟资源平台、预装数据。

(3)针对本次训练任务,生成系统初始参数,并下发各部分进行参数预装,完成准备。

(4)模拟任务管理训练,模拟受理观测任务,对观测任务进行分类和分解,对分类、分解后的观测任务进行任务规划,形成任务观测预案和数据接收预案,分别编制观测计划、有效载荷控制计划、业务测控计划和各地面站数据接收计划。

(5)模拟数据接收训练,配置设备及参数宏配置,载荷姿态预报、捕获跟踪、信号下变频处理、解调处理、去信道化处理。

(6)模拟快速处理训练,模拟获取任务管理下发的任务计划,模拟基带数据处理流程,能够对基带数据执行快速解密、解压缩和去格式操作。

(7)模拟服务训练,模拟获取任务管理下发的任务计划,支持数据预装、查询下载、订阅推送、实时广播等多种信息服务模式。

5.7.3 机动接收处理关键技术

1. 天线可更换组合馈源技术

与传统遥感卫星数据机动接收天线系统比较,机动接收处理技术所涉及的天线具有频段覆盖广(S/X/Ku/Ka)、机动性能要求高等突出特点。接收天线系统需实现多频段高效率接收,完成对过境低轨卫星(轨道高度300km以上)以及临近空间飞行器的全空域无盲区高精度跟踪。因此就要在天线反射体、组合馈源的型式等多方面进行优化配置和全新设计,从工程实际角度出发,在合理解决换馈式工作的可行性、可靠性和人力、时间等资源等各方面条件保障的前提下,进一步降低馈源网络的复杂度,提高系统各频段G/T值指标,通过对馈源部件的优化设计,降低馈源整体尺寸和重量。通过结构和电气接口的一体化设计,配合独立设计的换馈机构,最终实现高精度快速换馈。

根据目前卫星高速数传X频段与Ka频段不同时工作的实际情况,系统拟采用S/X、S/Ka和S/Ku组合式馈源进行快速换馈设计,既满足系统四频段共用一副天线,同时还能满足在面对航天、航空、临近空间平台跟踪接收间隔周期短的情况下,不用频繁换馈就能完成任务。具体针对换馈设计采取的措施如下。

1)馈源网络小型化设计

根据分系统总体设计,各馈源网络及轮廓尺寸均满足装车及收藏极限要求,即要求横向尺寸不超过450mm,轴向尺寸不超过1850mm,同时还必须具备统一的安装方法,满足彼此互换的基本要求。所采取的馈源结构尺寸小型化措施主要包括:

(1)对于S频段,其和差网络采用同轴或带状线合成替代波导合成,可有效减小馈源物理尺寸。

(2)对于X、Ku、Ka频段,采取带状线差通道网络取代波导网络,结构设计尽量精巧,可有效减小馈源网络纵向尺寸。

(3)对于X、Ku、Ka频段,采用圆波导弯头将正交器及其后的网络器件横向放置,进一步减小馈源纵向尺寸。

2)馈源网路轻型化设计

馈源网络进行轻型化结构设计,尽量减轻副反射面、馈源及其结构安装件的重量。

（1）采取以上小型化措施,减小馈源体积,从而减轻馈源重量。

（2）各波导器件、带状线盖板、各结构固定件采用比重较轻的铝材,减轻馈源重量,为保证馈源网络损耗,对电气器件需采用特殊的铝镀银工艺进行表面涂覆。

（3）副反射面采用铝材加工,副反射面支撑架采用介质环套替代金属结构,既可有效保证副反射面与馈源的同轴性,又可减轻副反射面固定结构的重量。

（4）较厚的馈源安装固定板配减重孔。

3）组合馈源互换性和接口标准化设计

各馈源网络彼此之间应具有合理可行的互换性,对于换馈式馈源网络组合,各馈源更换时间应满足天线系统工作需要及相关技术要求。由于各馈源网络结构形式不同,实现馈源网络本身输出口位于同一位置且结构形式及尺寸完全相同是不现实的。但馈源网络与天线系统之间的接口可统一形式和尺寸。

各馈源网络下行输出口接 LNA 后,由 LNA 输出同轴线至中心体内一侧统一固定安装的输入输出转接板上,再由该转接板处采用射频电缆传输至下一级系统;发射机的上行馈线也固定性的连接在该转接板上,再由该转接板经各馈源网络自带的不同尺寸的软波导或粗同轴电缆连接至馈源网络上。

这一方法可使各馈源网络的输入输出接口设计具有一定自由度,仅需保证其与转接板之间的接口形式符合统一定义。在馈源网络相互更换时,仅需断开网络与转接板之间的馈线连接,然后将具有柔性的软波导和电缆捆绑至馈源网络上,使之最外端不超过馈源支套的横向尺寸,即可将馈源网络从上端拔出,再将另一个馈源网络装入,并连接相应馈线至转接板。LNA、波导开关等带电工作器件的供电电缆本身具有标准接口,可同时使用同一个或者类似的转接板实现。

2. 一体化阵列信道技术

随着我国航空航天事业的不断发展,要求卫星地面应用系统具有适应多频段、多通道的能力,同时提出了小型化、模块化、集成化的应用需求,而现有技术中对该问题尚无有效的解决方案。

为解决机动接收处理技术中多频段接收信道设备数量多与系统高密度集成、快速更换维修之间的矛盾,采用单机设备小型化、通用化、标准化、模块化及分布集成的设计理念,统一软硬件接口标准,采用多路变频器、多模板卡式、信道资源集中管理等一体化阵列式信道技术,实现外插式矩阵信道研制(图 5 – 31),

减小信道设备的体积,支持快速盲拔插及互换,确保接收任务信道性能的高可靠性。

图5-31　小型化外插式矩阵信道

若干功能共用同一CPCI机箱,统一总线进行供电及监控,大幅减小设备体积,将以往一个33U机柜的信道设备集成在4U的空间上,高度集成,降低了重量及功耗,一站一车,编配灵活,机动性强,具备野外独立工作能力。

信道在实现信号放大、变频、传输等功能的同时,依据接收信号频段的不同,将信道划分为不同的功能模块,统一功能模块的物理接口、电平接口、监控协议。保证变频、和差合成网络等可灵活配置、组装,提升系统的可配置性和可维修性。

调制解调器及业务测控基带采用标准CPCI机箱,电路设计大量采用数字化、可重组技术,设备模块化,提高通用性、兼容性,使维修、更换简单方便。

3. 多星兼容可编程解压缩技术

随着遥感技术的发展和应用需求的提高,遥感影像空间分辨率和时间分辨率均大幅提升,而且获取的原始影像数据十分巨大,遥感种类和载荷模式越来越多,工作模式千变万化,作为与载荷数据处理逆处理的地面基带数据处理设备,要满足多种数据源的高性能数据处理需求。现有技术中对于载荷少、速率高的卫星和载荷多、速率低的卫星采用不同的处理技术,或者需要多个技术并行使用,使得处理不同卫星型号时需要进行硬件切换,操作复杂,也增加了硬件成本。

原有的解压缩设备只能完成对应的卫星任务或者需要多套设备切换来完成不同卫星的任务,而多星兼容解压缩技术在之前的技术基础上增加了根据不同卫星任务型号来动态配置系统,从而实现了单一系统完成不同卫星型号数据解压缩处理任务。通过对各型卫星载荷种类、数目、数据加密、压缩方式、信道编码方式、AOS 协议格式、加扰方式的不同,设计不同的工程文件,综合实现后将 FPGA 配置目标文件按照统一的存储管理方法将所有目标文件都存储与共享在程序存储器中,然后在系统管理的统一调度下,完成对整个系统的拓扑构建、各处理板卡处理器目标文件的读取与配置、系统连接的形成等一系列系统配置后,按照既定策略完成相应的解密解压缩处理。

所有软件设计都是基于共同的硬件资源基础之上,且具有统一的输入输出接口和通信协议。而且系统会监测处理板卡配置状态,采用失败重配置技术保证系统任务执行的可靠性。采用多星兼容可编程技术使用单一系统可以满足不同卫星型号的数据解压缩处理。系统根据不同卫星型号任务动态加载配置,完成多星兼容。设备操作简单,减少系统设备量,降低了成本。

4. 遥感信息快速处理技术

随着遥感设备分辨率的不断提高,获得的遥感信息数据量呈数据级增长,对数据的快速处理提出了越来越高的要求。一方面,数据快速处理需要实现实时星载、机载传感器的成像、辐射校正和几何校正等操作,也需要大量的计算资源来支持。另一方面,在机动环境下考虑设备数量、体积、功耗和效能的情况下难以部署和使用大规模处理集群,使用专用处理设备会使系统开发的成本变得难以接受。因此,在机动环境下使用小型化高密度处理设备实现数据的快速处理是机动接收处理技术的一个难点。

快速处理采用基于 GPU 的实时快速处理技术,充分利用新一代 GPU 提供强大的浮点运算能力和内部带宽,发挥 GPU 对多源遥感信息的实时处理的巨大潜力。遥感数据处理一般都是以“景”为单位进行处理的,如果一景图像小于 GPU 的内存,可以利用单个 GPU 来实现单景的数据处理,否则必须要采用数据分块的方式来实现完整的数据处理过程,在数据处理完成后,处理的结果需要从 GPU 内存中传输到 CPU 的内存中以便进行后续的处理。在 GPU 内进行数据处理的过程中,通常要根据具体需求对数据进行分块处理,以便充分发挥 GPU 的性能。

为了缩短应急服务的响应时间,通过全面继承、裁剪信息集成与服务技术体系和设计规范,针对机动接收处理与服务资源特征和应用特征,采用海量数据组织与高效检索技术、量化分割、变量快速提取、数据包定制和数据库动态维护等关键技术,突出开发动态信息处理和集成能力。

快速处理针对战场保障和民用应急应用情况,按照"机动便携、软硬集成、自动处理、实时生成、灵活扩展"的理念进行设计,着重在用户需求、应用模式和应用场景等方面做了优化设计,使设备更实用、便利和快速。该方案的特点主要表现如下。

1)数据不落盘处理

采用"数据不落盘"策略使卫星、无人机数据实时接入,进行基础数据产品和部分高级产品一体化处理,从而达到数据产品实时生产。

2)自动处理

采用无人机数据产品、卫星1~3级产品、区域场景产品生产全自动处理手段,精简专题产品生产流程,尽可能减少人工干预,提高自动化处理程度,加快全流程的响应速度。

3)并行处理

采用1台多GPU/CPU高配置的高性能服务器和1台工作站完成快速处理。服务器和工作站各有分工,相互协作。工作站主要用来完成监控和显示高性能服务器上各任务的完成情况,以及界面相关的操作功能包括人机交互。高性能服务器则主要用来完成多源数据的快速接收、发送和处理功能。在软硬集成上,硬软件深耦合实现高性能计算,利用CPU与多核GPU集成的优势,大大增强快速处理能力。

5.8 数据安全交换技术

数据安全交换技术面向各类载荷数据共享需求,实现高分遥感数据的安全交换与互补,为我国军事安全和民生应用提供必要的信息保障。

5.8.1 数据安全交换功能组成

通过对系统业务职能和使用要求的分析,对数据安全交换的功能进行了逻辑划分,确定了其功能组成,主要包括六个部分:降解密处理、业务管理、数据管理、技术支撑、数据共享与服务以及运行保障,如图5-32所示。

图 5 - 32　数据安全交换功能组成

降解密处理部分根据专业类型、产品类型、用户类型及需求等制定降密策略和解密策略,实现天基、临近空间和航空各类遥感影像(可见光、多光谱、高光谱、红外、SAR)的降解密处理(敏感目标处理、敏感区域处理、降分辨率、降定位精度),评估降解密效果的一致性和合理性。

业务管理部分管理来自不同用户的数据需求,对用户的数据需求进行融合处理,向用户反馈处理状态;根据用户需求选择执行适当的业务流程,调度各业务环节完成数据产品生产,采集生产过程中的监控数据,对生产流程进行监控,能够定制和维护业务流程;能够进行观测需求分析;具有对典型业务流程进行仿真演示的能力。

数据管理部分完成数据的跨区安全交换;对所有类型数据进行提取、存储、维护和备份恢复;对数据的全生命周期管理。

技术支撑部分用于满足不同行业对数据的不同需求,提供必要的高级产品处理能力,完成遥感几何高精度校正图、融合影像和超大区域镶嵌等定制产品的生产。

数据共享与服务部分位于整个数据安全交换的前端,利用资源共享与服务平台的研究成果,为用户提供需求提交、数据在线请求、数据订阅、数据在线处理、数据检索与下载等功能,实现订阅分发、智能推送、离线递交等多种服务模式。

运行保障部分实现用户信息管理、系统服务管理、系统安全防护、系统软硬件设备运行状态监视,并可对系统重要业务的运行情况进行审计,为数据安全交换的正常、稳定运行提供支持和保障。

5.8.2 数据安全交换流程

数据安全交换流程指数据中心接收其他部门提出的定制产品需求,协调进行镶嵌产品制作后向其他部门数据中心反馈的流程,如图 5 – 33 所示。

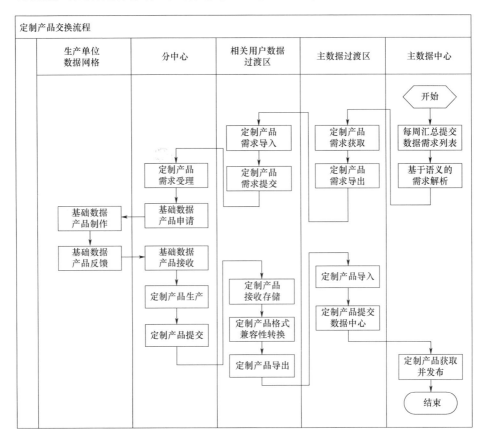

图 5 – 33   定制产品交换流程

(1)相关用户部门定期汇总用户提交的应用数据需求,形成数据需求列表。

(2)主数据中心基于语义进行需求解析,生成定制产品需求并提交主数据过渡区。

(3)主数据过渡区将定制产品需求转发给相关用户数据过渡区。

(4)相关用户数据过渡区受理定制产品需求并向数据网格(成像/测绘)提出进行定制产品生产所需的基础数据产品申请。

(5)数据网格(成像/测绘)进行基础数据产品制作,并在制作完成后向技术支撑部门反馈基础数据产品。

（6）技术支撑部门基于数据网格(成像/测绘)反馈的基础数据产品进行定制产品制作。

（7）依据相关用户需求制作完成的定制产品通过专网提交到相关用户数据过渡区,依据相关用户需求制作完成的定制产品经过降解密后通过专网提交到主数据过渡区。

（8）主数据过渡区数据管理部门定时提取定制产品,并将元数据和数据产品导入到过渡区数据产品库。

（9）主数据过渡区数据管理对定制产品进行兼容性转换,以便向主数据中心进行数据交换。

5.8.3　数据安全交换关键技术

1. 需求统筹融合技术

卫星遥感数据在面向国家部委、省市区、科研院所和社会大众提供服务时,用户群体庞大。不同用户提出的需求经常会有相同或者相似的情况,例如,用户 A 的影像需求为:北京市 2017 年 6 月到 10 月的多光谱影像,空间分辨率优于 5m;用户 B 的影像需求为:北京市 2017 年 8 月份影像,空间分辨率要求 2m。实际上这两个需求经过归并融合计算,可以描述为一个需求:北京市 2017 年 8 月份空间分辨率 2m 的多光谱影像,此影像可以同时满足用户 A 和 B 的需求。如果对这些相同或者相似的需求作为独立的个体看待不做归并,对每个需求都单独进行处理,势必造成系统的数据产品生产资源、数据安全交换资源的浪费,同时也会延误用户产品的交付时间。因此亟需对海量用户提出的需求进行智能化融合处理,实现用户需求统筹,提升资源应用效率。

1）遥感影像需求融合总体思路

针对遥感影像需求融合,需要从遥感影像需求表达方式分析开始,梳理遥感影像需求融合特征项,并对需求特征项相关性计算方法进行研究,设计遥感影像需求融合策略,实现遥感影像需求智能化融合。总体思路如图 5 - 34 所示。

2）影像需求融合特征选择

影像产品订单是目前用户遥感影像需求的重要表现形式,其中选用的特征项是最直接的用户需求体现。目前,国外用户申请表单主要面向特定传感器。对于雷达卫星(如 ENVISAT),其表单内容主要包括购买者信息、数据应用行业、

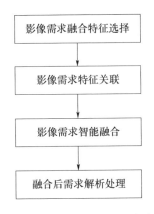

图 5 - 34　需求统筹融合技术路线

获取时间或轨道参数、中央经纬度、影像带宽、极化方式、生产级别、数据传输方式等。对于光学卫星(如 GeoEye),其表单内容主要有订阅者信息、产品信息、产品参数、价格和分发方式等五部分,其中产品信息包括影像分辨率、波段、量化等级、存档数据还是安排拍摄数据、云层覆盖情况、是否经过处理、辅助信息、地理位置、投影方式、空间参考等。

通过对国外主要卫星影像产品订单进行分析,可以看出遥感影像需求可大体分为空间、时间、传感器(轨道)、产品处理和文件获取几类。其中空间、时间、传感器是现有订单的核心,虽然各种卫星所使用的表达方式有所不同(例如:空间可直接指定经纬度范围,也可以中心点坐标、瓦片编号等进行指定),但内涵基本一致。因此可以将"空间""时间""传感器"作为遥感影像需求重要特征。

影像需求融合技术从遥感影像需求的特点出发,可以将遥感影像需求表达为 <空间,时间,传感器,任务 >的一个特征基本四元组,融合过程围绕该四元组展开,如图 5 - 35 所示。

3) 需求特征相关性计算

遥感需求特征相关性计算的目标是给出判断遥感需求是否能融合的标准和关联关系相对强弱程度。遥感需求具有属性和时空特征,这些特征决定了需求之间的关联性,同时,某些单一特征或组合特征也决定了一些融合互斥条件。满足互斥条件的遥感需求对是不能进行融合的,例如,需求 A 所需影像分辨率为"低",而需求 B 所需为"高",由于一幅影像产品的分辨率特征是不可能同时具有"高"和"低",因此需求互斥,无法融合。

整体计算流程如图 5 - 36 所示。

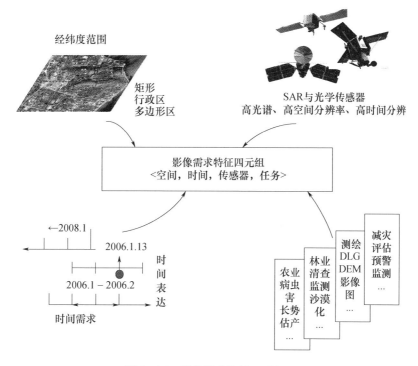

图 5 - 35　影像需求特征四元组

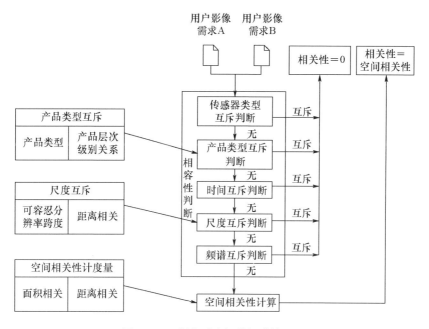

图 5 - 36　影像需求相关性计算流程

4）影像需求智能融合

影像需求智能融合是指用户需求相关的影像产品可能与其他用户需求存在空间范围、产品级别、传感器、分辨率等方面不同程度的重叠,为避免重复生产,浪费处理资源,需要对遥感影像需求进行智能融合。首先以遥感影像需求相关性为主要依据,根据遥感影像需求在空间和时间上存在重叠、尺度存在相近、产品具有层次级别关系等特点,设计遥感影像需求融合的机制、过程和相关处理,从空间、时间和传感器等不同角度实现需求融合。

主要解决思路是将原始待融合的需求集合进行子集划分,减少计算规模,然后采用模拟融合得到所有可能的融合方案,使用相关度量因子,选出最优融合方案。总体技术路线如图 5－37 所示。

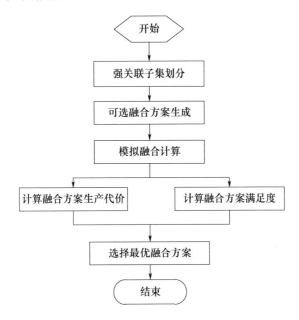

图 5－37　需求统筹融合技术路线

5）融合后需求解析处理

融合后需求解析处理是指由于处理结果是多个需求相互融合后的共同结果,因此并不能直接将结果数据发送给用户,而需要将结果按照原始需求进行一系列处理后才能进行用户标记。需要根据需求融合记录,利用相关处理手段,分解融合处理结果,来实现处理结果到用户原始需求之间的映射,以完成数据获取和生产需求的跟踪对应,将融合结果正确分解并返回给用户。

2. 数据安全控制技术

国际卫星遥感技术发展迅猛,卫星影像分辨率已经达到分米级,人们可以通过网络上的卫星影像识别几十厘米大小的目标并进行准确的坐标定位。遥感影像广泛应用并融入人们日常生活的同时,也带来了对国家安全的威胁。"Google Earth"推出以来,印度、韩国、泰国、以色列、英国、澳大利亚等国家先后反映有大量重要目标被曝光。

随着我国高分辨率对地观测系统的发展,如何在确保国家安全的前提下扩大遥感影像数据应用效益是遥感卫星商业化、大众化应用面临的重大问题,需要在国家相关政策,例如明确遥感影像开放界限、明确管理机构及其职责、制定配套的申请和审批流程等一系列政策保障下,分析遥感影像数据能够提供的涉密信息,研究卫星遥感影像安全控制策略,研发相关安全控制关键算法,形成自动化、批量化遥感影像数据安全控制处理系统,从技术层面实现卫星遥感数据安全控制,是高效解决海量高分数据向各行业应用推广的重要技术环节。

1) 遥感影像数据包含涉密信息分析

遥感影像数据可以提供的涉密信息,主要包括以下几个方面。

(1) 遥感影像数据安全控制策略。

由于发达国家遥感技术的发展,传统和单一的遥感影像数据安全控制策略已不能满足要求,有时甚至暴露敏感信息,例如经目标隐藏处理的遥感影像,通过与其他来源未经处理数据的对比,很容易给敌对方以目标指示。新的技术环境要求制定完备的安全控制策略。

从遥感影像数据可提供的信息来看,可分解为遥感影像数据的几个敏感要素:

① 敏感目标的特征信息——空间分辨率、光谱分辨率。

② 敏感目标的几何定位信息——定位精度。

③ 敏感目标的变化信息——时间分辨率、摄影时间。

④ 敏感目标的行动信息——空间、时间、光谱分辨率。

⑤ 数据获取能力信息——轨道、平台、载荷等参数。

因此,遥感影像的安全控制策略就转化为对这些遥感影像数据敏感要素的隐藏和处理策略。根据常规的影像提供要求,安全控制可以分为两类控制。参数控制,即通过对所提供辅助参数或元数据进行信息隐藏和处理,来实现对敏感目标的变化、数据获取能力等信息的安全控制;影像数据控制,即通过对所提供影像数据本身进行信息隐藏和处理,来实现对敏感区域和敏感目标的安全控制,通过对敏感目标的更新频率进行控制,来实现敏感目标变化、行动信息的安全控制。两类控制相辅相成,协调一致。

(2)参数控制策略。

参数文件包括辅助参数文件和元数据文件。辅助参数文件从遥感原始数据中分离出来,记录了对影像进行几何、辐射处理所需的相关处理参数,既是影像处理所需的核心数据,同时也包含了大量的传感器设计信息,体现了国家航天技术的指标信息。绝大多数国家不提供遥感原始数据,也就不提供辅助参数文件,针对用户的初级产品处理需求一般采用 RPC 模型来替代辅助参数文件,以隐藏参数中的细节信息。元数据文件是遥感影像的说明文件,通常向用户说明影像的摄影时间、传感器类型、处理过程等信息,包括基本信息和详细信息。为确保国家安全,可在不影响使用的前提下,根据用户性质和涉密等级降低参数精度或不提供某些参数。

(3)影像数据控制策略。

① 合理确定开放影像的空间、光谱分辨率以及定位精度界限。通过分辨率和定位精度控制可以实现敏感目标的总体识别和位置信息控制,减少一般敏感目标处理的工作和暴露风险,同时又保留一定的国家技术实力。从国外数据政策界限的设置来看,通常基于一定的历史发展阶段,综合考虑技术环境、自主水平和应用需求,兼顾动态调整,既保证主流需求的满足,又兼顾能力和敏感信息的安全控制。

② 严格控制敏感区域和敏感目标影像的开放时间和范围。首先,对敏感区域影像可采取延迟开放或不开放策略,同时控制分发对象范围。其次,对确需公开使用的包含敏感区域和敏感目标的影像采用一次性审批方式,同时采取多手段涉密信息处理技术:对运动目标采取目标隐藏处理技术;国外或已公开的国内固定目标采取不标注、不处理策略;有其他来源数据采取历史数据替换处理技术;其他重要目标的影像采取细节或光谱特性隐藏处理技术。

③ 根据使用目的控制更新时间。首先,对控制了分发对象范围的影像数据,根据使用目的确定敏感区域所需更新频率,防止非法用途。其次,严格控制公开影像中敏感区域和目标的更新时间。

2)遥感影像数据可用性分析

对遥感影像数据进行敏感要素的隐藏和处理,有一个重要前提就是不影响数据的一般使用效果。这里所说的一般使用,是指面向国民经济建设和服务于社会大众的使用,区别于国家秘密和安全方面的应用。

从参数控制、影像数据控制、更新时间控制三个方面来看,都可以做到在安全控制的同时保证使用的有效性。

3. 业务流程可定制驱动技术

数据交换共享面向的用户需求复杂多样,用户对遥感影像需求总体上可以分为三大类:存档数据需求、编程数据需求和定制产品需求。存档数据是指先前已经拍摄过的区域,已经存档在相关数据中心的数据库中,是现成品;编程数据是指编程制定飞行器对需求区域拍摄最新的影像,可以让用户得到需求区域最新的影像;定制产品是指根据用户需求,对存档数据或编程数据进行加工处理,生成满足用户需求的产品。用户需求决定了采用哪种交换共享业务流程进行数据服务,每一个业务流程会涉及不同的功能模块,而其中有些功能模块是多个业务流程共享的。采用传统模块化软件设计,无法实现共用功能模块的共享。同时,数据交换共享具备常规流程和应急流程,应急模式下,需要根据用户需求紧急程度启动相应的业务流程。可以借助业务流程定制驱动技术针对用户多样的、不同紧急程度的数据需求,基于既有的业务功能灵活配置出相应的业务流程,按照业务流程向用户提供满足需求的数据产品。

业务流程可定制驱动技术的实现借助于 Web 服务技术、企业服务总线(ESB)和工作流技术。为了实现各种业务处理环节的按需灵活组配,以 Web 服务方式实现各种业务处理功能,但只有一个个孤立的 Web 服务是不够的,为了让不同的 Web 服务能够按一定逻辑串接起来执行一个完整的业务,还需要借助企业总线技术和工作流技术实现 Web 服务之间的动态集成和重组。企业总线就是一种可以提供可靠的、有保证的消息技术的最新方法,是传统中间件技术与 XML、Web 服务等技术结合的产物。从功能上看,企业总线提供了事件驱动和文档导向的处理模式,以及分布式的运行管理机制,支持基于内容的路由和过滤,具备了复杂数据的传输能力,并可以提供一系列的标准接口。总线技术使得不同 Web 服务之间能够互通互联,但是不能满足 Web 服务灵活组配要求,还需要借助工作流技术扩展 ESB 在服务灵活组配方面的能力。工作流是业务过程的一种计算机化的表示模型,定义了完成整个过程需要的各种参数,这些参数包括对过程中每一个步骤的定义,步骤间的执行顺序、条件,以及数据流的建立。工作流技术负责实现不同 Web 服务的灵活组配,定义具体的生产流程。

企业服务总线与工作流相结合可以提供更灵活的 Web 服务配置,两者的结合方式如图 5 – 38 所示。在这种方式下,工作流实质上也被看作是一种 Web 服务－工作流程 Web 服务。工作流定义与维护负责创建新的工作流定义以及维护现有工作流定义。

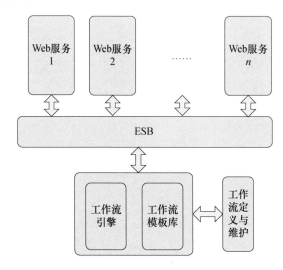

图 5 – 38　集成有工作流的业务服务总线

利用工作流引擎工具,部署设计数据交换共享业务流程模板,与业务流程模板相关的文件整合成归档文件统一部署在流程服务器的模板库中,流程动态编排模型如图 5 – 39 所示。

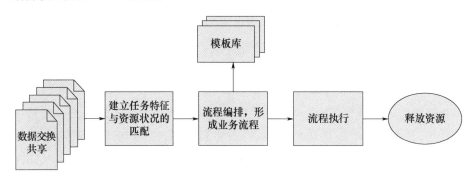

图 5 – 39　数据交换共享流程动态编排模型

借助于 Web 服务技术、企业服务总线(ESB)和工作流技术实现业务流程的管理与调度能够满足数据交换共享对业务流程灵活组配的要求。

第6章
应用支撑技术

6.1 系统概述

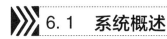

6.1.1 概念与内涵

应用支撑是面向对地观测领域建设的共性基础支撑,具备观测应用试验支持、基础地理信息保障、目标/地物特性与知识提供、典型试验数据采集、应用软件及模型算法检测与发布等功能,由"六库、一场、一平台"(基础地理信息保障库、目标/地物特性库、目标/地物知识库、应用软件插件库、基础模型算法库、试验样本数据库、典型目标应用试验场、测试评估平台)组成。

应用支撑系统按照逻辑层面划分为基础支撑数据、基础支撑技术和基础支撑环境三部分。基础支撑数据包括基础地理信息保障库、目标/地物特性库和目标/地物知识库。基础支撑技术包括典型目标特性、典型目标检测与识别、伪装和隐蔽目标检测与识别、地物要素智能化提取与三维重建、遥感图像高精度定位、气象水文与物理场定量处理等技术方向及基础模型算法库、应用软件插件库。基础支撑环境由试验样本数据库、测试评估平台和典型目标应用试验场组成。

6.1.2 技术特点

应用支撑系统位于高分专项地面系统基础层,通过资源共享与服务平台为专业处理与服务系统、各行业综合应用系统提供基础地理信息、目标/地物特性、目标/地物知识和智能化应用软件服务。

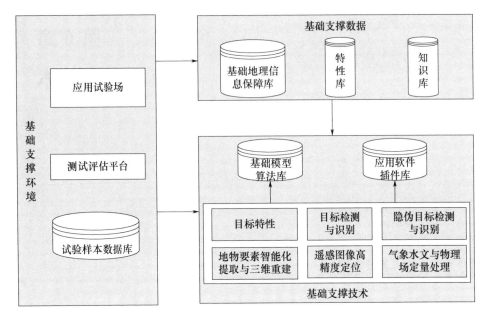

图 6-1　应用支撑系统组成

应用支撑系统可形成典型目标特性技术、典型目标检测与识别技术、伪装和隐蔽目标检测与识别技术、地物要素智能化提取与三维重建技术、遥感图像高精度定位技术、气象水文与物理场定量处理技术等关键技术,为全国遥感信息共享应用提供高品质可积累的基础数据支撑,为专业处理及各行业综合应用系统提供智能化高可用的基础技术支撑,为对地观测信息处理共性难点技术研究提供开放式可持续的基础环境支撑。

6.2　基础地理信息保障库

地理空间信息保障库主要是对各类基础测量控制点、正射影像、高程模型、矢量特征、地球重力/磁力等多元、多尺度基础地理空间框架数据的接收、处理、管理、分发和应用的地理信息保障库,为高分专项地面系统建设和各类用户提供统一的、融合其他信息的基础数据,支持高分专项地面系统稳定运行,确保信息空间统一。

6.2.1　技术思路

地理信息保障库的技术路线如图 6-2 所示。

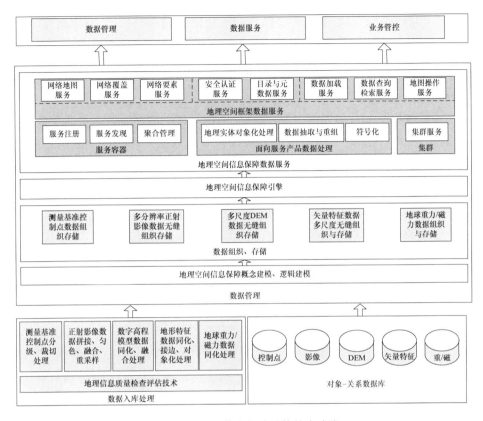

图 6-2 地理信息保障总体技术路线

数据工程等所获取的基础地理信息数据,采用地理信息质量检查评估技术,检测数据质量。符合质量的数据,针对测量基准控制点数据进行精度等级分类、原始影像裁切、规格化检查等处理,形成符合标准的测量基准控制点数据;针对正射影像数据进行格式转换、坐标转换、投影变换、影像调整、重采样、镶嵌、匀光/匀色等处理,形成符合标准的入库正射影像数据;针对数字高程模型数据进行坐标系、高程基准同化处理,进行多源地形数据融合处理,形成统一规格和入库标准的数字高程模型数据;针对矢量特征数据,进行同化(坐标系、编码、分幅方式等处理)、接边、对象化处理,形成符合标准的入库矢量特征数据;针对重力/磁力数据,进行格式统一转换、坐标系统转换、重力系统转换、重/磁正常场转换处理,形成符合标准的入库重力/磁力数据。

依据地理空间信息保障的使用要求,设计概念模型和逻辑模型。依据数据模型,设计数据组织存储方法。重点解决全球多分辨率(多尺度)影像(DEM)数据的无缝组织存储、矢量特征数据的多尺度无缝组织存储技术难题。其中影像(DEM)数据拟采用基于地理坐标系的全球网格划分,自适应金字塔模型组织;矢量特征数据拟建立多级存储结构,采用面向实体的分层逻辑无缝组织方式。综合考虑实现的技术复杂度和满足高并发访问需求,数据存储成熟的对象－关系数据库存储地理空间框架数据。

依赖地理空间信息保障引擎,地理空间信息保障数据服务实现服务容器、地理空间框架数据服务、集群服务以及面向服务数据处理功能。依赖上述功能,实现地理空间信息保障的数据管理、数据服务和业务管控功能。

6.2.2 系统组成

1. 总体架构与系统组成

地理空间信息保障总体架构由支撑层、数据层、服务层和功能层等组成,具体如图 6－3 所示。

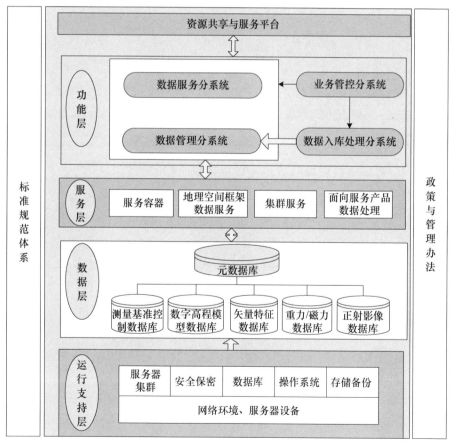

图 6－3 地理空间信息保障总体架构与系统组成

222

支撑层包括基础软件环境、硬件环境,相关标准规范和政策管理办法与运行机制等。它是地理空间信息保障得以长期运行的基础支撑环境。数据层主体内容是地理信息数据库和目录与元数据库,地理信息数据库存储测量基准控制点数据、正射影像数据、高程模型数据、矢量特征数据和重力/磁力数据。服务层提供容器服务、地理空间框架数据服务、集群服务和面向服务数据处理功能,实现空间数据库应用服务器和空间数据库引擎等重要基础功能。功能层提供数据入库处理、数据管理、数据服务和业务管控等功能。

依据功能,地理空间信息保障由业务管控分系统、数据入库处理分系统、数据管理分系统和数据服务分系统组成。

业务管控分系统在地理空间信息保障部署部门和资源承载与服务系统运维中心的指导下,开展地理空间信息保障、地理空间框架保障的各项任务的规划、组织和指挥,对任务进展实施管理和控制,对地理信息保障库的用户、权限、运行状态、安全等进行统一管理。

数据入库处理分系统将来自数据工程、国家基础地理信息数据库、测绘数据库以及测绘专业处理系统、数据交换系统获取的基础地理信息数据资源处理为满足标准规范要求、支持全球空间基础地理信息无缝建库的地理空间框架数据。

数据管理分系统以网络为基础、以数据为中心,采用多级存储体系,以实体点、矢量或栅格形式,分类分层无缝组织存储地理空间框架数据,实现对测量基准控制点、正射影像、高程模型、矢量特征以及地球重力/磁力数据的管理,提供数据查询检索、存取访问以及数据备份恢复、安全控制等功能。

数据服务分系统生成面向服务的产品数据,为资源承载与服务系统提供二、三维浏览服务;采用目录与元数据服务方式通过资源承载与服务系统向外发布地理空间信息,保障所具备的地理空间框架数据,为数据检索、查询和数据申请提供离线和在线数据服务。

2. 系统数据构成

地理空间信息保障的数据构成包括入库处理数据和成果数据两部分,其中入库处理数据来自国家基础地理信息数据库、高分专项生产数据等。

(1)国家基础地理信息数据库数据:已建成全国1:400万、1:100万、1:25万和1:5万基础地理信息数据库,并对其中1:100万、1:25万、1:5万基础地理信息数据库进行了全面更新;建立了覆盖全国的多分辨率航天遥感影像数据库和300多万平方公里的航空正射影像数据库;大多数地方政府测绘部门已经建成或正在建设1:1万基础地理信息数据库。

（2）高分专项生产数据：基础地理信息产品包括数字高程模型、数字表面模型、数字影像地图、数字线划图、雷达正射影像，重/磁产品包括高精度重力场、磁力场等。

6.3 特性数据库构建技术

6.3.1 基本概念

特性数据库构建是针对可见光、SAR、红外、高光谱等不同成像手段获取的数据，进行目标/地物特性的数据处理、特性提取与规范化、特性信息存储与管理、特性信息共享服务等技术，为专题数据处理提供数据支撑。

6.3.2 技术框架

1. 数据处理与规范化

采用可见光、SAR、红外、高光谱不同成像观测手段进行典型目标特性信息的提取；编写高分目标/地物特性数据库获取、处理、存储、共享交换的相关标准与规范。

2. 特性数据库信息分类存储与管理

进行目标/地物特性数据库的详细设计，对目标要素分类编码、航天器平台、传感器平台进行详细分类，设计科学规范、可持续扩展的特性数据库结构，并实现数据库建设；针对重热点地区和方向，对固定设施、关注目标、典型地物场景等对象，完成多时相的特性信息获取、采集和入库。

3. 特性信息共享服务

提供特性数据的查询、浏览、检索、下载、录入、修改、删除等功能，使用资源共享服务平台直接调用或后台 Web Service 接口调用特性数据信息。

技术框架如图 6－4 所示。

6.3.3 目标特性数据分析关键技术

1. 目标特性技术

基于高分载荷能力，面向专业处理和综合应用中重点关心的典型目标、地物、场景，开展典型目标/地物 SAR、红外、高光谱特性研究，为固定设施、森林普查、场景地物特性库的建立提供技术支撑。

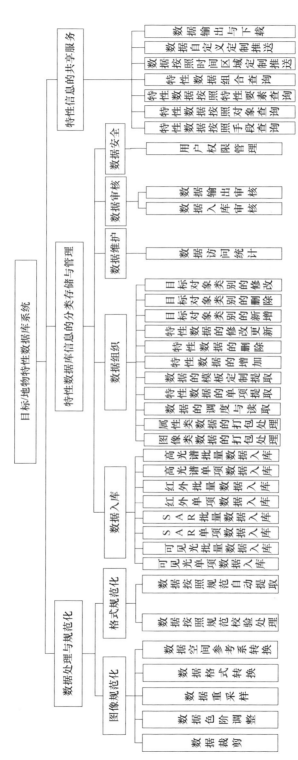

图6-4 特性数据构建技术框架图

2. 目标识别技术

基于高分可见光、红外、高光谱、SAR 数据，开展固定区域和关注目标识别技术研究，重点突破目标检测、分类、识别、动态监视等关键技术，提高高分图像判读解译的准确度和效率。

3. 伪装和隐蔽目标识别技术

针对假目标、伪装迷彩、叶簇隐蔽、地表浅埋等伪装或隐蔽类型，研究复杂背景下高分 SAR、高光谱、红外和多源图像的伪装与隐蔽目标识别的共性难点技术，解决目标信号弱和不确定性强等条件下的探测问题，为利用高分数据揭露伪装和隐蔽目标以及提升伪装与隐蔽手段奠定理论依据和技术基础。

6.4　知识数据库构建技术

知识数据库构建是针对高分数据监测、测绘和气象水文等知识内容管理框架、采集过程管理框架、用户管理框架、知识服务框架、知识应用框架等设计，知识数据库为综合态势应用提供数据支撑。

6.4.1　知识数据类型

知识数据类型包含的内容如下。

1. 面向高分检测应用的知识

1）固定设施类知识

包括具有相同属性的典型固定设施类别（建筑设施、工业设施、交通设施、农林渔业设施、水利设施、城市设施等）的相关知识信息，涉及目标的位置、部署、背景等信息，覆盖信息应用中的主要设施类别。

2）判读方法类知识

包括用于辅助解译的典型判读方法和判读流程的知识信息，涉及判读中的各种规范、方法和标准等，覆盖判读教程的主要内容。

3）特定目标知识

包括各种特定重点目标的知识信息，涉及目标的位置、内部结构、几何形状、能源情况等，覆盖信息应用中的主要方向。

2. 面向高分测绘应用的知识

1）区域信息类知识

包括国家（地区）知识和观测区域的知识信息，涉及名称、性质、地理位置、战略地位、面积、人口、交通、自然地理特点、图片、视频数据、关联地图图种及比例尺等相关信息。

2）自然要素类知识

包括陆地自然要素和海洋自然要素（地形、地貌、水系、海洋、植被等）的知识信息，涉及要素名称、所在国家（地区）、地理位置、性质、地理范围、面积、长度、宽度、海拔高度、植被特点、气候特点、灾害性天气说明、水系特点、越野通行情况、图片、视频数据、关联地图图种及比例尺等。

3）人工设施要素类知识

包括测绘基础设施、经济设施、交通设施、城市重要机构及设施、信息设施、作战设施、后勤保障设施等的知识信息，涉及所在国家（地区）、地理位置、观测价值、类别、类型、特性、形状、周围地形特点、交通条件，遭破坏后的危害，图片，视频数据，关联地图图种及比例尺。

3. 面向高分气象水文应用的知识

1）气象水文空间专业基础知识

包括气象要素、海洋水文要素和空间天气要素的定义，天气系统、海洋系统和空间天气系统的基本概念、发生条件和运动规律、可能引起的灾害以及对典型活动的影响，各种气象水文空间天气要素和系统（或事件）的基本原理、历史数据、图片、视频数据等。

2）气象水文产品应用知识

包括高分气象水文探测载荷的应用目标、仪器结构、探测原理、工作方式、光谱特征、性能指标，高分各种载荷的遥感辐射原理、探测目标和精度影响因素，高分气象水文定量处理技术和专业处理技术的用途、算法描述和优势等。

6.4.2　知识数据库总体框架

知识数据的总体框架构成如图 6-5 所示，由知识内容管理框架、采集过程管理框架、用户管理框架、知识服务框架、知识应用框架等五个部分组成。在知识数据研究过程中，将在总体框架的指导下，设计与实现知识数据，组织实施知识数据内容的建设与研制，并将通过资源承载与服务平台，用于总部专业处理系统、各行业综合应用系统和应急服务系统中的相关应用。

6.4.2.1　知识内容管理框架

1. 内容管理的基本要求

知识库包含三类知识数据：面向高分信息应用的知识数据、面向高分测绘

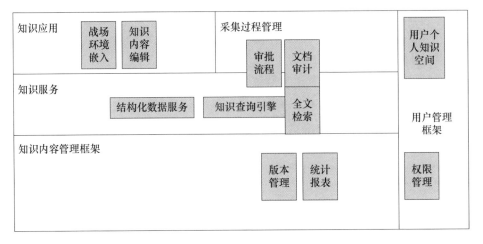

图 6 - 5 知识数据库体系架构

应用的知识数据、面向高分气象水文应用的知识数据。其中,面向高分信息应用的知识数据分为可移动目标类、固定设施类、判读方法类、特定目标类;面向高分测绘应用的知识数据分为区域信息类、自然要素类、人工设施要素类;面向高分气象水文应用的知识数据分为气象水文专业基础知识、气象水文产品应用知识。

针对上述内容,对设计的基本要求:

(1)能容纳多种类型的知识,包括信息生产、测绘、气象水文。

(2)能同时容纳结构化与非结构化数据。

(3)允许知识内容有多种载体,包括文字、图片、多媒体、音频、视频。

(4)知识数据间具有多种关联方式。

(5)便于知识数据的积累更新。

(6)便于知识数据的查询应用。

2. 知识内容表达方式设计

1)知识数据块

知识数据块是知识数据的抽象模型,包含了基本知识数据类型的公共特征。知识数据块是实现知识的基本构成,由基本属性和内容两部分组成。知识数据块的基本属性采用结构化数据设计;知识内容通过规定的标记型语言及专业模版来容纳多种类型的知识数据。知识数据块可以通过多种形式的组合形成经验、方法类知识。

2)知识数据块基本属性

为了方便数据的管理、信息的抽取等操作,知识数据块的基本属性采用结构化数据设计。知识数据块的基本属性包括如下几类内容：①标识；②名称；③基本描述；④访问控制属性；⑤时间属性；⑥空间属性；⑦附带文件；⑧版本信息；⑨关联关系。

标识是数据块的代号，具有唯一性。不同的数据块及其派生对象具有不同的标识，标识有效地区分了不同数据块及其派生的数据对象。

名称是方便数据块进行显示和交流的语言文字符号，区分了数据块之间的个体差异。数据块的名称由中文名称、英文名称、中文简称、英文简称、母语名称、别名等组成。

基本描述信息是数据块内容的具体说明，不同的派生数据有不同的描述信息，可以用知识内容模版对描述信息进行规格化。

访问控制属性描述了数据块的访问权限，具有不同授权的登录用户对数据块具有不同的访问权限。访问控制属性也包括竞争排序规则，竞争排序规则决定了数据块在查询结果列表中的排列顺序，重要的数据靠前排列。

时间属性描述了具体数据块的生命周期特征。并非从数据块派生的基本数据类型都有时间属性，大多数分类体系不具有明确的时间属性。

空间属性描述了具体数据块的空间属性信息。并非从数据块派生的基本数据类型都有空间属性，大多数分类体系不具有空间属性。

数据块派生的基本数据类型可以包含一到多条附件，附件作为磁盘文件保存在文件系统中，在数据块的属性中记录了附件的物理位置和文件类型。

版本用于描述同一数据块在不同时间的修改编辑状态。不同的版本构成了数据块的修改履历。通过修改履历，可以追溯数据块的修订记录，并回退到历史修订版本。

3）专业知识模板

知识内容通过规定的标记型语言及专业模版来容纳多种类型的知识数据。可以针对不同知识设定不同的专业模版，比如环境领域专业模板类、海洋林谷模板类等。

专业化模板的设计不仅可以使知识内容便于转换为结构化数据，方便服务引擎实现信息抽取，为算法软件提供结构化数据服务；还可以通过浏览编辑插件，向专业信息用户提供直观易于理解的应用体验。知识内容还可以附带多种格式的数据文件，如文本、声音、图片、视频、网页等。

4）数据块的基本关系

数据块抽象了知识数据各类基本数据类型之间的关系。数据块的基本关系包括:数据的空间关系、数据的时间关系和数据的逻辑关系。

空间关系是指数据在空间属性上体现出来的联系,通常通过经纬度、地理网格、国家地区等地理空间属性进行关联。

时间关系是指数据在时间上体现出来的联系,通常通过时间的相关性、时间周期的相关性体现。

逻辑关系是指数据内容所体现出的业务逻辑关系。逻辑关系包括七种关系,分别是包含、关联、引用、综合、演变、印证、矛盾。

5)数据块基本要素表示方法

(1)时间要素表示法。

时间属性是数据块的一项重要的公共属性。规范地使用时间要素的描述方法,是进行信息交换以及进行不同来源信息比对认证的基础。

时间要素表示法既包括时间点、时间间隔的规范描述,也包括本地(北京)时间和国际标准时间的描述方法。

(2)空间要素表示法。

在地理空间信息规范中,空间属性采用三种表达方法:地理网格、国家地区、经纬度和高程。三种空间属性可以相互转换,但是具有各自的特点。地理网格特别适合表达在不同观察尺度下的地理空间信息;国家地区更适合表达与人文地理相关的空间信息;经纬度和高程是最精确的描述方法,适合空间目标的精确表达。

① 地理网格(Geographic Grid)是对现有测量参照系的补充。它的目的是满足地理空间信息集成应用需求,为地理空间信息的整合提供以网格为单元的空间参照,方便多源、多尺度地理空间信息的整合与应用分析。

地理网格以四叉树为分割方式,将地球分级分块,形成不同尺度和不同大小的网格,各种地理空间信息以网格为单元进行关联。

② 本项目以国家标准《GB/T 2659—2000 世界各国和地区名称代码》中的二位拉丁代码和国家地区名称为基本规范,经必要的扩充形成"国家地区名称、代码规范"。

③ 经纬度和高程的表示方法遵循《GB/T 16831—1997 地理点位置的经度、纬度和高程的标准表示法》。经纬度和高程表示法的简要说明如下:

a. 经纬度和高程的表示法采用数字符号 0~9、正号(+)、负号(-)、小数点(.)和逗号(,)。

b. 纬度表示法。

度和十进制小数度的表示法:DD. DD。

度、分和十进制小数分的表示法：DDMM. MMM。

度、分、秒和十进制小数秒的表示法：DDMMSS. SS。

赤道以北的纬度用正号（＋）表示，赤道以南的纬度用负号（－）表示，赤道用正号（＋）表示。当纬度的度、分、秒数值小于 10 时，在相应位置补零。

c. 经度表示法

度和十进制小数度的表示法：DDD. DD。

度、分和十进制小数分的表示法：DDDMM. MMM。

度、分、秒和十进制小数秒的表示法：DDDMMSS. SS。

以东的经度用正号（＋）表示，以西的经度用负号（－）表示，本初子午线用正号（＋）表示，第 180°子午线用负号（－）表示。当经度度数小于 100 时，应在相应位置补零；当分、秒数值小于 10 时，在相应位置补零。

3. 知识内容关联结构

目标分类、目标构成、目标列表形成串接知识数据块的框架，如图 6 － 6 所示。

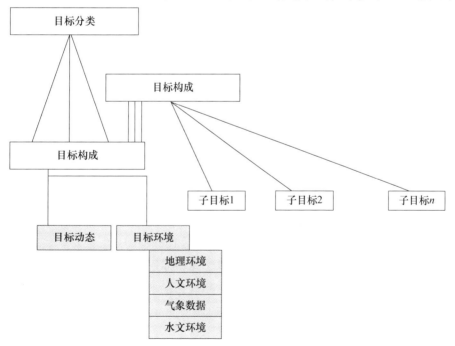

图 6 － 6　基于目标的内容关联结构

1）目标分类体系

通过所描述的目标，建立知识数据之间的关联。目标的分类体系形成了知识数据关联的基本框架，是一个基本数据类型，表达层次型的数据结构。分类体系是对侦察对象进行聚类、区分而形成的抽象的逻辑分类。

2）基于目标构成的内容关联结构

通过所描述的目标、子目标之间的构成关系,建立知识数据之间的关联。以机场为例,通过机场可以关联到机场的组成,如停机坪、跑道、特定停机坪、滑行道和坡道等建立关联结构。

3）基于目标列表的内容关联结构

通过构建目标列表,建立知识内容的关联结构。

6.4.2.2 采集过程管理框架

知识内容的积累主要有三种方式:批量入库、外联其他知识库和使用过程中的积累,通过这三种方式实现知识的累积。在知识的收集过程中,知识库将通过过程管理对导入的内容进行审批、审计、记录以及统计,实现知识的正确录入以及知识库的扩充和维护。

1. 知识库的累积方式

(1)批量入库:将外部知识库中的知识批量录入。利用现有知识库中的数据,并对其中的知识进行筛选,选取可用的知识数据,添加到现有知识库中。录入过程中需要匹配不同知识库中知识数据的结构属性,将不同数据结构的知识数据按照设定的知识数据块结构规则整合入库。在这种方式中,知识产权问题会是一个突出的问题。

(2)外联其他知识库:将外部其他知识库中的内容关联到本知识库中,通过链接的形式实现知识库间的关联。这是一种较为简单的方式,省去了录入的过程,通过简单的关联即可实现知识数据的累积。在这种方式中,为了知识结构的统一,同样需要对外部知识库数据进行动态格式调整,将知识数据匹配到既定知识数据结构中。

(3)边使用边积累:这是一种较为直接的知识积累方式,在日常使用过程中根据知识需求以及信息的积累,不断扩充知识库中的数据,从而实现知识数据的积累。在这种知识累积方式中,有三种具体的形式,包括在日常信息生产过程中拾取、专项条目撰写以及用户问答社区。

① 日常信息生产过程中拾取:将日常信息中产生的新的知识添加到知识库中,或者对已有知识条目进行扩充维护。这个过程涉及到信息的保密问题,因此需要结合信息的保密级别对知识条目的访问控制属性进行相应的设定。

② 专项条目撰写:针对知识库中的知识数据进行逐条录入,选取知识库范围内的知识条目,按照既定知识数据组织结构进行条目撰写。这个过程需要对

知识条目内容的准确性和可靠性进行严格审查,防止将不准确或是无用的知识添加进知识库。

③ 用户问答社区:在这种方式中,采取用户问答的方式进行知识的累积。相应的典型案例如新浪爱问,通过用户间的问答形式进行知识条目的添加,并可添加相应的文件、图片等多媒体素材链接。

2. 知识的入库检查

在知识内容的入库和维护过程中需要对知识结构、内容、形式进行相应的审查,保证入库数据结构的正确性和内容的准确性。入库检查包括如下几个方面。

(1)知识内容审核:首先对知识内容进行审查,判断知识内容是否在知识库的知识范围内。另外还需要对知识内容的准确性进行检查,保证入库知识的有效性。

(2)知识格式审核:对知识数据的结构格式进行审查,判断入库的数据是否按照既定的数据结构进行编辑,添加的附件是否有效等。

(3)应用规则审核:对知识的访问权限进行审核,按照知识的保密特性等对数据块的阅读、查询、修改等操作进行相应的设定,实现知识的访问控制。

(4)文档审计:从知识录入开始,在它的生命周期中每一次修改、查阅等操作都应该进行相应的记录,以完善知识的全过程信息。

6.4.2.3　知识服务框架

知识库提供五种服务的形式,包括结构化数据服务、目录式服务、智能搜索引擎、全文检索、用户社区式服务。

结构化数据服务主要是提供结构化知识信息,这种服务方式主要是服务于计算机软件、模型算法、软件插件等。

目录式服务主要是提供文档排序、分类查找等。这种服务方式主要是服务于人,为使用者提供知识列表。

智能搜索引擎服务主要是通过智能匹配,实现不确定性知识的查找。这种服务方式主要是服务于人,为使用者提供有价值的知识线索。

全文检索与智能搜索类似,是通过全文匹配的方式实现不确定性知识的查找。这种服务方式主要是服务于人,为使用者提供有价值的知识线索。

用户社区服务主要是用户自己根据具体需求有针对性地提出问题,发动其他用户来解决问题,而这些问题的答案会进一步作为搜索结果,提供给其他有类似疑问的用户,达到分享知识的效果。这种服务方式主要是服务于人,为使用者提供知识交互的平台。

6.4.2.4　知识应用框架

知识库与资源共享与服务平台的有机集成可以为判读人员、资料部门等用户人员提供丰富的知识资料,为算法插件提供大量先验知识。其典型应用模式包括但不限于以下两个方面。

1. 常规查询应用

常规查询应用可以利用知识库中的知识为非专业用户提供大量丰富的背景知识,提高其在专业应用时的效率,例如,测绘知识数据可以为其他非测绘导航用户认识、理解地理信息数据、地形图资料提供基础专业知识。同时也可以为用户在地理信息处理中提供各种规则和模型,包括地理信息坐标系统转换处理、地图投影转换处理、国标数据交换处理等。图6-7是常规查询应用的一个实例。

2. 算法插件应用

在这种应用下,服务器引擎基于模板规则提供结构化数据服务,为算法插件提供各种背景先验知识。通过某个基本属性搜索符合规则的知识数据,步步展开,形成树状的知识结构,再通过其他属性的数据匹配最终提供准确的知识数据。

6.4.2.5　用户管理框架

用户不仅是知识库的使用者,同时也是知识内容建设的主体,知识库内容的全面性、准确性和即时性有赖于用户的深度参与。因此对用户进行全面有效的管理,不仅可以确保知识的合理使用范围,同时可以保证知识累积的高效运行。用户管理框架大体可以分为如下三个方面。

1. 用户权限管理

由于知识库涉及保密问题,因此需要针对用户对知识的使用权限做相应的设定。权限管理需要根据用户所在的单位、部门以及涉密级别进行设置。根据不同用户的自身情况,同时结合知识的访问控制属性,个性化设定用户对知识数据的浏览、编辑以及修改权限,用以控制用户对知识库的使用。

2. 用户贡献管理

在知识库中,用户是知识的使用主体,更是促进知识积累的主体。因此为了促进知识的建设扩充,需要对用户在知识库建设中所做的贡献进行相应管理。根据用户在知识库使用中的参与程度,以及其对知识库内容积累所做出的贡献统计,设定相应的用户级别。具体地,可以以用户在条目撰写、问答社区中的编辑、回答采用率等指标设置相应的用户级别,在知识库建设中贡献较大的用户可以得到更高的级别。通过这样的方式促进提升用户在知识库建设中的参与程度。

要素编码　　　　110109
要素名称　　　　卫星定位网点
要素定义　　　　采用卫星定位测量技术施测的各级控制点

实例图片	地图符号示例及适用范围		数字化表示示例
	地形图	1：1万 ~1：50万	
	海图	通用	地图符号沿革
	航图	通用	

属性表

属性项名称	属性描述	数据类型	字段长度	示例	约束条件
编码	卫星定位网点的编码	长整型	10	110109	必选
名称	卫星定位网点的名称(NULL)	字符型	30	终南山	
类型	卫星定位网点的类型(NULL)	字符型	20	图幅	
等级	卫星定位网点的技术等级(0)	短整型	8	A级	
高程	卫星定位网点的高程(单位：米)	浮点型	10.2	223.6	
理论横坐标	卫星定位网点的理论横坐标(米)	浮点型	10.1	24286216.6	
理论纵坐标	卫星定位网点的理论纵坐标(米)	浮点型	10.1	3488667.5	

　　注："类型"指该卫星定位网点为图幅最高高程或区域最高高程(1图幅、2区域)；"等级"指卫星定位网点技术等级(1 一级、2 二级、3 三级、4 四级)；国内高程值域为[-154，8844]。

几何表示

几何特征	图形代码	表示方法	说明
实体点	PG	定位点	

　　注：卫星定位网点的实地定位点位于卫星定位网点标石的中心。

备注

相关要素	
拓扑关系	
要素说明	1.卫星定位网点的技术等级，国家卫星定位网点为A级、B级网，军队为一级、二级网，对等使用。 2.卫星定位网点不选取时，可改用高程点表示。

图 6-7　常规查询应用实例

3. 用户个人知识空间

　　用户个人知识空间中记录了用户在知识库中对知识条目的编辑以及用户问答中的参与情况。通过对用户所参与问题的分类确定用户擅长的领域，通过检索用户参与问题的关键词确定其擅长的题目。最终将找到的用户擅长领域定制成用户的关注点以及专长标签，实现对用户的个性化标记，完善用户信息，辅助高效完善知识库信息。

6.5 基础算法模型库与应用软件插件库

基础算法模型库是为系统平台提供数据处理模型与算法,实现对高分数据处理模型算法的查询、管理和维护等功能。应用软件插件库是根据用户任务需求处理高分遥感图像数据,完成处理任务和数据分析。

6.5.1 技术思路

模型算法库是基于资源共享与服务平台所定制开发的应用基础技术成果录入、管理与服务系统,为软件提供数据处理模型与算法,实现对模型算法的查询、管理和维护。

应用软件插件库是结合特性、知识形成的,具有完整的业务处理能力。基于待处理的遥感图像数据,针对感兴趣的地理要素(观测目标、地物地貌、地球重磁环境、气象水文环境)、所需执行的处理任务进行处理和分析。任务主要包括两大类:①目标地物判别类任务,即对观测目标或地物地貌进行分析和判别;②环境处理类任务,即对重力场环境、磁力场环境、大气环境、海洋水文环境。

集成技术成熟的模型算法和软件插件及相关知识、特性和基础地理信息,研制若干功能更加完善、性能更加稳健、能独立完成特定任务的软件插件,通过嵌入专业处理和各行业综合应用系统,提高这些系统信息产品提取的精度、准确度和自动化程度。模型算法库和应用软件插件库框架设计如图6-8所示。

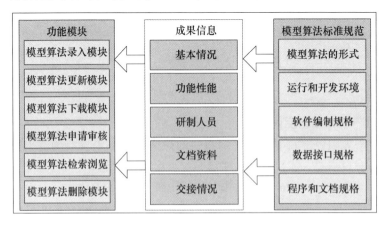

图6-8 模型算法库与应用软件插件库框架设计

6.5.2 基础模型与应用软件插件库

基础模型算法库和应用软件插件库系统保护用户资源,兼顾未来发展,建立可长期运行、支持扩展的系统,如图6-9所示。

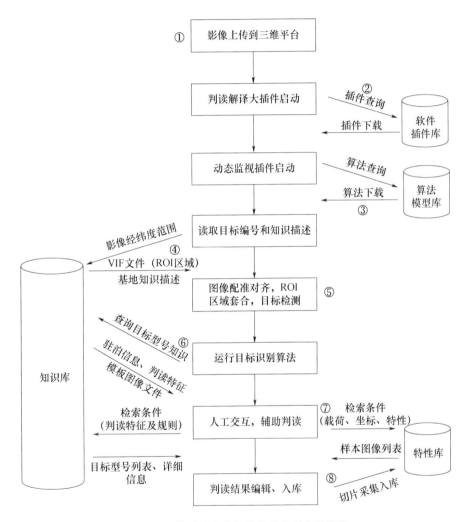

图6-9 模型算法库与其他库集成应用流程

目前高分系统中集成了目标特性技术、目标识别技术、伪装和隐蔽目标识别技术、地物要素智能化提取和三维重建技术、遥感图像高精度定位技术、气象水文和物理场定量处理技术等六大技术方向的100多个模型算法,并且支持后续扩展。

6.5.3 基础模型与基础算法

模型与算法是支撑和完成各种应用任务的核心,根据应用任务的划分情况,基础模型算法可以分为成像类模型算法、测绘类模型算法、气象水文类模型算法,并按照应用任务的分类情况逐级展开。下面以图像目标识别和三维重建为例进行详细说明。

6.5.3.1 光学遥感图像目标识别

目标识别是遥感图像目标解译中一个较为热门的研究内容,目前高分辨率遥感图像目标识别的主要困难来源于尺度、旋转、光照、纹理等因素的复杂变化,一个有效的目标识别系统应能尽可能的提取到图像中的不变特征。很多传统的目标识别方法仅专注于某一类或某几类特征信息的分析,并将图像表达为对应的数据形式,例如利用 Canny、Sobel 等边缘检测算子获取目标的边界数据,但由于边缘信息对噪声较为敏感,甚至会丢失局部细节,目标定位的精度较差;一些方法利用小波变换、灰度共生矩阵等来描述图像中的局部不规则特性,将目标区域数据转化为纹理数据,这类方法对于排列规则的部分区域效果良好,当图像内容复杂、背景纹理丰富时效果并不理想;一些方法利用形状信息,包括区域面积、周长、空间矩、形状方位描述符等,将图像表达为量化后的形状数值。本方法在采用多尺度面基元的基础上,使用了一种相似性度量方法,将目标间的相似性度量问题等效为基于重构的数学优化问题从而实现目标识别,同时利用面基元模板重构匹配追踪算法,实现了对目标模板重构,达到目标识别的目的。

1. 面基元模板稀疏重构模型

虽然遥感图像中目标的边缘模糊、缺失情况较严重,但目标的表观局部均匀性依然存在,目标可看成由许多内部均匀的"碎片"组成,本书称这些"碎片"为面基元。这些面基元组成的"拼图"能够反映目标的大致形状,如图 6 – 10 和图 6 – 11 所示。可以看出,无论目标外观相比背景是否显著,都可以看成是面基元拼组而成。

根据重构约束条件,可将重构问题转化为求解如下函数:

$$\min_{\alpha \in \Re^P} \frac{1}{2} \parallel x - \boldsymbol{D}\alpha \parallel_2^2 + \lambda \parallel \alpha \parallel_0 \qquad (6-1)$$

式中:$\parallel \alpha \parallel_0$ 为 ℓ_0 伪范数,$\parallel \alpha \parallel_0 = \{i \quad \text{s. t.} \quad a[i] \neq 0\}$,$a[i] = 1$ 或 0,$i = 1, 2, \cdots, p$。这一目标函数和稀疏表示问题在形式上十分相似,只是约束条件不同:稀疏

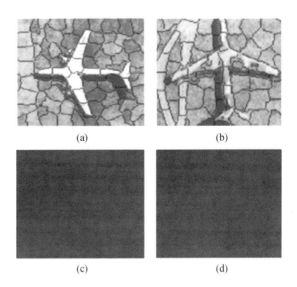

图 6 – 10　目标面基元组成示意图

(a)纯色飞机分割结果;(b)迷彩伪装飞机分割结果;

(c)飞机图像分割底图;(d)背景图像分割底图。

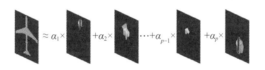

图 6 – 11　面基元重构示意图

表示问题中稀疏向量 a 的值不必须是二值选择。另外矩阵 D 也不相同,稀疏表示问题要求 D 是过完备矩阵,即 $p \geq m$,而本问题中由于 m 是图像像素总数,所以 $p < m$。

2. 基元提取与表示

对于一个给定的四方向连接带权图 $G = (V, E)$,图中的每一节点代表一个像素,边上的权值代表像素间的相似度。假设将其分为两个不相交的部分 A 和 B,使得 $A \cup B = V$,且 $A \cap B = \varnothing$。定义 A 与 B 之间所有边的权值之和为该图的一个分割,即:

$$\text{cut}(A, B) = \sum_{i \in A, j \in B} w(i, j) \tag{6 – 2}$$

N – cut 方法的表达式如下:

$$\text{Ncut}(A, B) = \frac{\text{cut}(A, B)}{\text{assoc}(A, V)} + \frac{\text{cut}(A, B)}{\text{assoc}(B, V)} \tag{6 – 3}$$

式中:assoc $(A,V) = \sum\limits_{i \in A, j \in V} w(i,j)$。对于图 G 的一个最优分割方法是能够使 A 与 B 之间的 Ncut 值最小的一种。图 6 – 12 是进行目标多尺度分割的结果。

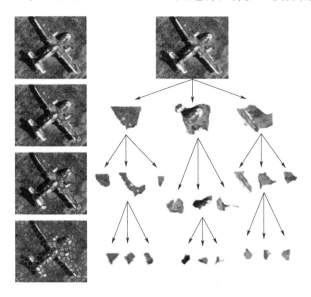

图 6 – 12   多尺度面基元分割树

3. 目标识别

针对飞机目标识别,需要首先对目标进行方向估计及转正,如图 6 – 13 所示。对于图 6 – 13(a)中的平直翼飞机,其机身方向约为 45°,机翼角度为 135°,因此,其方向梯度直方图 6 – 13(c)在第 3 区间和第 7 区间出现明显的峰值。对于图 6 – 13(d)中的后掠翼飞机,其方向约为 90°,因此,其方向梯度直方图 6 – 13(f)在第 5 区间出现明显峰值。

利用本书的目标识别方法可以在获取类型信息的同时对目标精确定位。假设 I 为测试图像,$B = (B_i, i = 1, \cdots, n)$ 为目标各类型模板,n 为目标类型数,每个模板的中心设为坐标$(0,0)$。本方法在进行目标识别时可用模板窗口以一定间隔扫描测试图像,在每一个位置(x,y)处,将 I 中与模板扫描窗重叠的部分进行根据式(6 – 1)进行模板重构,根据搜索所有模板和位置处的最小重构误差获得目标类型和目标精确位置信息。

6.5.3.2   光学遥感图像目标三维重建

精确的三维场景模型在日常生活中如导航、城市规划、监视等方面都扮演重要的角色。激光扫描的方法可以得到 2.5 维的距离信息和三维点云数据,可

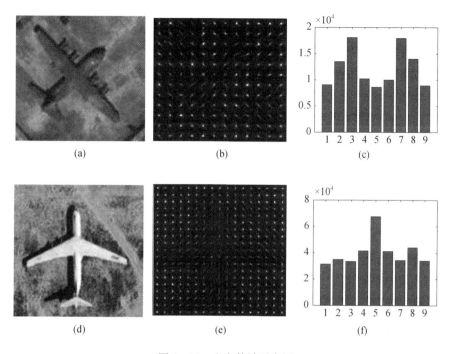

图 6 – 13　方向估计示意图

(a)平直翼飞机;(b)平直翼飞机梯度;(c)平直翼飞机方向梯度直方图;

(d)后掠翼飞机;(e)后掠翼飞机梯度;(f)后掠翼飞机方向梯度直方图。

以提供比较精确的重建结果,但是通常无法用于大的室外场景。与激光扫描的方法相比,利用多幅交叠数据通过重建算法得到的场景三维模型的方法更容易实现,但是通常需要进一步处理来得到精确三维模型。

　　三维模型精细结构提取方法可以分为两类:从数据出发的判别式方法和从模型出发的产生式方法。Pu 和 Vosselman 提出了一种基于知识的判别式方法,通过分割点云数据、提取特征,重建建筑物的多面体模型。Calakli 等拓展光滑有向距离从体素三维模型中拟合精确的建筑物表面模型。与这类判别式方法不同,产生式方法通常从建筑物模型假设出发得到拟合结果,不容易受到噪声的干扰。Huang 等提出了一种产生式的建筑物屋顶重建方法,建立多个建筑物屋顶模型并利用带有跳变机制的马尔可夫链蒙特卡洛(MCMC)方法估计模型参数得到精确模型结果。Sendro Wang 等利用迭代 LSMDF 算法从点云数据和航拍数据中得到建筑物的拟合结果。

　　本技术面向城市建筑物遥感图像,进行建筑物几何结构精细化提取和建模,其流程如图 6 – 14 所示。

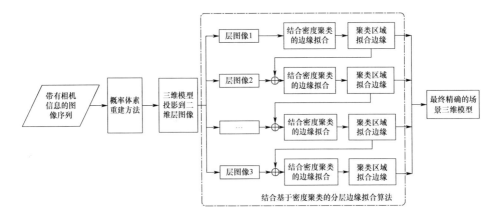

图 6 – 14   城市建筑物几何结构精细化提取与建模流程图

1. 数据预处理

体素模型三维重建方法可以从多幅航拍遥感图像中得到场景概率体素重建模型。二值化该概率体素模型得到的三维模型中有着大量的噪声,并且建筑物结构出现了大量缺失。这里首先利用分层边缘拟合方法中的投影方法将三维模型按高度进行分层投影得到层图像,如图 6 – 15 所示。接着利用基于密度的聚类方法在层图像上去除场景内的噪声,得到层图像上的建筑物区域,并提取外轮廓,进行边缘拟合。

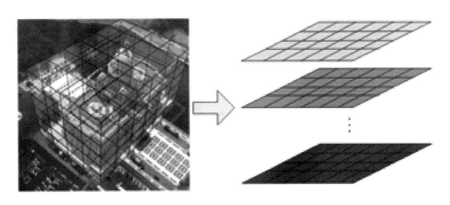

图 6 – 15   分层投影示意图

2. 两步式边缘拟合

在分层边缘拟合方法中重点考虑相对规则的多边形形状建筑物边缘轮廓拟合。利用场景的先验知识,建立建筑物横截面形状的模板库,例如,矩形、

"L"形、"凸"形、"H"形等,并利用这些模板的仿射变换表示平面轮廓。对于一个待拟合的建筑物横截面轮廓,利用形状分类方法可以将其分入上述模板库中的一类,这样可以为可变形模板的拟合方法提供一个很好的初值,大大降低可变形模板方法的拟合时间。最后,利用该分类得到的模板对待拟合轮廓进行拟合。

3. 结果测评与分析

体素模型重建及去噪如图 6 - 16 所示,利用概率体素重建方法得到了场景的三维重建模型,经过预处理后得到了去噪三维模型。

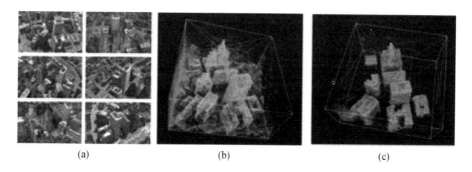

(a)　　　　　　　　　　　　(b)　　　　　　　　　　　　(c)

图 6 - 16　典型三维建模结果

(a)航拍图像样图;(b)利用体素重建方法得到的场景三维模型;(c)去噪场景模型。

利用场景先验,首先建立场景的模板库,该模板库中包含矩形、"L"形、"凸"形、"凹"形和"H"形,各模板形状和其参数如图 6 - 17 所示。

这里定义一个定量化的边缘拟合评估方法,表示为

$$precision = \frac{S_{truth \cap fitted}}{S_{truth}} \qquad (6-3)$$

这里 $S_{truth \cap fitted}$ 表示公共区域面积,S_{truth} 表示真值区域面积,两者的比值表示拟合精度。

实验场景中建筑物横截面结构的拟合定量结果如表 6 - 1 所示,由于每一个建筑物分解成了 512 层,每一层上都手工标定真值并计算拟合精度难于实现,因而在测试中选取了从上到下第 500 层作为代表定量化衡量拟合效果。表中第一列列出了待拟合形状的真值形状类型,第二列表示本文两步式拟合方法中形状分类是否分类正确,1 表示正确 0 表示错误,第三、四列分别表示公共区域和真值区域的面积,这里的单位是像素 2,最后一列列出了拟合精度。

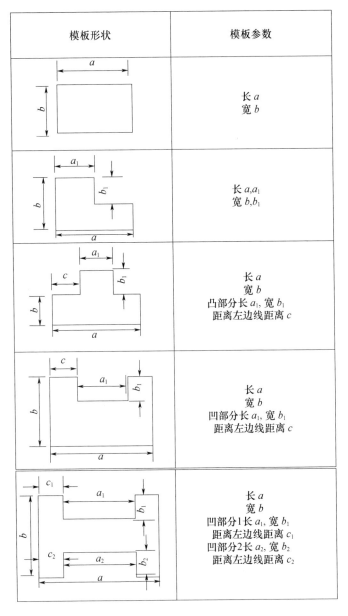

模板形状	模板参数
	长 a 宽 b
	长 a,a_1 宽 b,b_1
	长 a 宽 b 凸部分长 a_1,宽 b_1 距离左边线距离 c
	长 a 宽 b 凹部分长 a_1,宽 b_1 距离左边线距离 c
	长 a 宽 b 凹部分1长 a_1,宽 b_1 距离左边线距离 c_1 凹部分2长 a_2,宽 b_2 距离左边线距离 c_2

图 6-17 模板及其对应参数

表 6-1 边缘拟合定量化结果

形状类型	分类结果	公共区域面积	真值区域面积	拟合精度
矩形	1	24473	25458	0.9613
矩形	1	28620	30174	0.9485

续表

形状类型	分类结果	公共区域面积	真值区域面积	拟合精度
矩形	1	29954	30744	0.9743
"H"形	1	41633	46275	0.8997
矩形	1	31733	33488	0.9476
矩形	1	18945	20064	0.9442
"凹"形	1	37960	40917	0.9277
"L"形	1	21142	24491	0.8632

最终的建筑物精确三维模型如图 6-18 所示,与前面的初始三维重建模型和去噪三维模型相比,建筑物的缺失结构被较好的填补,并且更重要的是得到了建筑物规则形状模型。规则的建筑物三维模型很好地描述了建筑物的完整几何结构,包括屋顶结构和侧立面结构。

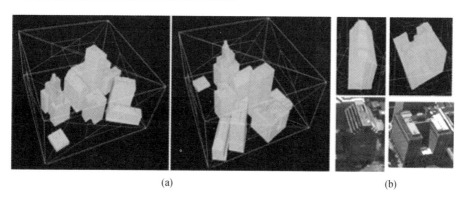

(a)   (b)

图 6-18   典型实验室三维建模后果

(a)最终精确场景三维模型;(b)场景中两个建筑物与图像对比的结果。

6.6   样本集数据库构建技术

样本集数据库构建是通过对数据集的收集,经过数据筛选、加工制作和编目入库,实现对样本数据库的构建,主要是为用户提供具有标注的样本信息,为目标检测/识别提供样本库参考。

6.6.1   样本数据集构建

样本数据集构建的主要流程如下:

（1）数据收集：测试评估技术总体统计测试所需数据的内容、质量、类型、数量，并搜集测试所用数据，数据的收集一方面由研制单位提供，另一方面由测试评估技术总体自主收集。

（2）数据初筛和分组：测试评估技术总体依据测试相关标准规范，对测试数据库中的数据内容、质量进行客观、公正评判，筛选出合适的数据作为测试样本数据。同时，按照各子课题方向，并结合具体被测件的功能和性能指标要求，对数据进行归类分组。

（3）数据加工制作：数据加工制作包括数据格式规整、数据大小裁剪、按内容分类、制作离线数据标签等环节。测试评估技术总体对收集的数据进行分类，从每类中筛选出内容、质量、大小满足需求的数据，对数据进行格式转换、坐标系转换、裁剪，形成测试样本库，并根据正确答案进行样本标注，供测试使用。

（4）数据编目入库：数据加工制作完成后，按照测试评估数据统一命名规范，使用样本数据入库工具完成入库。

6.6.2 样本数据库实验设计

在遥感数据处理算法/软件测试评估系统中，对所有的测试算法/软件插件按 IPO（输入、处理、输出）方式进行规范化处理，从而进行标准化、专业化、公平的测试和评估，其基本逻辑架构如图 6 - 19 所示。

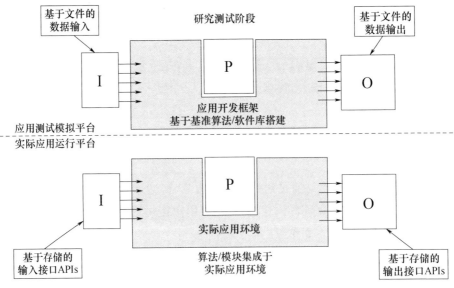

图 6 - 19　测试基本逻辑架构

算法开发测试框架的具体实现方法,如图 6 - 20 所示。

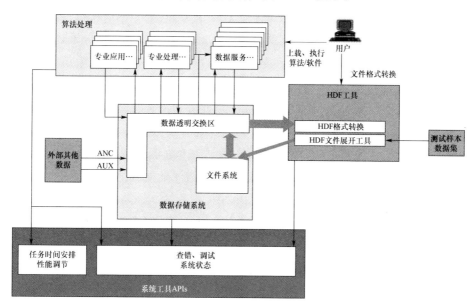

图 6 - 20　算法测试框架

图 6 - 20 中,Goddard 算法测试框架包含 4 个主要模块:①HDF 工具统一了输入测试数据格式;②算法处理单元负责算法链的构造合成,算法来自参考软件库、算法库、用户提交模块等;③数据存储系统负责输入数据暂存、中间数据交换、输出数据暂存等;④)系统工具负责任务调度、性能调节、软件调试、系统状态查询等。

用户可以把自己的算法嵌入到某个算法链中,实现对自己算法的评测评估;也可以通过把算法库、参考软件库中的单元组织成链、定义输入输出,从而形成一个新的处理算法或新的软件功能,也可以把二者结合。

6.6.3　样本数据标准化制作

样本数据标准化制作技术包括样本数据的分类分级标准、样本数据文件格式规范、样本数据编目管理。分类分级和编目一致确保建立的测试数据集客观一致,格式规范一致确保测试数据能被正确解析。由于测试数据涉及的领域方向及传感器特性多样,数据格式转换和样本真值标注是样本数据标准化制作的关键。该项技术确保数据格式规范的数据元素解析和转换。样本数据标准化制作技术具体包含以下内容:

（1）针对样本数据进行采集整理，主要是通过搭建样本数据库进行数据的存储管理。样本数据库的主要数据来源有四个方面：高分载荷获取；数据工程积累；现有数据收集整理；试验场数据采集。样本数据库期望能够通过收集国内外研究单位已有数据、数据工程数据和试验场试验数据等多种渠道，获取各类样本数据。

（2）根据使用方式的不同，样本数据主要分为两种管理模式的数据：研究保障样本数据和测试保障样本数据。研究保障样本数据是可以对各基础技术研制单位开放，为研制单位的技术研究提供研究和自测试用数据。测试保障样本数据是非公开数据，各研制单位需要经过授权才能访问的样本数据，主要用于测试实施过程中的功能、性能测试和应用模拟测试。

（3）采用授权共享和完全共享相结合的方式，为不同的用户和应用方向提供样本数据共享服务；定义命名空间，明确命名规范，库名、表名、视图名等必须遵循统一的命名规则；明确数据库中数据在物理设备上的存放结构和存取方法进行设计；严格控制字段的引用和库表的重复，设计数据库的并发访问机制；成立专门的审核组织对数据库的设计进行评估，保证数据库在各个阶段的设计与修改均满足系统对数据库的要求。

针对样本数据的格式规范，本技术还包含了一套数据整理与规范化工具集。该工具集能够对数据进行整理和规范化处理，包括样本数据格式转换、样本数据加工、样本数据标注、样本数据入库等。

① 样本数据格式转换工具将不同来源的对地观测数据，例如遥感和测绘中不同来源的成像数据，以及从气象水文行业标准数据库中提取各类实测的观探测资料，此外还有部分文字、知识等资料，转换输出为符合样本数据库格式及测试评估要求的数据文件。

② 样本数据加工工具将不同传感器得到的图像数据，通过加工转换输出为符合样本数据库格式及测试评估要求的数据文件，包括样本数据的分块处理、样本数据规范化命名，以及样本数据规范化存储等。

③ 样本数据标注工具实现对样本数据的人工交互操作，包括样本数据的基本量测、注释，以及样本数据的真值标注等操作。

④ 样本资料信息入库工具对样本数据文件进行元数据分析和提取，并分类存储到样本数据库相关数据表中，并对入库的资料信息进行有效性验证。

（4）样本数据编目管理。本技术通过数据页来描述数据的基本结构。数据页是用来对数据对象进行描述，每个数据（不管是基础影像，还是地图或者知识信息都被认为是数据对象)都对应一个数据页对象。数据通过数据页来描述数据的时间空间关系、数据的各种结构化信息以及数据的可视化样式等,同时也提供各个数据对象之间的关联关系。为了能够对数据中心管理多种类型数据进行统一管理及可视化展示,本技术提出了"数据页"的概念,将各种类型的数据抽象成"数据页"。因此本系统的数据库设计以"数据页"为核心贯穿所有逻辑子库,使得各种不同类型的数据对应着唯一的"数据页",实现了多种类型数据的管理及访问,本系统的数据库在逻辑上分为数据页子库、数据关联子库、数据文件子库、结构化属性子库及其他数据子库。

(5) 本技术应用本体技术来构建样本库,确定本体的三元组(概念 Concept、属性 Property、实例 Individual)结构,将测试样本的内容总结成本体的概念,并构建本体概念之间的层次结构及相应的属性关系,而后将具体测试评估的实例存储到本体当中。随后将本体通过对象持久化技术(Hibernate)映射到数据库中,并通过推理引擎,建立本体概念与概念之间、概念与属性之间、属性与属性之间、概念与实例之间及属性与实例之间的关系,将测试样本数据的内容与测试算法模块之间的关系有效的组织在一起,方便对数据进行访问和推理。

6.7　测试评估技术

测试评估平台是构建一套符合常规化业务运行要求的测试验证评估环境,为各行业应用研究提供实用价值的标准化、统一、公平的测试评估平台。

6.7.1　技术思路

1. 构建思路

测试评估平台技术主要目的包括两个方面:①构建一套符合实际业务运行要求的测试验证评估环境,包括测试评估标准体系、测试样本数据库和测试验证平台等,为各方向的技术研究成果提供公平、公正、统一的测试评估平台;②为输出具有实用价值的系列化算法、软件组件成果提供支撑。基于以上目的,测试验证平台的总体建设思路如下:

(1) 测试验证标准体系设计方面,针对模型算法、软件组件的测试和评估需求,通过充分借鉴、继承已有的模型算法测试评估相关标准,尽快推出第一版本的测试验证标准体系,内容包括:测试指标集、测试流程、评估方法、合格标准等,为已经展开的共性技术攻关课题的研究提供保障,为首先形成的成果工程测试评估提供样本数据支撑。后续,通过参与年度测试,测试验证标准将根据算法特点和测试应用需求不断进行补充、完善,最终形成稳定、可靠、实用和有效运行的面向业务系统测试验证标准体系。

(2)测试样本库设计方面,采取一体化设计思路,完成对测试样本库的统一设计,并根据成像、测绘和气象水文的数据特点,对样本库进行细化、完善。样本库的数据建设总体思路则采取先完成基本库建设,后续逐步积累完备。具体实施中,第一年将通过收集共性技术攻关单位和主要用户单位的已有数据,通过规范化加工、制作与录入,形成基本样本库数据,后续再结合数据工程、试验场以及高分载荷获取的数据进行不断扩充和完善。

样本数据库在设计使用上将分为测试保障样本数据和研究保障样本数据两个部分。其中,测试保障样本数据直接支撑对技术成果的测试评估过程,只在涉密范围内进行应用;研究保障样本数据则可以为各共性技术攻关单位的算法研究提供样本数据支撑,可在非涉密范围内进行共享使用。

样本库的使用主要定位在三个方面:①用于对共性技术成果的测试评估;②为共性技术攻关单位的算法研究提供数据支撑;③为专业处理、专业应用的算法改进和流程优化提供训练样本。样本数据最终将通过资源承载与服务系统实现向各专业用户的共享。

(3)测试验证平台设计方面,统一构建测试验证基础平台,针对成像、测绘、气象水文技术成果测试的特殊需求进行扩展。在具体建设上,可以采取逐步完善的策略,首先以资源共享与服务平台和专业处理系统为基础,根据测试验证需要,进行定制裁切,快速形成基础测试验证平台,该平台参与成果工程的测试评估。后续,再根据测试应用中的不断迭代和需求反馈,逐步进行平台的改进和完善。测试验证平台对于软件组件的封装、集成规范将与基础技术总体协调,并保持一致。

(4)测试评估实施方面,根据需要组织测试评估。针对模型算法、软件组件的测试主要以功能、性能为目标,首先保证技术成果的可用性,模型算法、软件组件本身的可靠性次之。根据不同类型的技术成果,测试评估的实施将采用"评—测—用"相结合的思路展开。"评—测—用"都要经过基本测试,只是不同类型技术成果的测试内容侧重点不同。

针对探索类模型算法,主要以"评测"为主,测试评估系统提供测试数据,不提供平台,重点对模型算法的关键指标进行评测,通过基本测试后,请领域内专家依据测试验证标准体系评审该技术成果,并给出是否进行后续项目支持及研究模式转换的评审意见。针对示范应用类模型算法的测试,主要以"测试"为主,测试评估系统提供统一测试验证平台和样本数据,重点对模型算法的性能指标进行测试、比较,完成评估。针对工程应用类模型算法和软件组件的测试,主要以"试用"为主,将技术成果集成在专业处理或综合应用系统中,利用实际业务数据,邀请用户参与测试,按照准业务运行模式进行测试和验证,完成模型算法和软件组件在工程实际应用的有效性评估。

2. 体系框架

测试验证体系架构如图 6 - 21 所示,系统主要由样本数据库、测试验证标准体系、测试验证平台和测试评估实施组成。测试验证过程中,系统以样本数据为支撑,依据制定的测试验证标准体系和流程,分别对探索研究类、示范应用类和工程应用类技术成果的性能、可靠性等指标进行测试评估,完成对三类技术研究成果的技术成熟度评测,通过测试的工程应用类技术成果将直接支撑专业处理与综合应用。

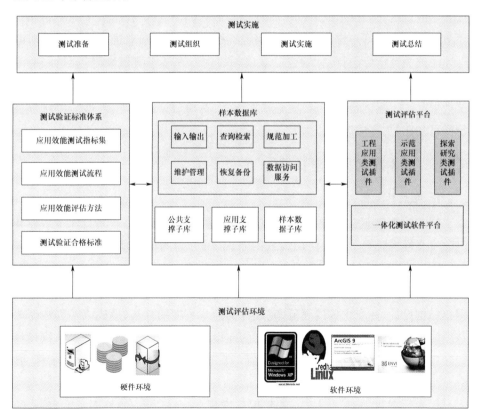

图 6 - 21　测试验证体系框架图

（1）测试验证标准体系：主要包括应用效能测试指标集、应用效能测试流程、应用效能评估方法和测试验证合格标准等部分，并根据探索研究类、示范应用类和工程应用类的技术成果类型做具体的定义和细化，最终支撑各共性技术方向的算法模型和软件组件成果的测试评估。

（2）测试样本数据库：主要由遥感样本数据、测绘样本数据和气象水文样本数据组成。样本数据库按照统一框架、统一标准的原则进行设计，完成样本数据库结构设计、标准化描述规范和完成各类样本数据的收集，形成以各类数据为数据实体的样本数据库。根据使用方式的不同，又分为两种管理模式：测试保障样本数据管理和研究保障样本数据管理。研究保障样本数据是可以对共性技术研制单位开放，为研制单位的技术研究提供数据支撑。测试保障样本数据用于测试评估实施过程中的功能、性能测试和应用模拟测试。样本数据库的建设不用考虑硬件，相应的硬件将在环境建设中统一考虑。

（3）测试评估实施：针对三类不同类型的技术成果，具有三类不同的测试任务。但是这三类技术成果都需要进行基本测试，不同的技术成果在基本测试环节测试的重点不一样。针对探索研究类模型算法的测试，通过测试数据对模型算法的关键指标进行基本测试，邀请领域内专家基于测试结果进行评判，为研究模式的转换提供决策依据。针对示范应用类模型算法的测试，同时提供测试数据和统一测试验证平台，展开基本测试，对模型算法的功能、性能等指标进行测试和比较，完成评估。

6.7.2　样本数据集构建计算

1. 样本数据集设计要求

样本数据集包含三类样本数据：遥感观测样本数据、地理测绘样本数据和气象水文样本数据。根据使用方式的不同，又分为两种管理模式的数据，即研究保障样本数据和测试保障样本数据。

样本数据集按照统一框架、统一标准的一体化原则进行设计，完成样本数据集结构设计、标准化描述规范，完成各类样本数据的收集，形成以各类数据为数据实体的样本数据集。样本数据集的建设从设计出发，样本数据集结构设计能够容纳来源于主战场、高分航天载荷、高分航空载荷、高分基础数据工程、高分试验场等各种来源的样本数据格式。

样本数据集需要制定统一的数据标准规范，包括统一的数据类型划分、统一的数据存储格式、统一的数据交换格式、统一的数据库查询与管理接口、统一的数据库备份/恢复接口等,便于各种来源数据的整合与共享。

样本数据集需要提供必要的数据库管理工具,便于用户对样本数据集进行维护管理,保证其稳定高效运行,并能对其灵活扩展,满足未来不断增长的各类需求。

样本数据集需要必要的数据整理与规范化工具,能够快速、灵活的完成各类数据的转换,将多源数据转换为样本数据库统一的数据格式,便于统一管理、查询、发布。

2. 样本数据集设计原则

针对支撑体系与各个应用方向对样本库的要求,样本数据集的设计应该遵循以下几个方面的原则:

(1) 数据集统一设计与建设,可灵活扩展。

(2) 分阶段建设实施,先完成基本库建设,后续逐步积累完备。

(3) 采用授权共享和完全共享相结合的方式,为不同的用户和应用方向提供样本数据共享服务。

(4) 定义命名空间,明确命名规范,库名、表名、视图名等必须遵循统一的命名规则。

(5) 明确数据集中在物理设备上的存放结构和存取方法进行设计,严格控制字段的引用和库表的重复,设计数据库的并发访问机制。

(6) 专门的审核组织对数据库的设计进行评估,保证数据库在各个阶段的设计与修改均满足系统对数据库的要求。

3. 样本数据集总体设计思路

样本数据集方案基于统一的数据库框架和数据库表结构设计,在此基础上分别针对研究保障和测试保障建立两套具有不同安全访问要求的逻辑库。每个逻辑库又可以分为样本数据逻辑子库、应用支撑逻辑子库和公共支撑逻辑子库。

样本数据子库主要管理遥感观测、地理测绘、气象水文三个方面的样本数据,包括可见光样本数据、SAR 样本数据、红外样本数据、高光谱样本数据等。样本数据通过样本数据集和样本数据的包含关系进行组织,样本数据集是一个集合概念,服务于某类应用或通过某类专题定义。一个样本数据集中包含有多个样本数据,这些数据是通过某一专题,或某一类似特性,或相同的应用目的"存储"在该样本集内。

应用支撑子库主要管理各个专业方向在测试过程中所需要的支撑数据,例如,样本真值数据、算法相关信息、地物特征要素等。应用支撑子库是一个松散的组织结构,每个数据库表功能单一。

公共支撑子库主要管理样本数据库系统相关数据,例如,某些特殊对象(传感器平台、传感器、国家地区等)的字典表、用户与权限信息等。

样本数据集的主要数据来源有四个方面:高分载荷获取、数据工程积累、现有数据收集整理、试验场数据采集。样本数据集通过收集国内外研究单位已有数据、数据工程数据和试验场试验数据等多种渠道,获取各类样本数据,并通过标准化、规范化处理建立数据库,为基础支撑技术研究,专业处理和专业应用建设提供所用样本数据;针对工程应用类算法流程优化、性能提升等需求提供支撑数据;为共性技术攻关单位的算法研究提供必要的验证数据;为基础支撑技术体系的各大类应用方向开展工作奠定基础。

样本数据集的体系框架如图6-22所示:

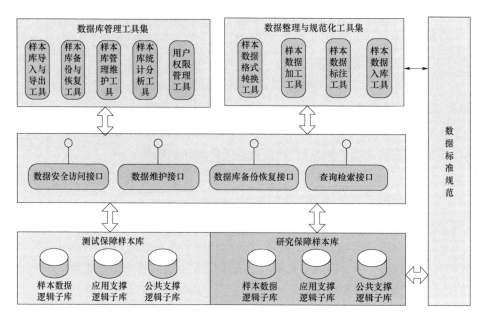

图6-22 样本数据集体系结构图

4. 数据库选型

1) Oracle

Oracle Database 10g 是第一个为企业级网格计算而设计的数据库,允许 IT 快速响应业务需求,在降低成本的同时,提供最高质量的服务,最重要的是,它易于部署和管理。

Oracle Database 10g 企业版具有如下的功能特性:

(1)统一的集群件管理。Oracle Database 10g 提供了一个完整集成的集群件管理解决方案。这一集群件功能包括集群连接、消息处理服务和锁定、集群控制和恢复,以及一个工作负载管理框架,显著地简化了数据库的安装和配置。

（2）单一系统映像管理。Oracle Database 10g 实现了集群数据库部署真正的单一系统映像管理,Enterprise Manager 的 Cluster Database Page 提供了涵盖多个节点的系统状态的单一视图。

（3）自动工作负载管理。Oracle Database 10g 正常运行期间和发生故障时,DBA 决定分配给相应服务的处理资源。性能标准通过服务进行跟踪,同时还可以设置阈值,一旦超过这些阈值,即自动发出警报。CPU 资源分配和资源消耗控件使用资源管理器进行管理,以便在提供服务时使用,同时还引进了自动负载存储（AWR）,它周期性地收集和存储系统活动和工作负载数据,系统提供如何调整占用资源严重的 SQL 性能的建议,能够显著的提高业务效益。

（4）高效的存储技术。Oracle Database 10g 中的自动存储管理（ASM）功能允许数据库直接管理原始磁盘,使得一个文件系统和卷管理器不需要同时管理数据文件和日志文件。ASM 自动地跨磁盘为所有数据建立带区,提供了最高的 I/O 吞吐量,且无需任何管理成本。当增加或删除磁盘时,ASM 自动维护带区。利用可选的镜像功能,提高了数据利用率。因为 AMS 利用低成本、模块化的存储器,所以节约资金。ASM 使得 Oracle Database 10g 下的存储快速、廉价且易于管理。

2）SQL Server

Microsoft 数据平台愿景提供了一个解决方案来满足用户的各类需求,这个解决方案就是可以使用存储和管理许多数据类型,包括 XML、E - mail、时间/日历、文件、文档、地理等,同时提供一个丰富的服务集合来与数据交互作用:搜索、查询、数据分析、报表、数据整合,和强大的同步功能。用户可以访问从创建到存档于任何设备的信息,从桌面到移动设备的信息。SQL Server 2008 就是其中一个重要产品,它推出了许多新的特性和关键的改进,具有如下特点:

（1）值得信赖。可以让企业以高级别的安全性、可靠性以及可伸缩性来运行最重要的应用程序。

（2）提高生产力。可以让企业降低部署及管理数据基础架构所需的时间和成本。

（3）智能化。提供全面的平台以便在用户所需的地方提供洞察力和相关信息。

3）IBM DB2

IBM DB2 Enterprise Server Edition 是一个旨在处理大中型企业服务器高需

求工作负载的数据库服务器软件。DB2 Enterprise Server 可跨多个工作负载交付业内领先的性能,同时降低管理、存储、开发和服务器成本。

DB2 Enterprise Server Edition 具有如下特性:

(1)利用 pureXML 进行 XML 数据库管理。

(2)强大的性能、安全性和可扩展性。

(3)自主过程和功能。

(4)数据压缩和存储优化。

(5)利用多供应商支持简化开发。

(6)灵活的虚拟部署。

(7)MySQL。

MySQL 是开源数据库。MySQL 都能够经济有效地帮助您提供高性能,可扩展的数据库应用程序。

MySQL 具有如下特性:

(1)MySQL 企业级安全性。

(2)MySQL 企业级扩展性。

(3)MySQL 企业级高可用性。

(4)MySQL 企业具有备份工具。

(5)MySQL 企业版具有监控器和顾问工具。

综合分析各个数据库产品特点和用户使用要求,兼顾用户的使用习惯,样本数据库的数据库管理系统选型为 Oracle,采用 Oracle 10g 企业版。

5. 应用方向

对支撑体系各共性技术攻关方向组织管理样本数据集,提供样本数据相关服务,为测试验证提供数据支撑;为各应用方向技术的测试验证提供相关支撑,记录测试验证过程,统计测试验证结果。

6.7.3 测试评估技术

测试评估技术主要包括测试准备、测评实施和测评总结三个阶段,最后对测试评估情况进行整理汇总,形成测试评估报告。

1. 测试准备阶段

测试准备阶段主要完成测试前的软件、硬件环境和其他基础条件的准备等工作,具体包括如下。

1）测试评估环境准备

（1）选定测试场地。

（2）搭建测试硬件环境，进行测试环境部署。

（3）根据测试软件环境需求，在测试设备上配备软件，确保测试工作顺利进行。

（4）常规测试环境共部署8台测试终端，其中7台用于正常测试，1台备用；银河测试环境部署2台测试终端。

2）测试评估数据准备

（1）针对测试数据需求，对测试内容方向数据需求进行分析。

（2）制定样本数据收集方案。

3）测试评估细则编制

（1）针对不同测试内容及方向，对各方向中每个模块测试需求进行分析。

（2）制定各测试内容方向下测试细则。

4）测试工具开发

定制开发测试准备及测试过程中需要的各类工具，包括：

（1）样本规范化工具，包括样本裁切工具、样本格式转换工具等。

（2）样本标注工具。

（3）样本入库工具。

（4）测试结果统计工具等。

5）测试样本制作

（1）筛选测试数据：从收集、积累的数据中挑选出符合规定的数量和内容要求的测试数据集合。

（2）数据规范加工：将筛选出来的数据按照统一格式和规范进行加工。

（3）样本真值标记：根据测试要求，对测试数据进行真值标记。

（4）测试数据存储、入库。

6）测试人员培训

为了高效、有序地开展测试评估工作，将结合软件运行调试过程对测试人员展开培训，包括：

（1）熟悉被测软件。

（2）熟悉操作流程。

（3）熟悉测试细则。

（4）熟悉记录表格。

（5）测试过程模拟。

7）测试文档准备

（1）测试表格准备。

根据测试大纲,收集、整理按功能指标、性能指标排序的功能测试用例表格、性能测试用例表格,并集中打印输出,以便测试执行过程对测试用例和步骤进行逐项记录。

（2）测试记录表准备。

根据功能测试、性能测试的用例情况,打印输出纸质测试记录表。测试记录表将在功能测试用例表格、性能测试用例表格基础上进行初步汇总和记录。

（3）测试文档归类。

按照测试内容对纸质测试表格、测试记录表进行归类、装订,以便测试人员按照分工领取测试文档有序地开展测试工作。

2. 测评实施阶段

分别对需要测试的所有功能和战技指标进行测评。

对于功能测试,测试人员如实对被测件是否具备该项功能进行记录,如果满足该项功能则在功能测试记录表中对应项打勾,否则打叉,并对所测功能名称、功能要求、测试时间进行记录。

对于性能测试,测试人员按照测试用例编号逐项填写被测件在每个测试用例上的性能指标,并记录相应性能指标计算结果、指标要求、测试用例编号以及测试时间。

针对测试中出现的问题,截屏保存错误证据,记录出错的运行位置和错误信息,并记录测试错误对应的测试用例编号,以及错误信息电子记录存放位置,填写问题记录表,并根据每个测试用例的测试结果进行汇总。

对于无法进行定量评判的测试,测试人员需要记录专家的评判打分。

测试完毕,测试各方代表对测试记录进行确认。对测试中出现的问题出示测试问题记录,确认问题所在,各方代表分别签字确认。

测试记录人员对每个被测件的测试结果记录表、测试大纲、测试错误记录表进行整理、装订、汇总,并上报给测试组。

3. 测试总结阶段

根据每个被测件的测试结果汇总,对测试件的测试情况统计,对具有相同功能的测试件进行测试情况排序,测评各方就测试总体情况进行小结与交流。

在测试情况总结的基础上,形成文字性测试报告,完成测试报告的撰写,并提交测试报告进行专家评审。

6.8　典型目标应用试验技术

典型目标应用试验场主要是依托基础地理信息保障库、特性数据库、知识数据库的数据为基础,利用基础算法模型和应用软件插件对数据进行处理,处理后的数据与样本集数据库对比识别,利用测试评估验证平台,开展 SAR 图像、光学图像的典型目标进行目标识别和热点区域动态监测的应用试验。

6.8.1　应用思路

应用支撑技术主要满足以下应用要求。

1. 可靠性要求

测试评估系统一方面实现多源、多类型数据的规范化读写访问、存储、组织管理,另一方面完成多类多种算法插件在测试评估平台上的集成,因此需要具备较高的可靠性。可靠性要体现为:能够满足不同专业方向、不同类型测试评估任务的要求;能够实现多源、多类型数据的基础处理、数据展现;能够保证整个测试评估任务的全程监控跟踪;能够满足多个测试评估任务并发处理等技术的稳定运行。

2. 易用性要求

测试评估系统要求对内实现测试评估平台、测试评估数据库和大规模待测试算法插件的便捷集成,对外部分可用成果还要求能够实现与资源共享服务平台的无缝集成,因而要求测试评估平台具备较好的易用性,体现为:能够实现可见光全色、多光谱、红外、高光谱和 SAR 等遥感数据、测绘数据、气象水文数据,以及各级产品数据格式及元数据的标准化,实现与资源共享服务平台及专业处理、综合应用系统控制接口、数据访问接口的标准化等。

3. 效率要求

测试样本数据量的剧增以及待测试软件来源和质量的多样性,要求测试评估系统具有较高的处理效率。因此,要求系统能够提供专业的流程管理工具,克服传统人工测试评估的处理能力有限、测试效率不高的不足;同时,也需要充分利用高速网络和分布式存储系统等硬件支持,搭建可控的、支持工作流特征的、可扩展和容错的分布式并行测试环境,提高信息处理与应用的效率。

4. 可移植性要求

基础支撑环境建成后,还能够满足不同类型的处理算法集成和移植要求,考虑在不同专业方向、不同类型下的处理算法差异极大的情况,为保证环境建设的统一性,基础支撑环境需要设计一套有效的机制,实现对不同类型的处理算法进行统一建模和封装,实现处理模块的动态加载和扩展,满足可移植性要求。

5. 开放性要求

测试评估系统不仅能够实现对不同专业方向算法模块的测试和评估,还能够提供开放的测试环境、测试平台和可公开数据给全国相关领域的各个单位,各单位可以此为基础开展算法研究、软件研制,进一步提升对地观测技术的水平。

6.8.2 SAR 图像目标识别

SAR 图像目标识别集成应用的工作流程如图 6 – 23 所示。

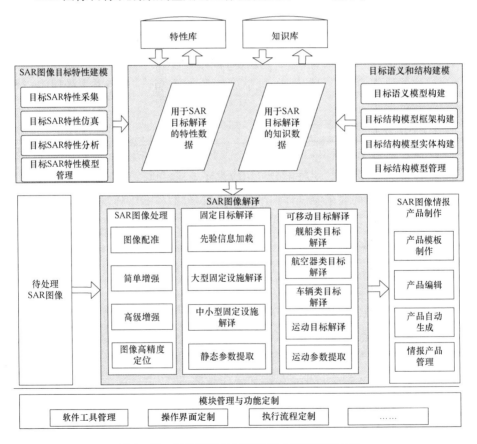

图 6 – 23 SAR 图像目标识别集成应用工作流程

对于待处理的 SAR 图像,首先对其预处理,如图 6 – 24、图 6 – 25 所示;然后在目标特性和知识的辅助下,进行固定目标解译和可移动目标解译如图 6 – 26,图 6 – 27 所示,包括目标检测、目标分类、目标识别、参数提取等;最后,进行情报产品的生产。目标特性和知识的构建包括两个方面:①目标特性建模,②目标语义和结构建模。上述整个过程是针对一般的 SAR 图像目标识别过程,包括其中的主要步骤。在具体应用过程中,可以借助软件定制模块,进行具体的流程定制、界面定制等,以得到切合不同应用的 SAR 目标识别专用软件。

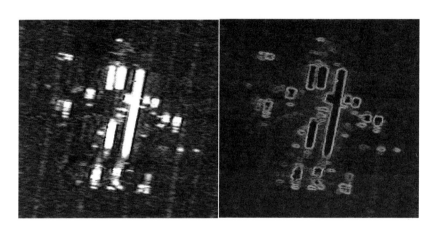

图 6 – 24　SAR 图像飞机目标预处理

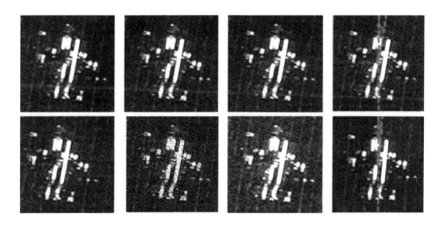

图 6 – 25　SAR 图像飞机目标停放角度估计示意图

针对 SAR 图像飞机目标识别的实例,如图 6 – 26 和图 6 – 27 所示。

图 6 – 26　SAR 图像飞机目标检测与识别

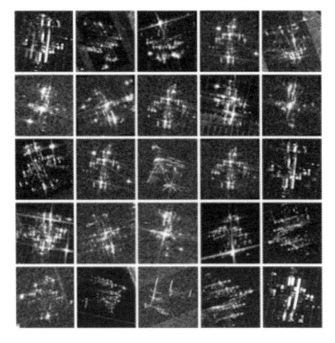

图 6 – 27　用于 SAR 图像飞机目标识别的试验样本数据

6.8.3　光学图像目标识别

光学图像目标识别集成应用的工作流程,如图 6 - 28 所示。

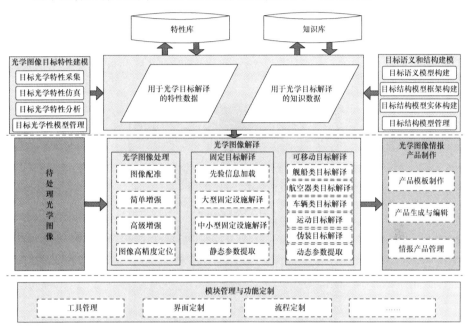

图 6 - 28　光学图像目标识别集成应用工作流程

对于待处理的光学图像,首先对其预处理,如图 6 - 29 所示;然后在目标特

图 6 - 29　光学图像预处理(ROI 提取)

性和知识的辅助下,进行固定目标解译和可移动目标解译包括目标检测、目标分类、目标识别、参数提取等;最后,进行情报产品的生产。目标特性和知识的构建包括两个方面①目标特性建模;②目标语义和结构建模。上述整个过程是针对一般的光学图像目标识别过程,包括其中的主要步骤。在具体应用过程中,可以借助软件定制模块,进行具体的流程定制、界面定制等,以得到切合不同应用的光学目标识别专用软件。针对光学图像中飞机与舰船目标的识别应用实例如图6-30和图6-31所示。

图6-30 光学图像飞机目标检测与识别

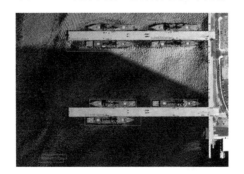

图6-31 光学图像近岸舰船目标检测与识别

6.8.4 区域动态监测

区域动态监测集成应用的工作流程,如图6-32所示。

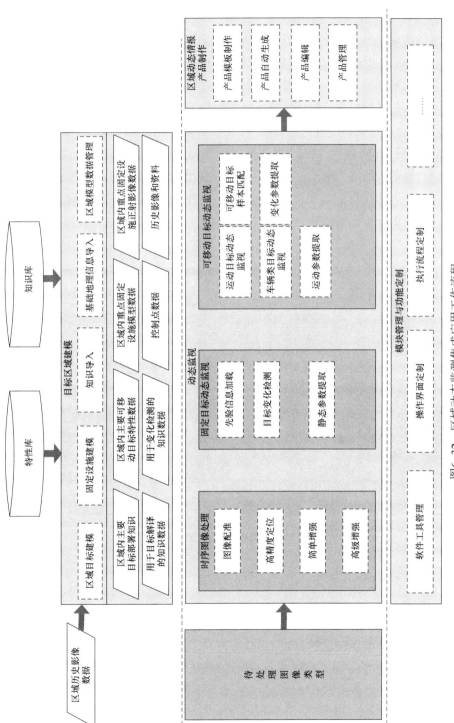

图6-32　区域动态监测集成应用工作流程

整个区域动态监测集成应用软件可以划分为两个部分：①区域内目标建模部分，为动态监测提供特性数据和知识数据支撑，针对区域历史影像数据、特性库数据、知识库数据，通过区域目标建模、可移动目标特性建模、固定设施建模、知识导入、基础信息导入等方法，获得用于动态监测任务的区域内主要典型目标部署知识、区域内主要可移动目标特性数据、区域内重点固定设施模型数据、区域内重点固定设施正射影像数据、用于目标解译的知识数据、用于变化检测的知识数据、DEM 数据、控制点数据以及历史影像和资料；②动态监测、产品制作部分，对输入的待处理图像数据进行动态监测，包括时序图像处理、固定目标动态监测、可移动目标动态监测、情报产品制作四个小模块，在具体应用过程中，可以借助软件定制模块，进行具体的流程定制、界面定制等，以得到切合不同应用的区域动态监测专用软件，如图 6 - 33 所示。

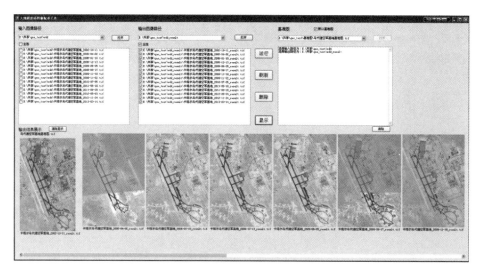

图 6 - 33　区域动态监视软件示意图

第 7 章

体系综合技术

7.1　概述

　　高分辨率对地观测系统涵盖天基、临近空间、航空三类观测平台资源,三类平台资源工作方式各异,每类平台资源在响应服务需求时各具优势,但同时又存在一定的局限性。天基资源的优点是观测范围广、不受地域限制,但是其存在着过境时间短、回访周期长等不足;临近空间资源的优点是滞空时间长、可定点连续观测,但其存在着速度慢、灵活性差、观测范围受限等不足;航空资源的优点是机动性好、分辨率高、隐蔽性较强、载荷配置灵活,但其存在着视场窄、滞空时间短、覆盖半径小等不足。由以上分析可知,单一平台对地观测能力有限,无法满足抗震救灾、军事训练等信息保障的需求。因此,需要使用体系综合技术,统筹多类平台资源协同观测、优势互补,减小时间和空间上的观测缝隙,提高高分对地观测响应能力及应变能力。

　　高分辨率对地观测体系综合技术整合各类观测资源,实现"单点感知"向"体系感知"的转变,实现以任务为中心通过"穿针引线"构建全域协同的模式,实现"感知静态"向"感知动态"的转变,使高分专项观测体系具备协同传感、融合处理、信息服务等功能。高分辨率对地观测体系综合技术是在各技术研究的基础上,统筹天基、临近空间、航空系统的能力,以地面系统为支点,面向天基、临近空间、航空资源,构建多资源多平台的可扩展、可升级的联合任务规划和协同使用模式,实现多源异构数据的综合态势生成、一体化的仿真推演和评估,实现和评估高分辨率对地观测系统的综合效能。

　　体系综合技术集成天、临、空、地面站、目标特征和公共服务资源等多源数据构建数据源,形成基于各类观测资源的多平台多载荷联合任务规划能力、基于多源异构数据的联合态势生成能力以及面向高分辨率对地观测系统的体系仿真与评估能力(图7-1),充分发挥各技术优势,有效提升各类型、各级别用户的整体服务体验,切实提高高分辨率对地观测系统体系技术的整体能力。

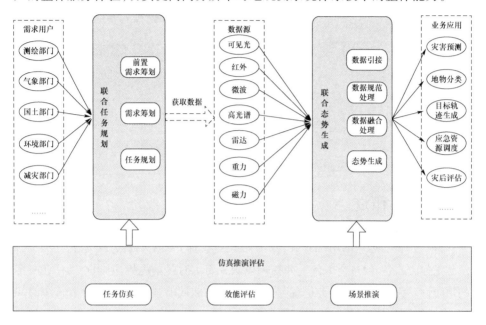

图7-1 体系综合技术架构

7.2 联合任务规划技术

联合任务规划技术统一接收和权衡所有用户的需求,统筹利用天基、临近空间、航空等传感器以及多种数据接收和传输资源,实现动态环境下观测资源的任务管理调度,针对各类任务需求,进行在线动态规划与调度以及天基、临近空间、航空观测资源和数传资源的高效协同,实现现有资源的高效配合使用。同时,能够在任务需求动态变更、资源失效等条件下自适应动态调整,资源快速优化部署和应急调整,形成自动化、具体化、明确化、精细化以及快速化的联合任务规划,从而提高高分资源及地面资源的长期、短期、应急任务筹划能力。

7.2.1 任务分析

联合任务规划主要完成时域连续观测任务、区域普查观测任务、频域协同观测任务和综合协同观测任务等四类典型任务,针对不同时域、区域、频域和综合观测任务实现对不同传感器资源和地面站资源的任务需求调度和观测计划,完成信息的推送和数据产品的下载。任务分析如图 7 - 2 所示。

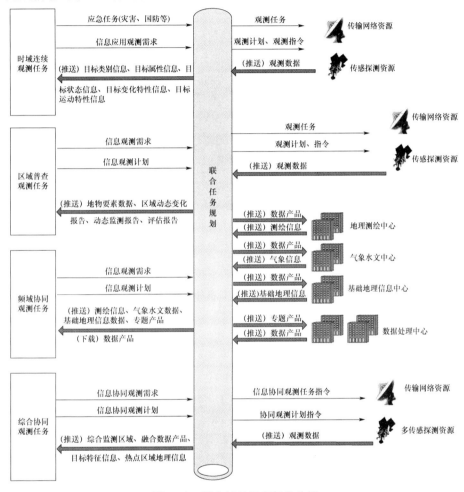

图 7 - 2　联合任务规划任务分析

1. 时域连续观测任务

时域连续观测任务需要利用可见光、微波、雷达、红外等传感器资源,对特定目标的目标类别信息、目标属性信息、目标状态信息、目标变化特性信息、目标运动特性信息等信息进行观测,如图 7 - 3 所示。

2. 区域普查观测任务

区域普查观测任务根据天、临、空观测资源,获取多时相遥感影像,结合目标区域变化特征以及数据挖掘技术手段,实现对大区域地物要素的普查以及区域内地物要素变化的监测,如图 7 - 4 所示。

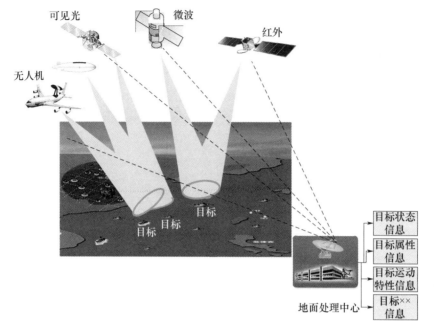

图 7 – 3　时域连续观测任务示意图

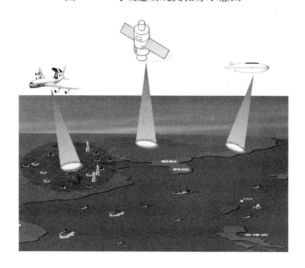

图 7 – 4　区域普查观测任务示意图

3. 频域协同观测任务

频域协同观测任务主要利用多频域信息资源,将获取遥感观测信息、测量数据、统计数据等多频域的信息进行综合展示,为用户提供多侧面、全方位的观测信息,如图 7 – 5 所示。

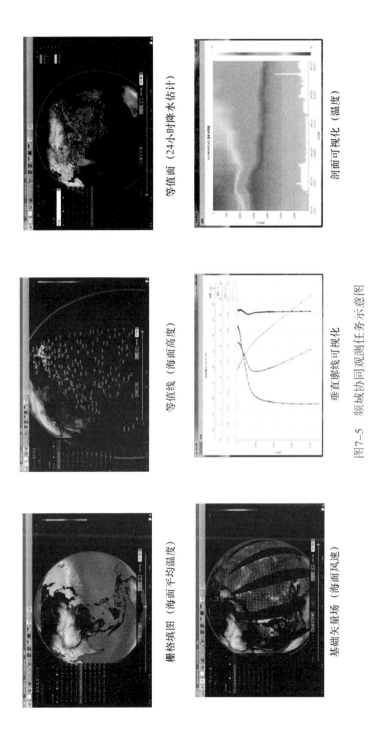

等值面（24小时降水估计）

剖面可视化（温度）

等值线（海面高度）

垂直廓线可视化

栅格填图（海面平均温度）

基础矢量场（海面风速）

图7-5　频域协同观测任务示意图

高分辨率对地观测体系与应用

4. 综合协同观测任务

综合协同观测任务主要考虑用户对天基信息关于时域、频域、空域的需求，统管统用天基信息资源，将获取的多源数据进行融合，为用户提供精准、完整、近实时的监测信息，如图7-6所示。

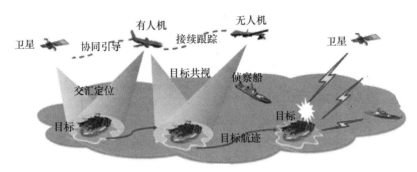

图7-6 综合协同观测任务示意图

7.2.2 工作流程

联合任务规划工作流程主要包括前置观测需求筹划、观测需求统筹、联合任务规划和综合运行控制四个阶段，如图7-7所示。

联合任务规划以滚动任务规划方式，由随机到达的观测需求动态驱动运行，能够形成以下两个闭环：

（1）从用户提交观测需求，经过任务规划、计划指令上注、卫星观测下传、数据接收处理、融合、分发，直至将观测信息返回给用户的大闭环。

（2）系统能够动态结合区域态势与其他多源信息，自动触发观测需求，相互引导观测卫星，主动形成对区域和关注目标的发现—监测—测试评估的应用闭环。

7.2.3 联合任务规划关键技术

7.2.3.1 天临空多平台任务需求描述与处理技术

通过分析天基、临近空间、航空的应用任务需求，建立统一的多平台任务需求描述规范，并构建任务模型；在任务规范化描述的基础上，建立任务与资源的能力关联模型，得到支持任务完成的应急服务资源；根据天基、临近空间、航空资源的观测范围和载荷类型，将区域目标、移动目标等复杂观测任务分解为可由单个资源独立完成的规划任务，并通过信息过滤消除任务冗余，为多平台协

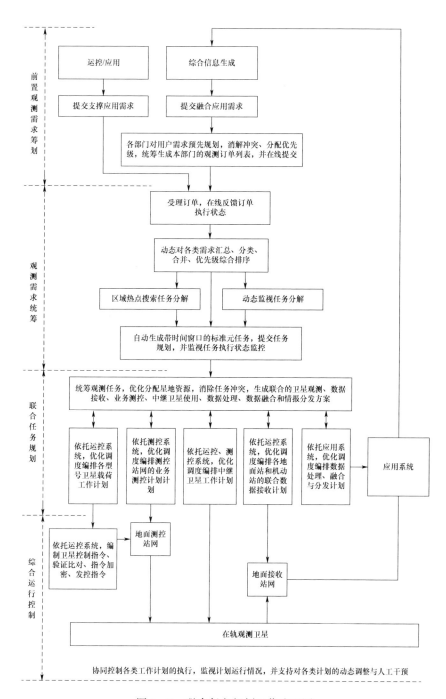

图 7-7 联合任务规划工作流程图

同规划提供标准的任务输入。同时,实现对任务获取、分解、匹配以及变更等处理的全过程进行跟踪。

1. 任务规范化描述与建模

联合任务规划面向的用户数量多、类型广,这些用户的观测请求也存在较大差别,因此需要保证任务需求描述格式的一致性和管理的统一性。具体实现为:根据应用场景,分析和挖掘不同任务需求的特点,抽取共性特征,构建标准化的需求描述模板,并将模板下发至各用户。对用户需求进行统一处理,通过过滤、分类,实现冗余信息过滤和任务管理。

1)任务需求特征要素与任务模板

按照观测资源平台、载荷执行任务特点,以及特定应用场景下的可能任务需求,采用基于粗糙集的数据挖掘技术,提取不同类型任务的特征要素,建立规范化的特征要素元数据和元模型;在统一任务表述要求下,采用模糊聚类方法研究特征要素间的关系,按任务特征分类描述任务,构建规范的任务模板。

2)任务形式化描述与建模

通过 BNF、UML 等技术手段,建立任务需求的形式化描述模型。根据资源平台的任务执行特点,分别建立天基、临近空间、航空资源的任务模型。

3)任务信息过滤与需求分类

用户提交的任务需求可能存在重叠部分,按照时效性、观测目标、信息资源等特征,采用灰色关联的方法检验任务需求的"等同"部分,并通过信息过滤消除任务冗余。将过滤后的任务需求进行分类,便于任务信息的集中管理,这主要通过对数据库的完整定义和科学管理实现,在数据库设计阶段考虑字段、范式定义的完整性。

2. 面向多平台的任务分解技术

面向多平台的任务分解技术主要针对区域静态地物和移动地物,采用基于先验信息的预测方法,通过分析运动地物在下一观测时刻所处的潜在区域,将移动地物的观测问题转换为对多个区域静态地物观测问题。对于区域静态地物观测任务,采用基于网格划分的方法,将其所在区域分解为多个任务方格,形成子任务集合。分解后子任务间的关系采用逻辑关系表述方法进行描述。

1)移动地物的多平台联合观测任务分解

针对移动地物观测任务需求,分析移动地物运动特点,不同平台、载荷间的配合使用模式,研究面向移动地物的快速分解方法,实现由移动地物跟踪监视向多个静态区域地物观测的转换。移动地物的观测可看作是一个搜索问题,其分解包括三个主要的过程:潜在区域构建与运动预测、任务分解的预处理、目标潜在区域分割。

2)多类型平台载荷区域静态地物的分解方法

区域静态地物有别于点目标,其范围超过部分或全部平台载荷的瞬时覆盖范围,因此需要进行分解处理。采用网格划分的方法,按照固定点目标的粒度将区域统一分割为任务方格。

3)子任务间的关系分类

子任务间基本关系分为"与"和"或",扩展关系包括"有限与"和"有限或":

(1)与关系:子任务与关系是指应用任务分解后,所得到的子任务组中,只有所有的子任务完成,才能认为应用任务完成。设有应用任务 Task 经过分解后,得到子任务组 $\{At_1, At_2, \cdots, At_n\}$,应用任务与这一组子任务的关系为"任务与"。

(2)或关系:子任务或关系是指应用任务分解后,所得到的子任务组中,只要有一个子任务完成,就可以认为应用任务完成。设有子任务 $At_1, At_2, \cdots, At_n$,应用任务 Task 经过分解后,与这一组子任务的关系为"任务或"。

(3)有限与关系:子任务有限与关系是指应用任务分解后,所得到的子任务组中,当有限个子任务完成后,才能认为该应用任务完成。设有应用任务 Task 经过分解后,得到子任务组 $\{At_1, At_2, \cdots, At_n\}$,且该子任务组可划分为 p 个互不相交的子集,为 $\{SA_1, \cdots, SA_p\}$,则应用任务 Task 与这一子任务组是"任务有限与"。

(4)有限或关系:子任务有限或关系是指应用任务分解后,所得到的子任务组的有限个互不相交的子集,每个子集中至少有一个任务完成,才能认为该应用任务完成。设有应用任务 Task 经过分解后,得到子任务组 $\{At_1, At_2, \cdots, At_n\}$,且该子任务组可划分为 p 个互不相交的子集,为 $\{SA_1, \cdots, SA_p\}$,则应用任务 Task 与这一子任务组是"任务有限或"。

对于点状地物,在面向任务的资源能力预测支持下,可以直接由各类资源分别进行覆盖和访问性计算,得到资源的各个具有时间窗的子任务,这些子任务间一般可表示为"或"关系。区域静态地物由于资源一般难以一次完成覆盖要求,需要多个分解的子任务的联合覆盖,子任务间也是一种"或"关系,但子任务完成的收益不同于点状地物(一般来说重复覆盖收益将降低,甚至没有收益)。移动地物具有较强时效性,需要较大覆盖范围的资源实施观测,并且由于各观测平台的不同,观测能力差异较大,例如飞艇和地球同步轨道凝视卫星在其观测范围内可直接实施一次连续监视,而低轨卫星则需进行多次协同观测;移动地物跟踪监视任务分解的子任务之间的关系主要是"有限与"或"有限或"关系。

3. 任务动态管理技术

任务管理从应用任务的获取开始,针对任务分解、匹配、变更等过程进行跟踪,对处理后的子任务进行状态监视,实现对任务处理全过程的管理。任务管理主要面向任务信息获取、任务分解操作、任务资源匹配、任务需求变更等处理过程。为了实现支持多平台任务协同规划、配置方案动态调整、规划方案推演与统计等功能,需要采集多平台任务协同规划系统内部业务软件的工作状态信息,管理任务状态信息,并对任务状态信息进行接收、处理和存储,实现任务处理和执行过程的监视管理,为用户提供直观的图形显示界面,支持不同工作模式下对任务状态信息的调用,有效解决对各类任务的全过程监控问题。

7.2.3.2　天临空资源管理与快速优化配置技术

对地观测任务由众多用户提出,但满足这些用户需求的天临空资源的任务执行能力存在较大差异。资源管理与能力度量技术主要研究资源能力描述模型,并通过分析各类资源涉及的时空关系和约束条件,建立任务需求与资源能力的匹配库。同时,通过构建资源拓扑结构模型,实现对天临空资源的动态管理。

1. 资源建模与动态管理

资源建模与动态管理包括资源建模、资源拓扑结构建模与方法,以及资源动态管理。资源建模实现资源节点模型的管理并为资源的快速配置提供支持,形成资源节点模型体系;资源拓扑结构建模用于描述在时空条件下资源节点间的数据通信链接关系与观测协同关系;资源动态管理实现动态环境条件下对天临空资源数据的实时更新和高效管理。

1)资源建模

针对天临空资源,在其特性及应用要求基础上,根据不同资源特点,采用层次化建模和模型聚合机制,形成模型描述规范,建立关于资源特性、使用约束的统一描述模型。

2)资源拓扑结构建模

资源拓扑结构关系包括固定网络结构与动态网络结构两个部分。天临空资源间既不像固定通信网络那样具有不变的链路,也不像 Ad – hoc 网络那样具有完全的随机链路,因此需要建立拓扑结构模型,掌握资源的动态变化特性。

3）资源动态管理

对天临空资源涉及的时空关系和约束建立统一的概念模型和数据模型,通过规范化建模,将资源表示为计算机可以识别和处理的形式,生成各种模型;其次,根据资源动态变化的特点,对各种资源进行管理和维护,支持动态建模和实时处理。

2. 资源能力与任务需求匹配

针对规范化描述的任务,按照特征要素建立任务与资源能力的关联模型,并根据各类观测资源模型与能力预测,确定可用于分配执行该任务的观测资源及其使用约束条件,选取任务资源,为协同任务规划提供初选资源集合。

1）任务需求与多平台多载荷资源关联模型

任务的特征要素,描述了任务对资源的能力需求,每类资源平台及有效载荷具有其自身的能力指标,形成能力辞典,按照一定层次结构形式,形成能力指标体系。通过任务观测目标、信息类型、信息质量等特征与资源能力的关联,发现满足这些要素的资源。

2）多平台多载荷资源能力预测

卫星、飞艇、航空平台及其载荷由于运行规律和使用条件的不同,能力计算的方式存在较大差别。例如,卫星是按一定的轨道来运转,通过计算卫星及其载荷的地面覆盖来获取目标访问信息;飞艇在临近空间主要是驻留,其目标观测机会和范围相对固定,主要受平台的使用约束限制;航空平台存在较大机动性和灵活性,并且航空飞行平台可从不同起始位置(空中、起降场)到指定地域,但飞行高度较低,更容易受外界环境影响。

3）任务需求与资源能力的动态匹配模型

针对每一任务,从任务资源关联模型得到的可行资源集合中,通过资源能力预测技术,在时空动态角度,包括对任务目标的观测以及观测数据的传输,找出能够满足任务能力需求的资源,形成支持协同规划的初选资源集合,支持多平台协同规划求解。

3. 多平台资源及其载荷配置方案评估

由于观测空间的连续不规则性,加之各个平台工作模式、覆盖范围各不相同,多平台资源及其载荷配置方案在空域、时域、频域上的量化评估存在很大困难。可采用网格空间离散化思想,把观测区域划分为多个大小相同的网格,实现观测区域的离散化。通过采用网格划分的方法,可以对天基、临近空间、航空平台不同的覆盖能力覆盖范围进行有效统一度量。在网格离散化的观测空间中,每个网格可以看作观测覆盖情况的最小度量单位。针对每个网格,可以分别从时域、平台级、频域等多个维度描述其覆盖情况。

4. 一体化资源优化部署

采用分阶段部署配置策略,首先对平台观测资源进行优化部署,分别面向区域覆盖和目标监视建立临近空间平台、航空平台编队部署模型,分别采用遗传算法、目标多重覆盖、多目标关联等算法求解;然后基于平台资源配置方案对载荷进行配置,依据时域、空域、频域等目标建立载荷配置模型,对无人机载荷和飞艇载荷分别采用不同算法求解,实现对地观测资源的优化覆盖。

1)面向区域覆盖的多平台资源优化部署

面向区域覆盖的多平台资源优化部署主要用于选择飞艇悬停位置、航空平台编队起降场,以实现空域时域的优化覆盖。本文拟对飞艇悬停位置、航空平台起降场选择进行一体化建模,构建混合整数规划模型,采用遗传算法对两类平台资源选择配置进行一体化编码,同时进行求解配置,实现观测空间的优化覆盖。

2)面向区域监视的多平台资源优化部署

多飞艇、多无人机的协同监视是一种典型协同组网工作模式,面向区域监视的飞艇、无人机编队优化部署方法是实现该工作模式的关键。该方法包括高能效的观测对象多重覆盖算法和多目标关联覆盖算法。

3)多平台载荷配置技术

临近空间飞艇、无人机数量少、载荷(包含可见光、红外、多谱段、SAR 在内的多种载荷)多,单平台及单载荷能力有限,难以完成复杂对地观测任务。通过载荷优化配置,形成复合网络,提升平台、载荷利用效率和整体功能,提高任务完成效率。

(1)无人机载荷配置技术。无人机观测载荷配置过程分为以下几个步骤:①建立载荷使用准则的建模方法;②根据任务优先级,确定该任务对应的载荷的优先级,根据优先级顺序设定载荷的权值;③分析基本约束,建立无人机载荷配置过程初步模型;④建立载荷使用约束模型。

(2)临近空间飞艇载荷配置技术。临近空间飞艇载荷配置技术主要包括载荷配置与通信载荷组网覆盖两个部分。飞艇观测载荷配置过程分为以下几个步骤:①建立载荷使用准则的建模方法;②根据任务优先级,确定该任务对应的载荷的优先级,根据优先级顺序设定载荷的权值;③分析基本约束,建立飞艇载荷配置过程初步模型;④建立载荷使用约束模型。

5. 适应资源变化的配置方案动态调整

天临空资源状态会随着时间不断发生变化,例如观测资源的增加、新增飞艇或者无人机、资源失效、某个观测资源故障或者损毁等。资源配置方案应该能够快速动态调整,以适应各种资源变化,实现观测空间的优化覆盖。

7.2.3.3 天临空多平台协同规划技术

目前,单类观测平台已经难以满足多样化的、大量突发的观测任务需求,不同观测平台之间能力互补优势使得多平台协同观测成为突破这一瓶颈的关键途径。但是,一方面由于各类平台及其载荷的工作方式和观测能力差别较大,例如天基平台观测范围广、不受地理环境制约,但对目标只能周期访问;飞艇能对同一地物对象持续观测,但机动性较差;无人机机动灵活,但观测范围窄,易受地理环境限制。在多平台协同规划时需综合考虑各平台的能力特征。另一方面多类观测平台和数据接收资源隶属于不同部门,不同的部门有各自的使命任务,具有相对独立性,设计切实可行的多平台协同策略比较困难。

1. 多平台协同规划结构

天基、临近空间、航空多平台协同规划结构是实现多平台高效协同规划的基础。合理的协同规划结构不仅要符合多平台及多管控中心在业务和编制上的实际情况,还应具备规范化、模块化、分布性、重用性、即插即用性等特征。首先分析规划结构中参与协同的要素,建立协同要素功能模型;然后,采用 Multi – Agent 技术构建有限集中的多平台分层协同框架,明确协同要素间关系;最后,面向多平台观测协同和数传协同,设计多平台协同工作流程。

1)协同要素功能建模

协同要素是多平台协同规划过程中涉及的功能模块和业务实体,主要的协同要素包括:任务管理、资源管理、任务资源匹配、多平台协同观测任务分配、多平台协同数传任务规划、天基平台任务管控中心、临近空间平台任务管控中心以及航空平台任务管控中心。

在建模规范中采用可扩展标记语言 XML 作为标准化语言,实现协同要素的功能及属性描述。XML 不仅可表示结构化和半结构化的数据,而且它本身是可扩展的,与平台无关的,并且由于完全采用 Unicode 而支持国际化。因此,使用 XML 可有效构建协同要素的模型。

2）有限集中的多平台分层协同框架

大量复杂、突发的应急观测任务需多类观测平台和数据接收资源协同才能快速有效完成观测数据的获取和回传。由于多类观测平台和数据接收资源隶属于不同的管控中心，不同的任务管控中心在业务上和编制上是相对独立的，因此多平台协同实质上是不同任务管控中心之间的协同。不同的任务管控中心所辖资源的能力不同，具备各自的观测任务和使命，在业务上、功能上、地理位置上是分布式的，且具备自主决策能力。因此，可以把不同的任务管控中心看成一个个自治的、能自主决策的 Agent，其他协同要素如任务资源匹配、多平台协同任务分配等也看成是具备特定功能的 Agent，可以利用 Multi – Agent（MAS）技术构建多平台协同框架。MAS 技术主要研究一组自治的 Agent 在分布式环境下，通过交互、合作、竞争、协商等智能行为完成复杂的控制或任务求解。

3）多平台协同工作流程设计

工作流把多个 Agent 合理地组织在一起，实现对每个 Agent 业务过程的动态控制，完成某复杂任务的交互协同，促使各 Agent 在多平台协同框架内发挥整体最大效能。对于多平台协同任务规划，运用工作流的关键在于克服应用的分布式环境，面向不同的协同任务，对多平台协同规划过程从输入到处理到输出进行全过程控制，工作流过程反映了多平台间的协同策略。

2. 天临空多平台协同任务分配

多平台协同任务分配技术主要针对多类观测平台、管控中心和应急观测任务，依据任务资源匹配结果，基于多平台协同策略，将应急服务任务分成多个任务子集，作为多个平台任务管控中心观测任务规划的输入，实现多类平台协同观测规划。重点研究多平台协同任务分配影响要素的计算方法、多平台协同任务分配模型、多平台协同任务分配快速算法。

1）多平台协同任务分配影响要素计算方法

在多平台协同任务分配时，由于多平台协同任务分配中心 Agent 不能直接为各任务管控中心 Agent 生成观测计划，因此在设计多平台协同任务分配模型和算法时，应该基于一些启发式信息，这些启发式信息是通过对多平台协同任务分配的影响要素进行预测计算得到的。主要的影响要素包括：观测收益、资源消耗、任务冲突和负载均衡。

2）多平台协同任务分配模型

在多平台协同任务分配时，由于一个点目标观测任务本身就是一个不可分解的原子任务,因此点状地物观测任务可以直接作为分配单元。

区域目标任务分配时由于不需要为下一层的任务管控中心制定观测计划,因此没有必要把区域目标分解成对应于各平台传感器的原子任务,只需根据各平台的整体观测能力对区域目标进行粗粒度分解。所谓粗粒度分解并不是把区域目标分解为多个点目标或明确观测平台、观测角度、观测时间的观测条带,而是根据各平台的可视范围进行划分。

3）多平台协同任务分配算法

（1）求解批任务指派模型的多目标粒子群优化算法。

对于多目标处理一般可使用线性加权、平方和加权、分层序列等方法把多个目标转化为单目标或一系列单目标问题。但对于经过转化后的单目标问题求出的最优解往往只是原问题的一个(或部分)非劣解,不能直观反映解与多个目标之间的关系。多目标规划问题(Multi – objective programming, MOP)的本质在于大多数情况下各目标是互相冲突的,某目标的改善可能引起其他目标性能的降低,同时使多个目标均达到最优是不可能的,最优解不再是在给定约束条件下使所有目标函数最大的解,而是帕累托效率(Preto efficiency)最优解集。MOP 的 Pareto 最优解只是一个可接受的"不坏解",并且大多数 MOP 的 Pareto 最优解的个数很多,而 MOP 的最优解就是包含所有这些 Pareto 最优解的一个集合,最后可根据具体问题和偏好再从 Pareto 解集中选出一些来使用。

多目标优化问题求解可采用以下两类方法:第一类是针对特定问题的精确算法,另一类是近似算法。在精确算法中,主要有与领域问题相关的动态规划、分支定界等。但是,多目标优化问题大都具有 NP – hard 特性。精确算法一般只能用于某些特定领域问题,对于多目标的协同任务分配问题,采用数学规划方法难以精确直接求解,为了在一定的时间、空间范围内求解实际的复杂问题,需要采用近似算法。

（2）求解特别应急任务反应式协同分配模型的启发式方法。

根据目标的性质,特别应急任务同样可以分为点目标应急观测任务、区域目标应急观测任务和移动目标应急观测任务,其中移动目标通过移动目标的潜在区域构建,可以把移动目标观测任务转化为区域目标观测任务。根据上一小节区域目标的处理方法可知,区域目标经过粗粒度分解和冲突区域分解后,每个子区域所对应的观测平台唯一,因此在分配过程中不存在冲突消解问题。但是对于点目标应急观测任务,可能存在多个观测平台能对该任务进行观测的需求,因此需要进行冲突消解并把该任务分配到最合适的某个观测平台上去。

3. 天临空多平台数传协同规划

联合任务规划技术中的观测、数传资源调度拟采用两阶段的方法,数传阶段是限制整个观测任务完成的重要环节。数传资源及其约束的多样性,多类观测平台和数据接收资源隶属于不同任务管控部门的特性,给制定多数传资源的综合数传计划带来困难。多平台数传的协同规划技术在满足各种约束条件下,依据各管控中心的观测方案,为应急观测任务合理分配数据传输和接收资源,确定相应的数据传输时间窗口和资源控制参数。本部分主要包括多类数传资源协同规划策略、多类数传资源协同规划模型以及多类数传资源协同规划算法。

1)多类数传资源协同规划策略

多类数传资源涉及不同的数据获取平台、数据接收平台,并且不同的数传资源可能隶属于多个不同的任务管控中心。为了最大限度满足应急观测任务的数传需求,需协同多类数传资源、多个任务管控中心针对制定合理的数传计划。目前,多类数传资源的协同模式有两种:

(1)协同模式Ⅰ:各个任务管控中心根据分配到的应急观测任务和本地观测任务制定观测计划,然后把观测方案发送给多类数传资源协同规划 Agent。多类数传资源协同规划 Agent 根据各个任务管控中心的观测方案,针对其中的应急观测任务制定数传方案,并把制定好的数传计划发送给应急服务系统所辖的数据接收资源。由于数据接收资源可能无法完全满足应急观测任务的数传需求,因此把没有获得数传资源的应急观测任务分发给各任务管控中心或外部数据接收资源,请求协同数传,各任务管控中心和外部数据接收资源响应请求后,进行一次反馈。

(2)协同模式Ⅱ:各任务管控中心根据分配到的应急观测任务,综合本地观测任务制定观测计划和数传计划,然后把观测方案和数传方案都发送给多类数传资源协同规划 Agent。多类数传资源协同规划 Agent 针对各任务管控中心无法数传的应急观测任务制定数传方案,并把制定好的数传计划发送给所属的数据接收资源。如果数据接收资源无法完全满足应急观测任务的数传需求,则把没有获得数传资源的应急观测任务分发外部数据接收资源,请求协同数传,外部数据接收资源响应请求后,进行一次反馈。

2）多类数传资源协同规划模型

不论针对哪种数传协同模式,多类数传资源协同规划 Agent 都只根据发送给它的各平台应急观测任务以及其所管辖的数据接收资源建立合理的模型,设计有效的算法,制定多类数传资源的数据接收计划。在建立模型时,无人机数传、飞艇数传还是卫星数传,都统一转化为它们与数据接收资源的可见时间窗口和需下传的数据量。

规划模型是设计规划算法的前提和基础,为满足多类数传资源快速任务规划的需要,首先需要建立数传资源的快速任务规划评价指标体系,并根据评价指标确定单目标或多目标优化目标函数,从而构建单目标或多目标数传资源的快速任务规划与模型。规划模型的构建需基于对问题的合理假设和简化,同时对规划约束、目标函数、数传任务、时间窗口、场景资源等建模要素进行形式化描述。

建模过程须考虑数传资源的快速任务规划模型问题的以下特点:多资源选择、多时间窗口选择、多可见冲突、多阶段实现、多类型任务、多约束并存。

约束满足问题(CSP)模型首先建立一组包含若干决策变量的关系表达式作为约束,通过控制决策变量使其满足约束条件求得可行解,采用 CSP 模型的关键在于对问题的形式化描述。研究表明 CSP 模型比较适合于描述多约束的组合优化问题,并在国内外的资源调度领域中得到广泛的研究和应用。CSP 模型对应的求解方式一般是采用搜索算法在解空间中寻找满足所有约束的解,所得解为满意解,求解方法以启发式算法和智能算法为主,有时也可以采用成熟的软件(如 ILog 等)求解。采用 CSP 的建模思想,可以清晰地形式化描述数传任务规划问题,约束条件及规划目标明确,便于计算机求解。

数传资源的快速任务规划与实时调度问题建模是针对数传资源的快速任务规划与实时调度问题选用合适的建模工具和数学语言进行描述,建立能够表述卫星数传任务需求、调度约束及调度目标的概念模型以及数学模型。根据以上所描述的数传资源的快速任务规划与实时调度问题的特点,可建立数传任务规划 CSP 模型。

3）多类数传资源协同规划算法

数传资源的快速任务规划与实时调度问题是一种复杂的组合优化问题,在高分系统中,该问题所涉及的资源多、约束多、任务多,这就导致了数传资源的快速任务规划与实时调度模型的求解复杂性,在多项式的计算时间内将很难获得问题的最优解。

由于联合任务规划对算法的时间性要求很高,且数传资源的快速任务规划与实时调度模型具有平台多、资源多、任务多、约束多、冲突多等特点,经典优化算法和人工智能优化方法均不能满足算法的时间性要求。因此,可采用基于规则的启发式算法来对模型进行求解。

7.3 联合态势生成技术

在信息化条件下的遥感应用中,往往利用多平台、多种类、全方位、一体化的对地观测手段来获取目标区域地物信息。此外,需要通过借助联合态势生成技术对多源区域感知信息进行目标检测、关联、组合,以获得精确的目标状态和完整的目标属性,从而实现对应用场景的全维感知。

联合态势生成技术主要对天临空对地观测手段获取的多源天基数据产品和信息进行融合处理,验证、确认目标类别,提取融合目标态势信息,生成联合态势,进行态势显示、分析等综合应用,并向各级别、各类型用户共享分发联合态势。该技术主要包括面向目标的多源异类数据关联技术、多源异类数据融合准则构建技术及数据融合处理流程建模和统一调度技术。

7.3.1 任务分析

联合态势生成引接光学、雷达、重力、磁力等多源数据产品和信息资源,对特定区域或典型目标等进行不断的监测,利用数据融合,实现对目标移动信息不断进行数据挖掘、对地物信息进行动态监测分析、对区域协同关系进行关联分析,最终实现面向区域或目标的综合态势生成和发展趋势预测。联合态势生成主要包括数据源引接和数据产品生产,组成图如图7-8所示。

数据源主要包括:可见光、微波、红外、高光谱、雷达、重力、磁力等天基信息资源,以及航空和临近空间航空数据资源等遥感影像数据;地形、地貌、目标属性等基础地理信息数据;模型、知识图库、目标特性库的融合数据资源。

数据产品分为基础数据产品和专题数据产品。基础数据产品包括:可见光遥感数据产品、高光谱遥感数据产品、红外遥感数据产品、微波遥感数据产品和激光雷达数据产品的0~3级产品数据。专题数据产品包括:成像侦察专业处理产品、测绘专业处理产品、气象水文专业处理产品的4~6级产品数据。

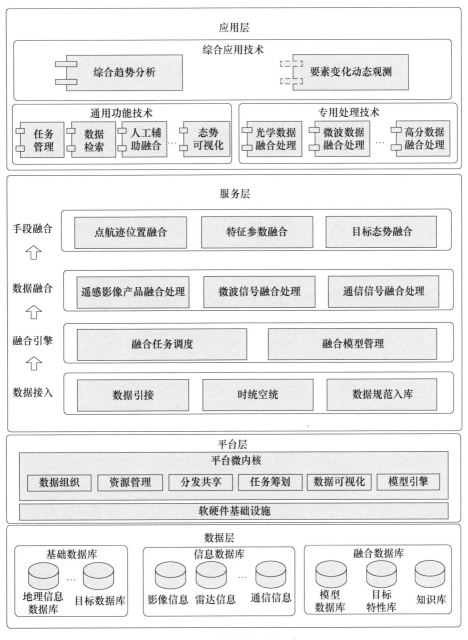

图 7 - 8　联合态势生成示意图

7.3.2　工作流程

联合态势生成工作流程可分为数据引接、数据规范处理、数据关联组织、多源同类数据融合、多源异类数据融合、联合态势生成与综合分析等不同阶段,如图7-9所示。

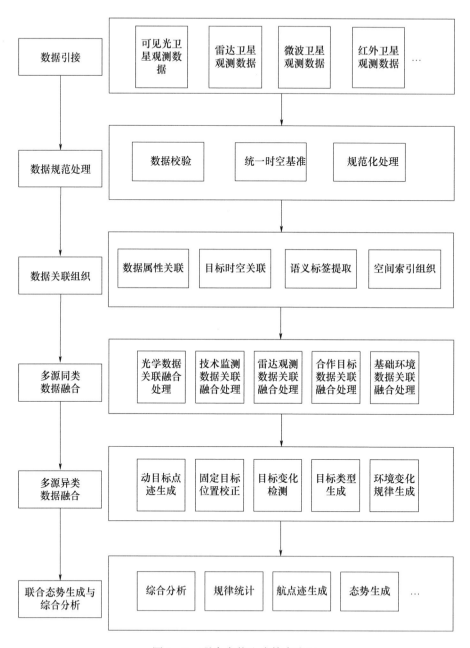

图7-9 联合态势生成技术流程

1. 数据引接、规范处理与关联组织

数据引接关联组织接收到用户发送的数据后,将数据进行规范化整理,关联组织存储,并向多源同类融合处理和多源异类融合处理发送数据到达通知。

2. 多源同类和多源异类数据融合

多源同类融合处理和多源异类数据融合接收到数据到达通知后,依据不同的融合策略,调度对应的处理插件,发起同类或者异类融合处理任务,对数据进行时空统一、目标关联和目标识别,生成融合数据产品。生成的融合数据产品被发送至数据引接关联组织分系统进行存储,并实时向相关用户分发。

3. 联合态势生成与综合分析

联合态势生成与综合分析综合利用已有的各类信息,对疑难目标等进行综合判定,对指定目标进行历史情报态势图分析,对目标的轨迹等规律进行统计和挖掘,生成联合态势产品,进行展示分析或者向用户分发。

7.3.3　联合态势生成关键技术

7.3.3.1　面向目标的多源异类数据关联技术

多源目标关联是确定不同传感器所获得的目标量测信息与目标之间对应关系的过程,它是目标融合识别问题中最核心也是最重要的内容之一。任何目标融合识别算法的应用都是以正确的目标关联结果为前提的,关联结果的不同,将导致目标识别结果出现巨大的差异,特别是对多源多目标问题。

在经典的目标关联问题中,主要利用目标的位置信息进行关联,如最近邻方法等。但当对多个密集目标进行关联时,由于多个目标的统计距离门限相互交叠,即使统计距离最近的情况,回波与目标也无法准确对应,所以会导致目标的错误关联,从而影响融合的结果。同样地,当数据的定位精度较差时,仅依靠位置信息进行关联,也会产生较大的关联错误率。

针对对多个密集目标进行关联时,多个目标的统计距离门限相互交叠,目标间也无法准确对应,导致目标的错误关联,影响关联结果等问题,可采用利用目标属性特征进行目标关联匹配的方法,解决过程如下:

(1)采用对时间和运动不敏感的属性特征。

(2)采用扩展卡尔曼滤波算法形成多条可能的目标航迹。

(3)采用基于运动规律的数据噪声过滤及异常点检测。

(4)采用 D - S 证据理论或者模糊集框架计算不同观测目标属性特征的相似度。

（5）修正采用位置及运动状态信息进行目标关联的结果。

7.3.3.2　多源异类数据融合准则构建技术

多源异类数据融合处理是对不同传感器共有的数据进行修正，同时综合各自特有的数据，以丰富目标的属性信息。多源异类数据的融合准则会直接影响数据融合的结果。目标要素（如目标属性、类别、国籍、机舷号/名称）缺失不准将使系统缺少融合条件，影响融合成功率；融合算法不科学将会增加漏、错、虚融合率，影响目标航迹准确性和平滑度。

目标融合主要是航迹融合，即根据目标位置、属性等要素，依据一定的准则进行关联融合，核心是位置接近、属性接近。位置是基于经纬度计算绝对位置差，用恒定不变的绝对位置差来确定两批或多批目标位置是否接近是不科学的，必定导致融合出错或融合率不稳定，例如，没有充分考虑不同信息源不同探测精度来设置相匹配的距离融合门限，没有充分考虑同一探测源绝对探测误差是个变量，目标批号不能直观显示信息源特性，目标要素中缺乏绝对位置误差信息，参与融合的要素不全，融合准则不科学。

完善多源异类数据融合准则的思路主要包括：

（1）增加参加融合的目标要素。将现有目标要素中属性、标记、经纬度、类型、航向、航速、国家/地区、机舷号、机舰名以及将来增加的绝对精确、探测源精度全部参加融合判断，提高融合度。

（2）完善融合准则。各类目标要素参加融合时，要设置科学合理的关联判断准则。

（3）增加动态连续判断功能。由于目标要素是在不断变化中的，已经融合的不能一成不变，当原始源报送的目标要素发生变化且不符合融合准则时，应解除融合，符合融合准则的目标应及时融合。当两批或多批目标要素长时间比较接近特别是运动要素基本一致，但位置相差较大，可以进行融合。

（4）优化融合规则。有些系统设置了同一数据源目标不融合这一规则，实际使用中发现不尽合理，原因是由于信息多重流转，同数据源传送的目标实际是不同探测源信息，前面系统没有融合好传送到本级，导致一批目标多批显示，应取消这一限制。

7.3.3.3　数据融合处理流程建模和统一调度技术

综合态势生成技术需要引接多种类型数据，因此多源数据融合处理框架需具备对多类型遥感数据进行融合处理的支持能力。多源数融合处理框架需要支持光学卫星、微波卫星等多种观测数据的融合处理，且要求具有动态扩充及变化的能力,支持多源同类和多源异类数据的融合,这使得多源数据融合处理框架需要集成和管理大量的处理算法和处理流程。

解决这种复杂性的有效方法是分离处理流程和处理算法,使处理流程和算法都可以独立地升级、扩展。主要思路包括:

(1)多源数据融合处理框架使用流程定义语言对处理流程进行规范化的描述,提供可视化的算法和流程建模工作,保证能够灵活地对处理流程进行动态扩展和管理;在流程执行时,工作流引擎自动根据流程定义调用处理算法模块和处理参数,以流程驱动的方式实现各类传感器数据处理、多级标准数据产品输出,验证基于工作流的数据融合处理流程建模和统一调度技术的可行性。

(2)数据融合处理采用工作流驱动体系。系统根据具体的流程定义创建流程实例,实现流程的启动、运行及任务的发起。流程驱动算法在工作流技术的基础上开发实现,采用基于工作流的流程驱动可以通过流程定义建模实现过程的自动化,使得流程的改变不需要把全部的代码重新部署,而只需要更改对应流程的描述文件。流程驱动算法实现了应用处理逻辑和过程逻辑相分离,可以更加灵活地控制业务流程,使流程可以按照业务的需要重新设计,提高业务流程管理的效率。

7.4　仿真推演评估技术

仿真推演评估技术是一种模拟典型行动或场景展现的重要技术手段,是在计算机仿真推演技术支持下,从仿真推演过程的不同阶段分析提取关键因素,构建推演评估指标体系,并采用合适的评估方法,构建综合评估模型,实现仿真数据采集、分发及对象监视以及模型设计、想定编辑、态势显示、分析评估等的仿真功能,提高想定背景下的仿真推演与评估分析的技术手段。

仿真推演评估技术可有效支撑高分辨率对地观测系统综合论证、体系结构优化、指标分析、作战效能评估、接口匹配性验证、天临空地平台及关键载荷指标设计与检验、一体化指标分配与优化等应用需求,为方案论证、研制建设、运行应用和后续发展规划提供全过程的技术支撑。仿真推演评估技术的必要性主要体现在以下几个方面:

(1)开展体系框架设计、总体方案优化、关键指标论证、集成演示验证。高分辨率对地观测系统包含天基、临近空间、航空、地面等多个系统,涉及多类型平台及载荷,需要考虑信息的获取、传输、处理、分发等多个环节,其平台载荷类型多样、技术创新性强、建设周期长、参研单位众多,迫切需要能够支持全面仿真的技术手段。一方面通过仿真技术手段,全面分析论证高分辨率对地观测系统的体系框架,优化总体建设方案,对系统的研制建设过程中需要突破新的平台、载荷、技术体制等一批创新关键技术进行检验评估,科学地指导相关的技术指标论证及分配;另一方面,将系统建设过程中不同阶段、不同过程的研制成果进行综合集成,实现对系统集成演示验证。

(2)针对应用示范,开展体系应用效能评估与天、临、空、地各系统应用效能评估。高分辨率对地观测系统研制定型之后,其具体部署使用方式,包括平台类型、数量、空间位置、载荷的搭配、应用模式和管控流程等的确定,高分体系的协同方式等,需要面向应用示范,利用仿真手段对高分体系应用效能和高分各系统应用效能进行定性定量化分析评估,并根据评估结果对部署使用方式进行优化调整。

(3)科学评估和规划的能力演化路线和技术发展路线。高分辨率对地观测系统的建设是一个长期渐进的过程,其后续可持续发展过程的规划论证需要仿真手段的支持。一方面,通过仿真分析可以分析论证我国在高分辨率对地观测方面合理、准确的能力需求,并考虑客观、全面的约束条件,形成相应的能力演化路线、装备发展路线、技术发展路线;另一方面,通过仿真分析也可以对高分系统未来的体系结构设计、发展建设方案、技术路线选择等关键问题进行多方案深化比较分析和先期演示验证,为高分系统的科学发展提供可靠的保障。

(4)针对新型有效载荷、创新应用模式等,开展用户体验、训练培训、应用推演。高分辨率对地观测系统具有多种新型有效载荷,技术创新性强,需要针对无人机、高空飞艇等新型平台载荷所带来的创新应用模式,通过仿真系统的人机交互、模拟操作、高分系统应用过程仿真推演等技术手段,强化用户使用经验,拓展高分系统的应用范围。

7.4.1 体系架构

仿真推演评估体系采用"仿真基础平台 + 专业仿真技术"的体系架构。其中,仿真基础平台是体系仿真系统研制实施的核心,通过集成有关仿真模型,形成相关专业的仿真能力。根据体系仿真的主要使用要求,仿真推演评估体系的架构包括基础设备层、模型资源层、服务支撑层及仿真应用层,如图 7 - 10 所示。

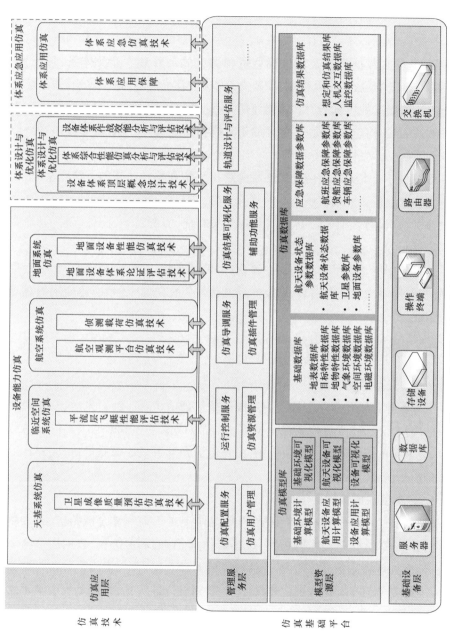

图 7-10　航天设备体系仿真系统架构

基础设备层是体系仿真提供实际运行的软/硬件环境,包括处理工作站、数据服务器、安控设备、存储系统、网络环境等硬件设备,以及操作系统等软件环境。

模型资源层是体系仿真运行基础,主要实现对体系仿真中涉及的各类仿真模型资源、仿真数据资源及软件模型资源的存储与管理。涉及体系、系统、平台、载荷等不同层次的仿真模型,需要支持指标、系统性能、系统效能、体系综合效能等不同层次的仿真能力和效能评估,因此必须依据不同层次仿真能力和效能评估的需要,构建多层次、多粒度的仿真模型,并能够实现各仿真模型自适应校准与匹配。

管理服务层主要实现仿真基础平台对相关仿真基础功能的虚拟化整合,为各仿真技术和仿真应用提供统一的基础支撑,包括仿真导调、仿真配置、仿真流程设计、仿真运行控制、可视化、消息管理与时统、资源管理、插件引擎、异地资源同步等服务。

仿真应用层是体系仿真的外在表现,由天基系统、地面应用服务网、临近空间系统、航空系统等能力仿真,以及体系设计与优化仿真、体系应急应用仿真等部分组成。

7.4.2　观测系统能力仿真

7.4.2.1　天基系统仿真

天基观测系统仿真主要实现卫星成像质量预估仿真。针对光学、SAR 两类卫星的应用需求,建立星地成像全链路,实现对成像各环节影响因素的评估分析,指导卫星的研制建设与在轨应用,主要包括光学卫星成像质量仿真、SAR 卫星成像质量仿真。

1. 光学卫星成像质量仿真

针对在轨在研的光学成像卫星,开展光学卫星天地一体全链路仿真,具备地面目标仿真、大气链路影响仿真、遥感器仿真、卫星平台仿真、数据压缩算法仿真、地面处理算法仿真等能力,支持对卫星 MTF、SNR 等关键指标分析与评估能力,支持光学卫星动态范围优化设计、光学相机口径优化设计、系统不确定度和精度计算验证等仿真应用能力。

2. SAR 卫星成像质量仿真

针对在轨在研的 SAR 成像卫星,开展 SAR 卫星天地一体全链路仿真,具备场景仿真、SAR 回波仿真、数据处理仿真等能力,支持对卫星空间分辨率、峰值旁瓣比、积分旁瓣比等关键指标的分析与评估能力,支持 SAR 卫星总体方案设计及验证分析。

7.4.2.2　地面应用服务网仿真

1. 地面装备性能仿真

地面装备性能仿真主要实现星地链路性能仿真分析、数据网格任务发送与接收、测试试验评估集成应用。星地链路性能仿真分析重点分析数据接收、测控资源对航天装备的星地链路性能,可根据卫星指标计算地面传输码速率、G/T 值等,支持地面装备建设与应用,可 Ka、Ku、X、S、L、C 等频段的仿真计算。数据网格任务发送与接收主要开展任务管控、数据预处理、定标与质量评定等功能的训练培训,接收反馈的相关结果,并显示计算结果。测试试验评估集成应用主要实现相关测试数据、模型、算法的综合管理,支持对相关应用领域地面处理算法的测试评估。

2. 地面装备体系论证评估

地面装备体系论证评估包括卫星观测任务规划与评估、卫星数传任务调度与评估、卫星测控调度设计与实现、运控模式分析仿真、测控运控一体应用分析评估、测控资源统筹仿真。

(1) 卫星观测任务规划与评估主要分析光学、SAR 等各类卫星及其有效载荷的描述、工作原理和约束条件,针对固定点目标、移动点目标和区域目标等,提炼出目标关于时间、分辨率、图像类型等使用要求;根据目标区域的地理位置及卫星的覆盖条带、回归周期等参数,将全球区域进行划分为可调度的单幅场景,调度预处理根据区域的时间、周期、优先级等要求,对每个场景进行处理,生成该场景的任务约束关系;研究任务可见时间窗口和卫星数据回传弧段的快速计算技术,任务分解和合成技术,各类图像优先、时间优先等搜索策略下的调度算法,将调度结果与数传调度成员交互。

(2) 卫星数传任务调度与评估采用综合优先度调度(TSP)、STK/Schedule、FIFO 等算法;根据资源使用的限制条件,以最大化满足数传任务要求,兼顾各资源使用均衡性要求,通过调度消解资源使用冲突,综合评估地面接收站对观测卫星数据传输任务的满足程度。

(3) 卫星测控调度设计与实现研究综合优先度调度(TSP)、STK/Schedule、FIFO 等算法;根据资源使用的限制条件,以最大化满足测控任务要求为目标,兼顾各资源使用均衡性要求,通过调度消解资源使用冲突,评估测控资源在不同任务压力下的满足程度;研究测控资源能力评估指标体系,结合调度方案进行统计分析,同时对调度方案进行二维、三维回放。

(4)运控模式分析仿真主要完成运控运行模式的仿真分析,分别仿真运控独立运行与一体化运行模式,完成卫星的观测方案、业务测控方案、数据接收方案以及中继卫星方案的模拟生成,提供轨道计算服务,能够对计划业务信息进行管理。

(5)测控运控一体应用分析评估仿真主要面向不同规模、不同应用任务,综合评估不同应用模式下的作战效能,包括对目标观测能力、多星协同观测能力以及卫星中长期观测能力分析。

(6)测控资源统筹仿真主要根据卫星测控任务需求,完成测控站网和中继卫星等测控保障方案的模拟生成,以及对测控资源的能力进行计算仿真。通过对不同测控资源的选择和配置,完成对不同工作模式下的测控能力进行评估。

7.4.2.3 临近空间系统仿真

临近空间系统仿真主要实现平流层飞艇总体性能与气动、能源、推进、蒙皮、航迹、热性能等性能仿真分析。平流层飞艇性能仿真评估是对平流层飞艇重要分学科进行高保真仿真,根据仿真结果对系统重要技术指标进行分析。临近空间系统仿真包括飞艇总体性能仿真、气动性能仿真分析、推进系统仿真分析、蒙皮性能仿真分析、飞行航迹仿真分析和热性能仿真分析等。

(1)飞艇总体性能仿真分析综合利用气动、能源、推进、飞行航迹等学科仿真分析的结果,对平流层飞艇驻空高度、留空时间、抗风能力、浮重平衡情况、能源平衡情况、推阻平衡情况、静稳定性等进行仿真分析评估。

(2)气动性能仿真分析根据给定的飞艇外形参数和飞行工况参数,通过工程估算和近似模型两种方法对飞艇典型气动性能进行计算分析,包括基于面元法和边界层修正方法(工程估算)的气动计算插件、基于近似模型方法(近似方法)的气动计算插件。

(3)推进系统仿真分析针对低速飞行器采用的常规电机螺旋桨推进系统,分别对直流无刷电机、传动机构、螺旋桨和整个推进系统进行建模和仿真分析,为推进系统的选型和性能分析以及飞行器的总体设计提供参考。

(4)蒙皮性能仿真分析针对平流层飞艇在临近空间环境下的工作特点,结合"超温"作用下热特性模块计算结果,对飞艇蒙皮进行热结构特性仿真,得到蒙皮薄膜结构在不同时刻、不同地理位置情况下的变形和应力分布规律,给出不同飞行环境下的结构热应力演变过程。

(5)飞行航迹仿真分析综合考虑太阳直接辐射、大气散射、地面红外辐射、蒙皮红外辐射、蒙皮与大气自然对流和强迫对流、蒙皮与浮升气体间自然对流等因素,考虑云层、风速等因素对飞艇热环境的影响,建立风场中平流层飞艇力热耦合航迹仿真模型,对飞艇上升阶段航迹进行仿真,得到上升过程高度、速度、蒙皮温度、浮升气体温度、压力、体积、内外压差等状态参数变化规律。

(6)热性能仿真分析以飞艇蒙皮为研究对象,根据热环境和热传递关系,建立平流层飞艇蒙皮热模型,得到不同飞艇朝向、风速、蒙皮吸收率等参数的情况下的蒙皮温度分布规律和昼夜演变规律,为飞艇热控设计提供理论依据。

7.4.2.4　航空系统仿真

航空系统仿真主要实现对航空载荷的性能测试,演示、评估无人机系统的协同应用过程,为体系联合应用提供支撑。航空系统仿真包括航空观测平台仿真、观测载荷仿真等。

(1)航空观测平台仿真主要构建飞机平台建模和对观测任务分解和任务建模,完成飞机平台工作种类/数量、搭载载荷、工作参数选择与设置等,规划飞机飞行航迹,综合显示平台飞行数据和状态数据。航空观测平台仿真由飞机平台建模、飞行动力学仿真、观测航路规划等组成。

① 飞机平台建模负责平台主要参数(如型号、翼展、载重等参数)的建模以及三维展示模型的选择,并为飞行动力学仿真模块提供飞行动力计算所需参数。

② 飞行动力学仿真根据飞控指令进行飞行过程的仿真,产生相关的飞行数据和状态数据。

③ 观测航路规划根据提出的飞行任务计划、观测航路等方面的要求进行飞行前的场区数据处理、规划实际观测航路。

(2)观测载荷仿真主要实现对航空系统典型对地观测载荷进行仿真,模拟各类航空载荷的工作过程,评估载荷的典型技术指标。

7.4.3　效能评估分析

本节重点针对对地观测体系,开展体系的效能评估,包括体系能力分解、指标体系构建、效能分析评估三个方面。

7.4.3.1　体系能力分解

为了深入研究对地观测体系效能评估,首先在分析需求背景的基础上,归纳总结体系的能力需求。

对地观测体系的任务是综合运用天临空各类传感探测资源和信息系统,开展对地行动,通过联合协同的资源管控运用和多源共享的信息融合处理,形成一致理解的全域重点态势一张图,为用户提供一体化的信息感知服务。因此,对地观测体系应具备、目标发现、连续跟踪、识别确认、判定描述等能力,如图 7-11 所示。其中,目标发现能力要求在重点关注的目标活动区域内,能够迅速给出疑似动目标的大致位置,引导其他探测手段进行识别;连续跟踪能力要求在一定的时间段内给出目标的精确位置,精确估计目标运动状态;识别确认能力要求在目标发现的基础上,传感器通过动目标的几何、运动、电磁、RCS、光谱等特性,在区域多目标环境下剔除虚警、识别真伪、掌握目标类型及特性等;判定描述能力要求在识别的基础上,掌握属性特征、判明活动意图、判定威胁程度等。

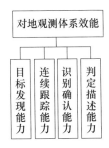

图 7-11   对地观测体系效能分解

7.4.3.2   效能评估指标体系构建

由于对地观测体系种类多、性能各异、技术手段多样,导致效能评估是一个多层次、多因素、复杂的评估问题。为了用科学的计量方法进行量化处理,首先必须针对对地观测体系效能分解构造效能评估指标体系。这个效能评估指标体系必须将对地观测体系中大量相互关联、相互制约的复杂因素之间的关系层次化、条理化,并能够区分它们各自对体系效能影响的重要程度,以及对那些只能定性评估的因素进行恰当、方便的量化处理。初步考虑,按照顶层、中层、底层的层次结构初步构建体系效能评估指标体系,如图 7-12 所示。

顶层指标是对地观测体系效能,由底层指标、中层指标一层一层往上聚合形成区间 [0,1] 上的数值,能够体现体系整体水平。

中层指标为目标观测能力、连续观测能力、识别确认能力、判定描述能力、信息指示能力分别由底层指标向上聚合形成区间 [0,1] 上的数值,能够分别体现体系在发现、跟踪、识别、判定、指示、效果评估等方面的能力水平。

在中层指标到底层指标的分解中,目标观测能力可由全球区域覆盖范围、重点区域覆盖系数等指标体现;连续观测能力可由目标生命周期跟踪比率、覆

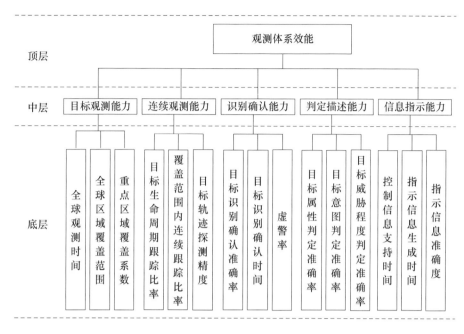

图 7 - 12 对地观测体系效能评估指标体系

盖范围内连续跟踪比率、目标轨迹探测精度等指标体现;识别确认能力可由目标识别确认准确率、目标识别确认时间、虚警率等指标体现;判定描述能力可由目标属性判定准确率、目标意图判定准确率、目标威胁程度判定准确率等指标体现;信息指示能力可由控制信息支持时间、指示信息生成时间、指示信息准确率等指标体现。

通过对各个底层指标进行分析论证指标的性能要求,为后续的评估方法选取与设计提供支撑。

7.4.3.3 体系效能分析评估

针对不同任务和场景对体系效能进行评估,需要采集任务、试验、仿真等手段产生的目标数据和各感知装备的探测数据,对数据进行清洗等处理,形成可供评估使用的评估数据,并结合基于层次化结构的体系效能评估指标体系,研究指标数据标准化方法和指标聚合方法,综合运用聚合式解析评估方法、基于仿真计算的评估方法、基于实装数据的评估方法和基于统计试验的评估方法等计算每个效能指标值和体系整体作战效能。

1. 指标数据标准化

在构建对地观测体系效能评估指标体系之后,由于各指标的类型(如效益型、成本型等)、单位(如秒、米等)、取值范围等存在较大差异,因此应首先对效能指标值进行规范化处理,可结合对地观测体系的各项战技指标要求,通过一定的数学变换将性质、量纲各异的效能指标值转化到 $[0,1]$ 区间上无量纲的纯数值,不仅能够反映该指标达到体系作战要求的程度,而且还便于不同单位或量级的指标能够进行比较和加权。

指标数据标准化的方法有很多,常用的有"最小 – 最大标准化"、"z – score 标准化"、"Decimal scaling 小数定标标准化"。其中,"最小 – 最大标准化"方法是对原始数据进行线性变换,"z – score 标准化"是基于原始数据的均值和标准差进行数据的标准化,"Decimal scaling 小数定标标准化"方法是通过移动数据的小数点位置进行的标准化。应根据不同的指标类型及特点,选择不同的指标数据标准化方法,设计标准化参数。

2. 指标聚合

指标数据标准化后,每个效能指标值都转化成无量纲的 $[0,1]$ 区间上的纯数值。要想计算得到对地观测体系整体作战效能,需要将每一层的指标进行有机组合,一层一层往上聚合,一直聚合到顶层指标。

首先对每层指标进行权重确定,一般要遵循客观性和主观性原则。客观性原则是指标权重的确定应能充分反映对地观测体系的自身特点及其所处的环境。例如,目标发现能力要能反映对地观测体系对各战略目标的及早探测和信息处理能力。主观性原则是指在确定权重时,要尽可能反映出作战人员的意图和策略,要尽可能反映出评估主体的偏好。例如,在对地观测体系进行空间攻防任务时,作战人员特别看重体系对空间目标的作战意图识别的能力,可能赋予目标意图判定这个指标的权重就比较大,体现了作战人员对目标意图判定的重视程度。常用的主观赋权法有德尔菲法、相对比较法、连环比率法、集值迭代法、层次分析法、网络层次分析法等,常用的客观赋权法有熵值法、拉开档次法、逼近理想点法、变异系数法、主成分分析法等。

在进行指标聚合时,加权和法是在作战应用中最常采用的评估方法,也是最容易被理解的方法,其实质是赋予每个指标权重后,对每个上级指标求各个下级指标的加权和。应根据不同的作战任务和评估目的,选择不同的指标聚合方法,基于指标重要程度,设计指标权重。

第8章
典型应用

高分辨率对地观测体系的最终应用将与各行各业的业务系统融合,通过数据融合、产品融合、设备融合、服务融合等实现各业务系统的能力提升,体现高分辨率对地观测系统的建设效益。当前,遥感技术在我国国土安全和国民经济建设中作用日益凸显,特别是在国家"一带一路"下,维护国家驻外企业权益、协助友好发展中国家开展经济建设、保障边境安全等方面具有不可替代的作用。

为促进高分遥感数据在各行业的应用,可基于高分辨率对地观测资源共享服务平台打造一个面向各行业的基础遥感应用服务平台——高分遥感综合服务平台。基于该平台可适应不同行业对数据的引接和管理等方面的需求,也可提供面向不同行业的插件服务,从而搭建多个行业的数据接入、管理和服务的基础框架,统一相关标准和技术体制,实现各个行业业务数据和高分数据的综合接入、组织管理和共享交换服务,为推动各行业的高分遥感数据应用提供平台基础。

高分遥感综合服务平台针对大数据来源,可实现不同行业的大数据引接汇聚功能,支持在高分遥感综合服务平台的基础上扩展对不同行业相关数据的引接汇聚能力,提供多行业业务数据、高分遥感数据、其他遥感数据等数据的接入接口。为规范数据管理,实现不同行业的大数据组织管理功能,提供底层的多行业业务数据、遥感数据等数据的综合组织管理和资源管理与服务能力,基于统一时空基准与框架,形成面向多个行业的海量异构数据组织模型,实现相关数据、相关产品以及元数据的统一组织管理。为实现不同行业通用性,平台可面向不同行业定制基础类插件:具有按照不同行业用户使用习惯开发的图层管理、场景管理、工具栏和信息条等基础功能。为充分共享分布式资源,可实现不同行业的分布式资源整合,按照不同行业的部省级多级用户对相关资源的利用需要,提供资源虚拟整合的资源视图,按照不同行业的具体需求提供资源共享分发和资源整合共享功能。

　　本章在高分辨率对地观测体系的系统级关键技术攻关的基础上,在国家行业典型应用和国防安全典型应用等关系国家利益、国计民生和国家安全的重要领域开展典型应用技术攻关,主要实现信息互通、系统集成、产品生产和典型示范等技术路线,打通高分辨率遥感数据在交通、减灾、公安、国防领域的应用链路,探索长效保证机制,实现高分辨率对地观测体系在不同行业和领域的最终应用。

8.1　国家行业典型应用

　　高分系列卫星空间分辨率和光谱范围大幅提高,在我国的各个行业内均有应用,可在数据获取的准确性、时效性以及损失评估的精度等方面发挥优势。通过高分遥感在交通、灾害、公安等行业应用介绍,可统一相关领域行业遥感应用技术环境,解决公共技术瓶颈问题,提升遥感在行业内应用的总体技术能力,为行业资源数据的时空化、高效化、精细化应用,充分发挥行业的整体优势和综合效率提供良好的支撑。

8.1.1　交通行业应用

　　交通运输行业的业务特点体现为"点多、线长、面宽",目前更多是依靠微波、线圈、视频等地面监控手段进行监管,且业务数据种类繁多,呈快速增长之势,难以实现行业内的大数据资源共享,迫切需要大范围、多视角、高精度、高时效的高分数据做支撑,实现微观业务数据和宏观遥感数据的整合。随着高分辨率对地观测系统重大专项的推进,特别是 2015 年高分二号卫星正式投入使用后,标志着我国遥感卫星进入了亚米级"高分时代"。高分遥感综合服务平台的建设和推广应用,大力推动了高分辨率对地观测数据产品在交通运输行业的信息转化和知识服务。高分数据资源在交通设施的勘察设计、建设监管的各个环节都得到了广泛的应用,并得到了各级从业人员的认可;同时,交通灾害监测与应急救援和交通设施调查已经成为高分数据资源在交通行业应用的亮点,形成了常态化的行业服务机制。通过高分遥感的交通行业应用,可统一交通行业遥感应用技术环境,提升遥感交通行业应用的总体技术能力,为交通资源数据互联互通创造技术基础。

1. 交通设施建设前期辅助

交通设施建设前期辅助支持技术依托高分遥感综合服务平台,利用遥感影像数据,通过目标分类、人工判读解译和坡度、坡向分析技术,融合外业采集控制信息、地质信息等数据,对建设区域内地质环境信息、地形地理信息等进行提取,开展植被(NDVI)、人文环境(如环境、生态等敏感点、村落分布等)影响因素分析,城镇布局、敏感区域(如景区等)分析,老路利用率分析,交通拆迁量统计分析,道路选线专题地形分析图,规划阶段的里程评估等主要交通设施工程的影响因素综合研判工作;在综合研判主要交通设施工程影响因素的基础上,集成北斗数据、社会经济信息、人口分布信息、路网密度等相关信息,完成影响因素的定量预评估工作,为交通设施建设分析提供数据支持,为优化交通设施网络提供技术支持,为充分发挥交通运输的整体优势和综合效率提供良好的支撑。

2. 交通设施建设监管

以多时相的高分辨率对地观测数据为基础,融合工程测绘数据、施工规划设计资料、航空影像数据、北斗数据等,实现道路设计后所需的征地拆迁监测,包括违章抢建工程监测和拆迁进度监测,实现交通设施建设各阶段的解译与分析、道路施工阶段信息提取,支持施工状况、施工进度监测以及变化分析,定期针对工程的建设开展情况进行全面的跟踪、监测和预警,进行交通设施施工阶段信息提取、拆迁进度监测、工程建设辅助监管等专题产品生产,加强工程施工阶段的监管能力,提高交通设施建设过程中的决策分析能力,有效保障交通设施的安全建设。

3. 交通灾害监测与评估分析

交通灾害监测与评估分析是综合利用高分辨率可见光遥感和微波遥感、北斗卫星导航系统等多种形变观测与灾害监测手段,针对边坡、重大桥梁区域对形变监测的需求和容易发生滑坡、泥石流、崩塌等地质灾害的特点,利用光学影像数据以及 SAR 数据,通过改善灾害特征参数反演技术、高精度灾害特征目标提取技术和空间分析测量技术,结合实地调查资料和灾害模型研究成果,对公路域的边坡、重大桥梁等目标常见的地质灾害,如泥石流、滑坡和崩塌等进行监测和调查,并开展灾害损毁评估与分析工作。

4. 交通设施调查

交通设施调查是通过自动/半自动影像解译和人工判读解译手段对道路目

标、路面特征、道路属性和交通设施信息进行信息提取,有效提升传统交通设施调查的效率;充分利用多源的高分辨率对地观测数据,集成行业现有监管数据、路网规划数据、北斗轨迹数据等,综合其他各类调查手段所获取的相关数据,用于面向行业的交通设施调查,实现对国省干线、农村公路等道路路网和道路交通设施的信息提取,主要包括路面宽度、路面材质、道路长度、出入口信息、农村公路窄桥信息、桥梁(宽度、长度)、护坡、国省干线保护范围内违章建筑等,完善公路交通基础设施数据库;基于遥感提取信息构建路网、路设拓扑图,比对原始路网信息核查更新状况,并通过多时相分析手段进行变化监测。同时,对国省干线两侧保护范围内违建房进行遥感调查,也可应用于农村公路的普查与监管。

8.1.2　防灾减灾典型应用

遥感技术作为获取空间信息的主要技术手段,在全球防灾减灾中的应用日趋广泛和深入,已成为防灾减灾救灾的有效科学手段之一,很大程度上促进了我国防灾减灾工作。在防灾减灾方面,遥感技术主要应用于灾害风险监测与损失评估。在以往灾害风险监测业务中,主要使用 MODIS、HJ-1、ZY-3 等卫星数据,这些数据在分辨率上基本能够满足业务要求,但在时效性、复杂气候条件等方面,卫星数据存在明显不足。在以往毁损实物量业务中,由于现有卫星空间分辨率不能满足灾害损失评估的精细化要求,一般使用无人机航空光学、商业卫星等遥感数据,空间分辨率可提升到 0.1m,但针对灾区大范围监测评估,在短时间内其覆盖范围仍然有待提高,无法满足对实物量及土地资源、水域资源等分布范围较广的毁损实物量评估需求。高分系列卫星空间分辨率和光谱范围大幅提高,特别是卫星的编程规划方面有明显优势,可以快速调整卫星视角对灾区进行监测,因此高分辨率对地观测体系的应用可有效提高灾害风险监测的准确性、时效性以及灾害损失评估的精度。利用高分数据资源,开展地震、洪涝、森林草原火灾等自然灾害风险监测和损失评估产品生产,为国家海外战略利益拓展提供信息支撑,增强国际灾害监测服务能力,彰显负责任大国形象。

1. 灾害风险监测

灾害风险监测是根据自然灾害系统特征及其时空分异规律,建立指标体系和分析模型,在时空尺度上分析评估因灾害现象可能造成社会经济损害的区域和危险等级,并增加高风险区的监测频次;同时,在灾害发生过程中对灾害发展趋势、综合灾害、次生灾害等进行监测与评估。自然灾害风险监测定位于在不同尺度临灾状态下,预测灾害发生可能性、危险程度及其区域,是开展灾情预警的前提条件和依据。针对洪涝、旱灾等不同灾种特性,结合不同地区孕灾环境差异,选取若干致灾因子危险性、承灾体脆弱性、孕灾环境稳定性评价因子,构建风险评价指标体系,确定各项因子权重,分析灾害风险等级,并生成灾害高风险区产品。在洪涝灾害风险监测中,遥感主要用来监测水体淹没范围,然后叠加 DEM 数据、评估区范围、行政区划数据和社会经济数据等,通过加权计算得到洪涝风险等级。在旱灾风险监测中,利用卫星遥感影像和其他背景数据开展长时间序列重点区域气候和地貌的变化及趋势判断;基于灾害风险期望等多种定性或定量的评估方法,分析旱灾发生的强度及其发生的可能性。

2. 灾害损失评估

灾害损失评估分为灾害范围评估、毁损实物量评估和直接经济损失评估三个步骤。毁损实物量评估是指以灾害范围评估结果为基础,综合利用地方政府统计上报、地面调查和遥感解译等多种数据,对受灾范围内人口、房屋、基础设施、社会事业、居民财产、水域资源、土地资源等毁损实物数量和程度进行评估。以毁损实物量评估结果为基础,依据有关标准,对受灾范围内的房屋、基础设施、社会事业、居民财产等方面的损失换算为相应的经济数据,可以统计计算得到直接经济损失评估结果。灾害毁损实物量评估业务中往往需要遥感影像具有较高的空间分辨率,在高分辨率影像中灾害目标的几何、辐射、结构、纹理等特征较为明显,能够更容易区分灾害目标和其他地物,容易判断出其是否损毁及损毁的程度,能够对损毁程度给出较为精确的评判。利用面向对象分类技术及变化检测技术进行毁损实物量自动评估的方法,可以更精确地分割得到性质相似的影像区域,从高空间分辨率影像中得到如几何、结构、形态学、语义拓扑关系等多种特征。

8.1.3 公安行业典型应用

卫星遥感技术具有大范围信息采集和信息隐蔽获取的特点,在公安领域,可以对重点区域、重点目标、重点人群进行定期监控,获取敏感目标位置分布、动态变化等情报信息,进行重点目标的技术侦察、监测识别与情报研判,为公安机关有效防范犯罪活动和打击黑恶势力提供决策依据和技术支持。利用高分数据高空间分辨率、高时间分辨率的优势,围绕"一带一路"沿线重要安保目标,开展重要目标全方位安保形势监测预警。针对情报获取与重点目标遥感监测业务需求,进行重点目标遥感侦察、现场态势信息快速提取和重点区域风险等级评估等,打通目标遥感高精度监测技术链路,实现高分卫星资源与公安遥感监测业务的深度融合,形成高效的区域公安遥感监测预警与风险防控能力,为重点案事件的预防和处置提供基础数据与情报支撑,实现以情报主导警务的创新工作模式。

1. 边境防区遥感监测

在边境防区监测方面,引入高分辨率遥感技术,以高精度高分遥感数据资源作为重要的数据源,可有效弥补边境外侧监测困难、地理数据更新缓慢的问题,采用空地结合的边境防护手段,联合遥感、雷达、视频等多种数据分级预警,围绕多种边防力量的业务需要,开展多源数据结合的边境监测预警、地空结合的越境目标识别跟踪等技术研究,可大幅提高边境防护能力,对防潜入潜出、防偷运武器、防走私越界、防偷袭破坏等进行有效遏制,提高边境防护的前瞻性、预见性、主动性,有效缓解边防人员巡逻压力。

2. 重点目标安保

重点目标安保技术是针对重点目标周边基础信息匮乏、安全无法保障等问题,以高分数据资源为核心,融合多源数据,开展重点目标安保,丰富重要目标区域态势监测和要地战略情报获取手段,提升重要目标安保服务能力,为要地防护提供技术方案支撑,提升高分资源的效益。重点目标安保服务主要依托高分数据资源,提取建筑信息、道路信息、桥梁等重要区域信息,然后借助周边基本地理信息数据,对安保目标周边环境进行变化监测,并通过地物要素信息与人文数据等多源数据进行融合,综合分析安全保卫态势,根据具体要求,制作相应的专题产品。

▶▶▶ 8.2　国防安全典型应用

随着航空航天技术的发展,遥感技术已经广泛应用于国防安全建设中。21世纪以来,各国的遥感卫星数量不断增加,卫星传感器提供的遥感数据量呈指数级增长。高分资源提供的大量的可见光、红外、多光谱、超光谱、微波、激光等对地观测数据,具有全天时、全天候、全球区域等特点,这些数据本身具有极高的情报价值,是对情报数据的重要补充。充分研究和应用高分数据,可对战场环境快速构建、军事目标检测识别和战场态势关联分析,实现对战区实时监视、提供精确打击目标时的战场环境情报保障、打击效果评估、战场态势关联等,并可以与其他手段获取的情报相互印证,以确定情报的准确性,为国防安全领域应用提供精准的数据支撑。

8.2.1　战场环境快速构建

战场环境快速构建是依据高分系统获取的遥感信息为基础,快速建立能够精确、实时地反映战场环境信息的技术,包括对战场的地理环境信息、目标信息、打击效果评估、战场电磁以及重力环境等立体化战场信息的实时了解和快速处理,是保证战争胜利的重要信息支撑。战场环境快速构建的实现将有效提高我军的战斗力,提升我军完成使命的能力,该技术的建立也是国防步入现代化、信息化的一个必备条件。

1. 战场态势快速生成与应用

战场态势快速生成与应用主要利用天基、临近空间、空基对地观测系统获取的高分数据,快速加工制作战场态势构建所需的基础地理空间信息,建立空间基准。主要包括信息处理、数据管理、信息分发和信息服务四部分。信息处理主要实现对原始对地观测数据(0~2级)进行控制定位、室内外解译、数字摄影测量处理、地图制图、印刷等数据处理,形成标准的基础地理信息和系列测绘产品;数据管理是对基础地理信息及系列测绘产品等进行管理、更新、维护和咨询服务;信息分发是基于信息传输网络向各用户分发、提供基础地理信息和系列测绘产品;信息应用服务为军事用户提供基础地理信息、可视化测绘产品、地理信息分析与辅助决策、战场态势标绘等服务。战场态势快速生成与应用经信息处理、提取、分发、服务,形成的数字战场态势产品对我国数字化战场建设,尤其是典型地区战场建设和信息化应用具有十分重要的军事意义。

2. 战场地理空间信息的构建

战场地理空间信息的构建是战场环境快速构建的重要组成部分,辅助指挥官的战略、战役抉择以及指导士兵作战行为,从而提高作战效率,增加战争的胜率。战场地理空间信息的构建基于多源的高分辨率对地观测数据,通过构建战场空间基准,实现全球范围目标点高精度三维定位,进而实现全球范围空间基准的构建。在地理空间基准的框架下,对高分辨率对地观测卫星获取的海量、空间细节丰富的遥感数据进行高效处理,实现高分数据的自动化、智能化处理,生产基础数据产品。利用高分辨率对地观测数据的多传感器特性,综合应用空间结构特性、光谱特性、微波特性、红外特性等信息,建立地理要素的多传感器特征知识库,提高要素属性自动解译的正确率,实现基于高分辨率对地观测数据的军事专用信息提取,同时完成战场地球空间信息更新与变化检测。

3. 局部战场环境快速构建

目标区地形、地貌、地物对战术制定、战机导航、精确打击等都具有重要作用,在战前有限的时间内构建完成目标区局部战场环境对保障作战任务有重要意义,重点目标可通过平时人工建制完成,目标区内大量的附属建筑、道路、河流、植被等外围景观必须依托高分辨率影像、高程等数据通过快速构建方法完成。战场目标模型快速构建重点需要攻克的关键技术包括高分辨率遥感影像快速标注与建筑模型自动生成技术、植被的自动提取与填充技术、局部环境的嵌入与融合技术。

8.2.2 军事目标检测识别

随着卫星分辨率的不断提高,高分辨率遥感图像用于军事侦察的优势日渐明显,可以不受时间、国界和地域的限制,从广阔的范围内获取敌方的军事情报信息。进而,对其中的主要军事目标(包括地面、空中的各种军事装备、军事设施、军事建筑以及军事阵地环境等)进行智能化地分类、检测、识别和监测,从而获取多种军事目标的类型、分布态势和地理坐标等,可以提高未来战场的情报分析、目标识别定位以及战场形势评估的速度,不仅能够对作战指挥起辅助决策作用,而且可以直接用来引导武器系统实施精确攻击。

1. 时敏目标特征快速提取技术

精导武器在应急作战条件下,对战场环境信息中图像的时效性要求非常高,对目标区信息的需求尤为迫切。因此,非常需要根据最新的高分侦察图像,针对新目标的出现,快速提取目标特征信息,针对已有目标的变化情况,实施快速、高精度的更新,从而为精导武器打击计划制定和武器系统介质装订提供保障。针对精导武器对目标图像的快速保障要求,可利用高分图像的目标特征提取技术,开展基于高分图像的目标特征与三维信息提取技术,在获取卫星图像成像的内外参数(位置和姿态信息)的基础上,利用图像所能获取目标几何特性(如富含直线、规则曲线的人造建筑物和军事目标),可以从图像中获取大量的目标三维信息,如距离、高度、面积、体积、坡度等。对于军事应用,提取目标的高程对于导弹武器的作战尤为重要。

2. 多源信息融合目标识别技术

单一传感器所获取的数据由于传感器本身的局限性,数据反映的目标内容上也存在一定的片面性,有时甚至无法侦照到有效目标。传感器类型的多样化为多源数据的融合提供了可能。

对于目标识别来说,单传感器提供的信息往往是待识目标的不完全描述;而利用不同种类传感器提供的独立、互补的信息进行目标综合识别,可以避免单一传感器的局限性,有效提高识别性能。从目标识别的角度来看,卫星电子信息反映了目标的活动电磁特征,在有关情报的支持下可以较准确地判定辐射源类型及型号;但由于获取情报的局限性,一般不易完全掌握目标的电磁特征,这使得在目标判定上存在一定的模糊性。而高分成像侦察容易获取目标的结构、纹理等成像特征,且易判定目标;然而卫星电子信息与光学成像信息之间存在着较强的互补性,如果将二者有机结合起来,可以发挥各自的优势,提高目标识别准确度。

3. 雷达辐射源目标识别技术

在利用电子侦察、基础地理信息、高分图像信息(SAR 图像、红外图像和可见光图像)等进行雷达辐射源目标识别提取时,只是利用一种数据或一种方法不能高精度、高效率的进行雷达辐射源目标识别,需要多类型数据、多种识别提取手段综合推理、应用、识别及提取,才能获得精确的目标特征。基于高分 SAR 数据特性的雷达辐射源疑似目标快速提取技术,由 SAR 图像中形成二维或三维目标散射中心的模型参数,与数据库中存储的模型参数进行对比、调整、匹配,最后将最佳匹配结果对应的目标确定为识别结果。基于高分辨可见光遥感数据的雷达站目标提取技术,以高分辨率可见光数据为主要数据源,综合利用解译与目标识别快速处理器技术、典型雷达站影像特征自动匹配识别技术、交互式辅助判读技术、小重叠立体重构技术、综合可视化等关键技术,可以有效地进行雷达站的目标提取技术。基于高分红外数据的热辐射目标识别技术是根据雷达电子侦察卫星对雷达站电磁波信号的监测(间断或连续),初步判定在一定区域内的雷达站信息,然后利用雷达站(金属)目标在 SAR 图像上的强反射特性及 SAR 图像具备的穿透能力,利用 SAR 图像纹理自动提取技术、变化检测技术、模板匹配技术、基于少数主特征散射中心的 Fisher 最佳分类方法等技术手段,快速提取目标区域内的疑似目标信息,并逐次标定。

8.2.3 战场态势分析

战场态势主要用于建立地形作战环境,向部队提供战场地理空间图像,缩短决策时间,提高打击速度与精度,它是实现战场态势感知的关键要素。根据应用的具体要求研究态势图的生成技术,通过对高分多源信息的综合分析处理,生成反映战场实况的态势图。在大范围、全天时、全天候、高时效、高精度的高分数据资源支持下,生产地理空间信息产品、构建地理空间信息框架服务体系,实现影像、地理空间信息和各军兵种多元情报的关联,建立地理空间信息产品加工、管理、使用和终端服务。

1. 战场态势关联

战场态势关联技术为实现侦察产品、测绘产品、气象水文产品、移动目标情报、光电探测、人工来源信息、信号情报以及其他采集情报技术的空间信息等全面的情报综合和关联提供技术手段。针对高分数据的特点,建立基于语义的、动态的多维索引结构,将各类情报信息(包括遥感影像、文字情报、视频图片、地理信息等)进行基于语义关联的逻辑组织,对海量的情报信息进行智能的管理,实时体现出情报信息之间的多维语义关联,并且这种关联应该能够随着任务的不同而动态调整。

2. 多源战场信息时空汇聚

战场信息时空汇聚利用从高分辨率对地观测信息所获取的情报资料,形成对整个战场态势时空信息及关联的精确理解,从而将战场中各传感器接收到的数据按照战场环境时空关系进行过滤以及聚焦,将指挥决策分析需要的信息根据时空关联剪裁提取。实现各类态势信息基于时空的组织,结合语义将信息与时空的尺度和角度关联,使重要的高价值信息能够在时空区域的各个相关角度凸现出来,形成基于内容的聚焦。

参考文献

［1］高分辨率对地观测专项办公室.高分辨率对地观测系统实施方案报告［R］.北京:高分辨率对地观测专项办公室,2008.

［2］高分辨率对地观测专项办公室.高分专项"十二五"建设实施方案［R］.北京:高分辨率对地观测专项办公室,2012.

［3］高分辨率对地观测专项办公室.国外对地观测卫星手册［R］.北京:高分辨率对地观测专项办公室,2011.

［4］航天装备总体研究发展中心.2030年前航天装备发展战略与发展路线图［R］.北京:航天装备总体研究发展中心,2015.

［5］白鹤峰.高分辨率对地观测系统发展的几点思考［R］.北京:第一届高分辨率对地观测学术年会,2012.

［6］白鹤峰.在创新中跨越发展——高分辨率对地观测系统的建设实践与探索［R］.北京:第二届高分辨率对地观测学术年会,2013.

［7］白鹤峰.构建全球精准对地观测系统的思考［R］.成都:第六届高分辨率对地观测学术年会,2019.

［8］白鹤峰.高分辨率对地观测体系建设回顾与展望［R］.长沙:第七届高分辨率对地观测学术年会,2020.

［9］李德仁,童庆禧,李荣兴,等.高分辨率对地观测的若干前沿科学问题［J］.中国科学地球科学,2012,42(6):805 – 813.

［10］童旭东.中国高分辨率对地观测系统重大专项建设进展［J］.遥感学报,2016,20(5):775 – 780.

［11］李云,陈萱.国外航天装备与技术重大动向分析［J］.国际太空,2015,7:52 – 57.

［12］栾恩杰,王崑声,袁建华,等.我国卫星及应用产业发展研究［J］.中国工程科学,2016,18(4):76 – 82.

［13］中国工程科技发展战略研究院.2013中国战略性新兴产业发展报告［M］.北京:科学出版社,2013.

［14］王东伟.全球商业卫星遥感市场竞争格局分析［J］.中国航天,2015,12:13 – 20.

［15］高平.国土资源卫星遥感应用与发展［J］.卫星应用,2016,7:27 – 29.

高分辨率对地观测体系与应用

[16] 张维明,杨国利,朱承,等. 网络信息体系建模、博弈与演化研究[J]. 指挥与控制学报,2016,2(4):265 – 271.

[17] 罗爱民,刘俊先,曹江,等. 网络信息体系概念与制胜机理研究[J]. 指挥与控制学报,2016,2(4):272 – 276.

[18] 徐福祥,林华宝,侯深渊,等. 卫星工程概论[M]. 北京:中国宇航出版社,2003.

[19] 陈世平,马文坡,周峰,等译. Jon C. Leachtenauer,Ronald G. Driggers,等. 监视与侦察成像系统[M]. 北京:中国科学技术出版社,2007.

[20] 韩传钊,等译. John C. Curlander,Robert N. Mcdonough,等合成孔径雷达—系统与信号处理[M]. 北京:电子工业出版社,2006.

[21] 李劲东,等. 卫星遥感技术[M]. 北京:北京理工大学出版社,2018.

[22] 黄石生,朱炬波,谢美华. 基于变分的SAR图像目标特征增强方法[J]. 红外与毫米波学报,2010,29(5):392 – 396.

[23] Huang S,Zhu J,Xie M,et al. Regularized sparse representation for image deconvolution[J]. Inverse Problems in Science and Engineering,2014,22(6):924 – 939.

[24] 张新国,等译. INCOSE. 系统工程手册:系统生命周期流程和活动指南[M]. 北京:机械工业出版社,2017.

[25] 张绍杰,李正强,海晓航,等. 基于MBSE的民用飞机安全关键系统设计[J]. 中国科学:技术科学,2018,48(3):299 – 311.

[26] 余建慧,苏增立,谭谦. 空间目标天基光学观测模式分析[J]. 量子电子学报,2006,23(6):772 – 776.

[27] 谭勇. 遥感目标图像空间分辨率增强技术研究[D]. 合肥:中国科学技术大学,2009.

[28] 刘建华. 高空间分辨率遥感影像自适应分割方法研究[D]. 福州:福州大学,2011.

[29] 沈欣. 光学遥感卫星轨道设计若干关键技术研究[D]. 武汉:武汉大学,2012.

[30] 邵甜鸽,王建国. 双基地合成孔径雷达分辨率分析[C]. 第十届全国遥感遥测遥控学术研讨会,2006:206 – 209.

[31] 水鹏朗,保铮. 宽带信号距离和速度分辨率的研究[J]. 电子学报,1998,26(9):25 – 28.

[32] 刘峰,朱阿兴,裴韬,等. 高时间分辨率遥感在土壤质地空间变化识别中的应用[J]. 地球信息科学学报,2010,12(5):733 – 740.

[33] 童庆禧,张兵,郑兰芬. 高光谱遥感:原理技术与应用[M]. 北京:高等教育出版社,2006.

[34] 王跃明,郎均慰,王建宇. 航天高光谱成像技术研究现状及展望[J]. 激光与光电子学进展,2013,50(1):72 – 79.

[35] Van der Meer F D,Van der Werff H M A,Van Ruitenbeek F J,et al. Multi – and hyperspectral geologic remote sensing:A review[J]. International Journal of Applied Earth Observation and Geoinformation,2012,14(1):112 – 128.

[36] 王兰,耿则勋,冯颖,等. 高辐射分辨率遥感影像的特性分析与处理[J]. 海洋测绘,

2010,30(4):79 - 82.

[37] 杨贵军. 星载高分辨率热红外遥感成像模拟研究[D]. 北京:中国科学院遥感应用研究所,2008.

[38] 林新越. 高分辨率SAR参考点目标辐射特性分析与校正方法研究[D]. 北京:中国科学院研究生院,2010.

[39] 洪峻,雷大力,王宇,等. 宽带宽方位波束对高分辨率SAR辐射定标的影响分析[J]. 雷达学报,2015,4(3):276 - 286.

[40] 田国梁,黄巧林,何红艳,等. 遥感卫星图像几何定位精度评估方法浅析[J]. 航天返回与遥感,2017,38(5):106 - 112.

[41] 刘焱雄,周兴华,张卫红,等. GPS精密单点定位精度分析[J]. 海洋测绘,2005,25(1):44 - 46.

[42] 惠彬,裴云天,李景镇. 空间红外光学系统技术综述[J]. 2007,29(4):90 - 94.

[43] 毛克彪,覃志豪. 大气辐射传输模型及MODTRAN中透过率计算[J]. 测绘与空间地理信息,2004,27(4):1 - 3.

[44] 史光辉. 卫星对地观测高分辨率光学系统和设计问题[J]. 光学精密工程,1999,7(1):16 - 24.

[45] 蓝朝桢. 空间目标天基光学观测系统建模与探测能力分析[D]. 郑州:解放军信息工程大学,2009.

[46] 原民辉,刘韬. 国外空间对地观测系统最新发展[J]. 国际太空,2017(1):22 - 29.

[47] 李德仁,王密,沈欣,等. 从对地观测卫星到对地观测脑[J]. 武汉大学学报信息科学版,2017,42(2):143 - 149.

[48] 郭华东. 对地观测系统与应用[M]. 北京:科学出版社,2001.

[49] 葛榜军,靳颖. 高分辨率对地观测系统及应用[J]. 卫星应用,2012(5):24 - 28.

[50] 王治中,张庆君. GF - 2星全色相机在轨MTF测量和图像复原研究[J]. 国土资源遥感,2016,28(4):93 - 99.

[51] 梁斌,朱海龙,张涛,等. 星敏感器技术研究现状及发展趋势[J]. 中国光学,2016,9(1):16 - 29.

[52] Wang M,Zhou S,Yan W. Blurred image restoration using knife - edge function and optimal window Wiener filtering[J]. PloS one,2018,13(1):e0191833.

[53] Lazzari R,Li J,Jupille J. Spectral restoration in high resolution electron energy loss spectroscopy based on iterative semi - blind Lucy - Richardson algorithm applied to rutile surfaces [J]. Review of Scientific Instruments,2015,86(1):013906.

[54] He W,Zhang H,Zhang L,et al. Total - variation - regularized low - rank matrix factorization for hyperspectral image restoration[J]. IEEE Transactions on Geoscience and Remote Sensing,2016,54(1):178 - 188.

[55] 何红艳,王小勇,付兴科.遥感卫星 CCD 相机的动态范围设计考虑[J].航天返回与遥感,2008,29(1):39-42.

[56] 李智勇,杨校军.关于遥感卫星 TDICCD 相机动态范围设计的思考[J].航天返回与遥感,2011,32(1):24-27.

[57] 徐伟,朴永杰.从 Pleiades 剖析新一代高性能小卫星技术发展[J].中国光学,2013,6(1):9-19.

[58] 马驰.遥感成像系统空域与频域信息传递性能研究[D].哈尔滨:哈尔滨工业大学,2015.

[59] 谷秀昌,付琨,仇晓兰.SAR 图像判读解译基础[M].北京:科学出版社,2017.

[60] 魏种铨.合成孔径雷达卫星[M].北京:科学出版社,2001.

[61] 李春升,王伟杰,王鹏波,等.星载 SAR 技术的现状与发展趋势[J].电子与信息学报,2016,38(1):229-240.

[62] 刘永坦.雷达成像技术[M].哈尔滨:哈尔滨工业大学出版社,2014.

[63] 董戈.合成孔径雷达图像辐射分辨率工程估算公式的校正[J].电子与信息学报,2004,26(12):1901-1907.

[64] 邓云凯,赵凤军,王宇.星载 SAR 技术的发展趋势及应用浅析[J].雷达学报,2012,1(1):1-10.

[65] Woodhouse I,H,董晓龙、徐星欧、徐曦煜译.微波遥感导论[M].北京:科学出版社,2014.

[66] 洪文.胡东辉等译.合成孔径雷达成像—算法与实现[M].北京:电子工业出版社,2012.

[67] Jin,M J,Wu C. A SAR Correlation Algorithm Which Accommodates Large Range Migration[J]. IEEE Transaction on Geoscience and Remote Sensing,1984,22(6):592-597.

[68] Raney R K,Runge H,Bamler R,et al. Precision SAR Processing Using Chirp Scaling[J]. IEEE Transaction on Geoscience and Remote Sensing,1994,32(4):786-799.

[69] Hellsten H,Anderson L E. An Inverse Method for the Processing of Synthetic Aperture Radar Data[J]. Inverse Problems,1987,3:111-124.

[70] Luscombe A P. Taking a Broader View:Radarsat Adds ScanSAR to Its Operations[C]. IGARSS1988,Edinburgh,Scotland,1988,2:1027-1032.

[71] Carrara W G,Goodman R S,Majewski R M. Spotlight Synthetic Aperture Radar:Signal Processing Algorithms[M]. Norwood:Artech House,1995.

[72] 唐禹,王岩飞,张冰尘.滑动聚束 SAR 成像模式研究[J].电子与信息学报,2007,29(1):26-29.

[73] Zan F D,Guarnieri A M. TOPSAR:Terrain Observation by Progressive Scans[J]. IEEE Transaction on Geoscience and Remote Sensing,2006,44(9):2352-2360.

[74] Villano M, Krieger G, Moreira A. Staggered SAR:High – Resolution Wide – Swath Imaging by Continuous PRI Variation[J]. IEEE Transaction on Geoscience and Remote Sensing,2014, 52(7):4462 – 4479.

[75] 周志鑫. 星载合成孔径雷达的应用及发展研究[C]. 中国电子学会第七届学术年会论文集,2001:191 – 195

[76] Oliver C,Quegan S,孙洪等译. 合成孔径雷达图像理解[M]. 北京:电子工业出版社,2005.

[77] 朱良,郭巍,禹卫东. 合成孔径雷达卫星发展历程及趋势分析[J]. 现代雷达,2009,31(4):5 – 10.

[78] 靳国旺,徐青,张红敏. 合成孔径雷达干涉测量[M]. 北京:国防工业出版社,2014.

[79] 王青松. 星载干涉合成孔径雷达高效高精度处理技术研究[D]. 长沙:国防科技大学.

[80] Krieger G,Zink M,Schulze D,et al. TanDEM – X:Mission Overview and Status[C]. IEEE International Geoscience&Remote Sensing Symposium. TEEE,2008.

[81] 李涛,唐新明,高小明. 星载InSAR在地形测绘中的误差来源分析[J]. 测绘通报,2017(11):356 – 360.

[82] Schwerdt M,Gonzalez J H,Bachmann M,et al. In – orbit Calibration of the TanDEM – X System[C]. Geoscience and Remote Sensing Sympisium. Vancouver:IEEE,2011:2420 – 2423.

[83] Gonzalez J H,Antony J M W,Bachmann M,et al. Bistatic System and Baseline Calibration in TanDEM – X to Ensure the Global Digital Elevation Model Quality[J]. ISPRS Journal of Photogrammetry and Remote Sensing,2012,73(3):3 – 11.

[84] Gonzalez J H,Bachmann M,Krieger G,et al. Development of the TanDEM – X Calibration Concept:Analysis of Systematic Errors[J]. IEEE Transactions on Geoscience and Remote Sensing,2010,48(2):716 – 726.

[85] 赵敏,岳韶华,贺正洪,等. 未来临近空间防御作战研究[J]. 飞航导弹,2017,2:10 – 14.

[86] 冯慧,刘强,姜鲁华,等. 临近空间环境对高空飞艇长时驻空影响研究进展[J]. 南京航空航天大学学报,2017(s1)2017,49(s):70 – 75.

[87] 郑学科,王晓亮. 考虑螺旋桨动力学模型的临近空间飞艇控制[J]. 浙江大学学报(工学版),2017,51(7):1428 – 1436.

[88] 张凯华,蒋祎,廖俊. 临近空间慢速飞行器载荷概述[J]. 航天返回与遥感,2017,7:1 – 10.

[89] 谭惠丰,刘羽熙,刘宇艳,等. 临近空间飞艇蒙皮材料研究进展和需求分析[J]. 复合材料学报,2012,29(6):1 – 8.

[90] 郭建国,周军. 临近空间低动态飞行器控制研究综述[J]. 航空学报,2014,35(2):320 – 331.

[91] 张泰华,姜鲁华,周江华. 放飞过程中平流层飞艇运动与受力分析[J]. 北京航空航天大学学报,2018,44(4):691 – 699.

［92］刘婷婷,麻震宇,杨希祥,等. 太阳电池对平流层飞艇热特性的影响分析［J］. 宇航学报,2018,39(1):35－42.

［93］马光远,吕明云,李珺. 平流层飞艇太阳能电池热性能数值模型［J］. 科学技术与工程,2017,17(28):154－159.

［94］赵达,刘东旭,孙康文,等. 平流层飞艇研制现状、技术难点及发展趋势［J］. 2016,37(1):45－56.

［95］姜东升,张沛. 平流层飞艇混合能源系统设计及能源管理研究［J］. 电源技术,2015,39(9):1916－1918.

［96］Lin L,Pasternak I. A review of airship structural research and development［J］. Progress in Aerospace Sciences,2009,45(4－5):83－96.

［97］Schmidt D K. Modeling and Near－Space Stationkeeping Control of a Large High－Altitude Airship［J］. Journal of Guidance Control & Dynamics,2012,30,(2):540－547.

［98］Li Y,Nahon M,Sharf I. Airship dynamics modeling:A literature review［J］. Progress in Aerospace Sciences,2011,47(3):217－239.

［99］Schmidt D K,Stevens J,Roney J. Near－Space Station－Keeping Performance of a Large high－Altitude Notional Airship［J］. Journal of Aircraft,2007,44(2):611－615.

［100］刘新强,贺卫亮. 平流层飞艇动力推进系统的分析与设计［J］. 航空动力学报,2015,30(6):1407－1413.

［101］雷光新,刘巍,杨涛,等. 平流层飞艇螺旋桨初步设计方法［J］. 导弹与航天运载技术,2011,2:1－4.

［102］Shaw G A,Burke H K. Spectral Imaging for Romote Sensing［J］. Lincoln Laboratory Journal,2003,14(1):3－28.

［103］白鹏. 显微干涉成像光谱技术的理论研究［D］. 西安:西安工业大学,2010.

［104］Lange D,Abrams W,Iyengar M,et al. The Goodrich DB－110 System:Multi－Band Operation Today and Tomorrow［J］. SPIE 2003,5109:22－36.

［105］Lange D,Iyengar M,Maver L,et al. The Goodrich 3rd Generation DB－110 System:Successful Flight Test on the F－16 Aircraft［J］. SPIE 2007,16546:654607/1－654607/16.

［106］段玉思. 第三代机载红外/可见光侦察吊舱标准化工作浅析［J］,标准化研究,2015,10:23－27.

［107］王平,张国玉,高玉军,等. 可见与红外双波段航空侦察相机光机设计［J］. 机械工程学报,2012,48(14):11－16.

［108］Zhao Y Y,Zhang J L. Primary detection of airborne laser radar mapping technology［J］. China Petroleum and Chemical Standard and Quality,2011,04:125－126.

［109］Zhang Y H. A brief introduction of airborne laser technology［J］. Meteorological,Hydrological and Marine Instruments,2009,02:13－16.

[110] 张小红. 机载激光雷达测量技术理论与方法[M]. 武汉:武汉大学出版社,2007.

[111] 边雪冬. 激光三维测绘条纹图像处理技术研究[D]. 哈尔滨:哈尔滨工业大学,2015.

[112] Bielecki Z,Janucki J,Kawalec A,et al. Sensors and systems for the detection of explosive devices – an overview[J]. Metrology and Measurement Systems,2012(1):3 – 28.

[113] Gleckler A. Streak tube imaging lidar for electro – optic identification[C]. Fourth International Symposium on Technology and the Mine Problem,2001.

[114] Redman B C,Griffis A J,Schibley E B. Streak tube imaging lidar(STIL)for 3 – D imaging of terrestrial targets[R]. ARETE ASSOCIATES TUCSONAZ,2000.

[115] Gelbart A,Redman B,et al. Flash lidar based on multiple – slit streak tube imaging lidar [C]. Proceedings of SPIE,2002,4723:9 – 13.

[116] 董志伟,张伟斌,攀荣伟,等. 条纹原理激光雷达成像仿真及实验[J]. 红外与激光工程,2016,45(7):07300001.

[117] Doerry A W,Dubbert D F. Digital signal processing applications in high – performance synthetic aperture radar processing[J]. Signals,Systems and computers,2004,1:947 – 949.

[118] Soumekh M. Synthetic Aperture Radar Signal Processing with MATLAB Algorithm[M]. Hoboken John Wiley & Sons,Inc. ,1999.

[119] Reigber A. Airborne Polarimetric SAR Tomography[D]. Stuttgart:University Stuttgart,2001.

[120] Klare J,Brenner A R,Ender J H G. A new Airborne Radar for 3D Imaging – Image Formation using the ARTINO Principle[C]. 6th European Conference on Synthetic Aperture Radar(EUSAR2006),2006.

[121] Nouvel J,Jeuland H,Bonin G,et al. A Ka – band Imaging Radar:DRIVE on board ONERA Motorglider[C]. 2006 IEEE International Geoscience and Remote Sensing Symposium (IGARSS 2006),2006.

[122] Li D R,Tong Q X et al. Current issues in high – resolution earth observation technology[J]. Science China Earth Sciences,2012,55(7):1043 – 1051.

[123] Lithopoulos E,Reid B,Scherzinger B. The position and orientation system(POS)for survey applications[C]. Proceedings of international archives of photogrammetry and remote sensing,1996:467 – 471.

[124] Mostafa M,Mostafa J H. Direct positioning and orientation systems,How do they work? What is the attainable accuracy? [C]. Proceedings of american society of photogrammetry and remote sensing annual meeting,2001:1 – 11.

[125] Li J L,Fang J C et al,Airborne Position Orientation System for Aerial Remote Sensing[J]. International Journal of Aerospace Engineering,2017 9:1 – 11.

[126] 房建成,周向阳,张钰,等. 一种五自由度主动磁悬浮惯性稳定平台[P]. 201210321861. 0.

[127] 张延顺,朱如意. 一种新型机载对地观测用三轴稳定平台陀螺安装方式[J]. 航空学

报,2010,31(3):614 - 619.

[128] 杨胜科,汪骏发,王建宇. 航空遥感中 POS 与稳定平台控制组合技术[J]. 电光与控制,2008,15(2):62 - 93.

[129] 林竹翀. 磁悬浮惯性稳定平台控制技术研究[D]. 长沙:国防科学技术大学,2015.

[130] Bluen J,Stuart K O. Use of Magnetic Suspension for Accurate Pointing and Tracking Under Static and Dynamic Loading[C]. Proceedings of SPIE - The international Society for Optical Engineering,1990,1304:33 - 42.

[131] Laskin R A,Sirlin S W. Future Payload Isolation and Pointing System Technology[J]. J Guidance,1986,9(4):469 - 477.

[132] Smith M,Hibble W,Wolke P J. A Magnetic Isolation and Pointing System for the Astrometic Telescpe Facility[R]. 1993. 141.

[133] 李智,胡敏. 美军分布式通用地面系统的建设发展及启示[J]. 指挥与控制学报,2017,3(2):171 - 176.

[134] 李德仁. 论"互联网 +"天基信息服务[J]. 遥感学报,2016,20(5):708 - 715.

[135] 冯阳. 多星多站多地观测任务规划技术研究[D]. 西安:西安电子科技大学,2010.

[136] 宋楠. 多星分布式协同任务规划技术的研究与应用[D]. 北京:中国科学院大学,2015.

[137] 闵士权. 卫星通信技术的发展和应用[J]. 卫星与网络,2010(1):12 - 17.

[138] 窦宇洋,郑林华. 基于高速数传率时的卫星通信调制体制的设计[J]. 微处理机,2004,1:44 - 46.

[139] 戴春娥. 基于 GPU 和分布式 CPU 的协同过滤推荐算法加速技术研究[D]. 华侨大学,2016.

[140] Tanre D,Deuze J L,Herman M,et al. Second Simulation of the Satellite Signal in the Solar Spectrum,6S:an overview[J]. IEEE Transaciton on Geoscience and Remote Sensing,2002.

[141] Kneizys F X,Shettle E P,Abreu L W,et al. User's guide to LOWTRAN7[R]. Report AFGL - TR - 88 - 0177,1988.

[142] Berk A,Bernstein L S,Anderson G P,et al. MODTRAN Cloud and Multiple Scattering Upgrades with Application to AVIRIS[J]. Remote Sensing of Enviroment,1998,65(3):367 - 375.

[143] Richter B D,Baumgartner J V,Powell J,et al. A method for assessing hydrologic alteration within ecosystems[J]. Conservation Biology,1996,10(4):1163 - 1174.

[144] 朱光辉. 基于多源遥感数据的辐射定标算法研究及应用[D]. 开封:河南大学,2011.

[145] 胡秀清,戎志国,邱康睦等. 利用青海湖对 FY - 1C、FY - 2B 气象卫星热红外通道进行在轨辐射定标[J]. 空间科学学报. 2001,21(4):370 - 370.

[146] 吴巍. 天基信息系统互通技术研究[J]. 网络通道,2003(03):16 - 20.

[147] 李德仁. 地球空间信息学的使命[J]. 科技导报,2011(29):3 - 3.

[148] 孙显,付琨,王宏琦. 高分辨率遥感图像理解[M]. 北京:高等教育出版社,2011.

[149] 戴昌达,姜小光,唐伶俐. 遥感图像应用处理与分析[M]. 北京:清华大学出版社,2004.

[150] Wu Q,Diao W,Dou F,et al. Shape – based Object Extraction in High – resolution Remote Sensing Images using Deep Boltzmann Machine[J]. International Journal of Remote Sensing,2016,37(23 – 24):6012 – 6022.

[151] Sun X,Thiele A, Automatic man made objects detection in high resolution remote sensing images using hierarcical graph mode[J]. ISPRS Workshop,2013.

[152] 王清,丁赤飚,付琨,等. 基于节点中心性的时变复杂网络布局算法[J]. 系统工程与电子技术,2017,39(10):2346 – 2352.

[153] 任文娟,周志鑫,吕守业,等. 基于 AIS 信息的舰船位置标校方法[J]. 系统工程与电子技术,2016,38(10):2381 – 2388.

[154] Diao W,Sun X,Zheng X,et al. Efficient Saliency – Based Object Detection in Remote Sensing Images using Deep Belief Networks[J]. Geoscience and Remote Sensing Letters,IEEE,2016,13(2):137 – 141.

[155] Zhang W,Sun X,Fu K,et al. Object detection in high – resolution remote sensing images using rotation invariant parts based model[J]. Geoscience and Remote Sensing Letters,IEEE,2013,11(1):74 – 78.

[156] 孙皓,孙显,王宏琦. 一种高分辨率遥感图像舰船检测方法研究[J]. 测绘科学,2013,38(005):112 – 115,740.

[157] Liu G,Sun X,Fu K,et al. Aircraft recognition in high – resolution satellite images using coarse – to – fine shape prior[J]. Geoscience and Remote Sensing Letters,IEEE,2013,10(3):573 – 577.

[158] Diao W,Sun X,Dou F,et al. Object Recognition in Remote Sensing Images using Sparse Deep Belief Networks[J]. Remote Sensing Letters,2015,6(10):745 – 754.

[159] Dou F,Diao W,Sun X,et al. Aircraft Recognition in High Resolution SAR Images using Saliency Map and Scattering Structure[C]. IEEE International Geoscience and Remote Sensing Symposium,2016.

[160] 冯卫东,孙显,王宏琦. 基于空间语义模型的高分辨率遥感图像目标检测方法[J]. 电子与信息学报,2013(10):2518 – 2523.

[161] Fu K,Zhang Y,Sun X,et al. Automatic Building Reconstruction from High Resolution InSAR Data Using Stochastic Geometrical Model[C]. IEEE International Geoscience and Remote Sensing Symposium,2016,1579 – 1582.

[162] 郑歆慰,胡岩峰,孙显,等. 基于空间约束多特征联合稀疏编码的遥感图像标注方法研究[J]. 电子与信息学报,2014,36(8):1891 – 1898.

［163］王智勇，王永强，王钧，等.多星联合任务规划方法［J］.中国空间科学技术，2012，32（001）：8 - 14.

［164］张冰.面向多源信息协同探测的成像卫星任务规划及覆盖性能分析技术研究［D］.长沙：国防科学技术大学，2014.

［165］郝会成.敏捷卫星任务规划问题建模及求解方法研究［D］.哈尔滨：哈尔滨工业大学，2013.

［166］张超，李艳斌.多敏捷卫星协同任务规划调度方法［J］.科学技术与工程，2017，22：271 - 277.

［167］董浩洋，张东戈，万贻平，等.战场态势热力图构建方法研究［J］.指挥控制与仿真，2017，5：1 - 8.

［168］朱党明，秦大国.海天一体战场通用态势图构建［J］.装备学院学报，2017（2）：46 - 51.

［169］田威，黄高明.面向任务的战场态势生成控制与优化［J］.指挥与控制学报，2017（2）：144 - 148.

［170］孙群.多源矢量空间数据融合处理技术研究进展［J］.测绘学报，2017（10）：1627 - 1636.

［171］崔灿.高性能小型化手机终端天线研究与设计［D］.重庆：重庆邮电大学，2016.

［172］左东广，罗洪涛，胡龙涛，等.一种小型化北斗导航终端圆极化天线的设计［J］.电子科技，2015，28（08）：11 - 14.

［173］刘洋，李燕南，兰关军.宽带无线通信射频收发前端设计研究［J］.数字技术与应用，2014（6）：109 - 109.

［174］郑仁亮，杨光，江旭东，等.超宽带系统 CMOS 全集成射频收发器设计［J］.中国集成电路，2010，19（01）：32 - 38.

［175］张立桥.宽带多通道射频收发机设计与实现［D］.成都：电子科技大学，2014.

［176］马翔.单载波宽带与超宽带通信系统射频电路研究［D］.北京：清华大学，2011.

［177］陈玲，任重，夏俊.综合基带遥测单元信号同步的实现［J］.电讯技术，2001（02）：16 - 18.

［178］马英矫. TD - LTE 终端基带芯片功能应用验证平台的研究与实现［D］.南京：南京理工大学，2013.

［179］于涛. TD - SCDMA 终端综合测试仪数字基带的研究与实现［D］.北京：北京邮电大学，2007.

［180］黄凌.多模测控基带实现方法研究［D］.成都：电子科技大学，2009.

［181］欧开乾.无线自组网中基于网络编码的效用最优路由和速率选择机制研究［D］.合肥：中国科学技术大学，2012.

［182］胡志伟，梁加红，陈凌，等.移动自组网仿真技术研究综述［J］.系统仿真学报，2011，023（B07）：1 - 6.

［183］焦贤龙.无线自组网广播与数据聚合算法研究［D］.长沙：国防科学技术大学，2011.

［184］徐赞新，袁坚，王钺，等.一种支持移动自组网通信的多无人机中继网络［J］.清华大

学学报(自然科学版),2011,51(02):150-155.

[185] 张程.移动自组网的关键技术研究[D].重庆:重庆大学,2010.

[186] 温景容.无线自组网 MAC 层及相关技术研究[D].北京:北京邮电大学,2013.

[187] 王东,张广政,穆武第.多无人机协同作战通信自组网技术[J].飞航导弹,2012(01):
59-63.

[188] 王志广,张春元,康东轩.中继式无人机自组网方案设计[J].兵器装备工程学报,
2017,12:233-235,286.

[189] 潘洪升,王卓健.航空装备体系可靠性仿真与优化分析[J].火力与指挥控制,2017,
12:154-159.

[190] 方可,周玉臣,赵恩娇.关于仿真模型验证指标体系的探讨[J].系统工程与电子技
术,2017(11):2592-2602.

[191] 初阳,季蓓,窦林涛.海上作战体系仿真建模技术[J].指挥控制与仿真,2017(1):
73-76.

[192] 张博孜,张国忠,常华耀.武器装备体系贡献度评估问题研究[J].计算机仿真,2018,
2:397-401.

[193] 姜剑雄,孔祥龙,师鹏,等.基于 ANP 的天基海洋监视体系作战能力评估[J].火力与
指挥控制,2017,10:53-58.

[194] 张庆军,张明智,吴曦.空间作战体系建模和体系共享度评估研究综述[J].计算机仿
真,2018,1:8-12,17.

[195] 钱晓超,董晨,陆志洋.基于效能评估的武器装备体系优化设计方法[J].系统仿真技
术,2017,4:286-291,362.

[196] 李丽.交通遥感概论[M].北京:科学出版社,2012.

[197] 刘亚岚,谭衢霖.交通遥感方法与应用[M].北京:科学出版社,2012.

[198] 李三平,葛咏,李德玉.遥感信息处理不确定性的可视化表达[J].国土资源遥感,
2006(02):20-25.

[199] 陈宝树.卫星遥感信息处理与多元统计分析[J].湖南地质,1999(018):172-174.

[200] 付萧,郭加伟,刘秀菊,等.无人机高分辨率遥感影像地震滑坡信息提取方法[J].地
震研究,2018,41(02):186-190.

[201] 赵春川,李永树,张帅毅.基于高分影像的道路损毁评估方法探讨[J].测绘,2016,36
(1):3-5,41.

[202] 汤童,范一大,杨思全.重大自然灾害应急监测与评估应用示范系统的设计与实现
[J].国土资源遥感,2014,26(3):176-181.

[203] 丁海燕,马灵玲,李子扬,等.基于分形维数的全色影像云雪自动识别方法[J].遥感
技术与应用,2013,28(1):52-57.

[204] 和海霞,范一大,杨思全,等.航天光学遥感在自然灾害管理中应用能力评述[J].航

天器工程,2012,24(2):117-122.

[205] 陈文静,林艳. 高分辨率遥感在城市公共安全应急处置中的应用研究[J]. 科技创新导报,2014,16:27-28.

[206] 孔德锋. 基于时序影响网络的作战行动序列效果分析与优化模型研究[D]. 长沙:国防科学技术大学,2012.

[207] 卜令娟. 基于本体的战场态势一致性关键技术研究[D]. 杭州:杭州电子科技大学,2015.

[208] 胡雪明. 基于遥感影像的态势信息更新技术研究[D]. 郑州:解放军信息工程大学,2011.

[209] 傅依. 遥感图像结构化目标检测方法研究[D]. 武汉:华中科技大学,2016.

[210] 宋新. 红外地面目标的检测、识别与跟踪技术研究及实现[D]. 长沙:国防科技大学,2007.

[211] 张振. 高分辨率可见光遥感图像港口及港内目标识别方法研究[D]. 合肥:中国科学技术大学,2009.